鄂尔多斯盆地
低渗透储层特征及开发参数设计

——以甘谷驿油田长6油层组为例

张新春　著

中国石化出版社

图书在版编目（CIP）数据

鄂尔多斯盆地低渗透储层特征及开发参数设计：以甘谷驿油田长6油层组为例/张新春著.
—北京：中国石化出版社，2017.9
ISBN 978-7-5114-4687-9

Ⅰ.①鄂… Ⅱ.①张… Ⅲ.①鄂尔多斯盆地-低渗透储集层-油田开发Ⅳ.①P618.130.2

中国版本图书馆CIP数据核字（2017）第237407号

中国石化出版社出版发行

地址:北京市朝阳区吉市口路9号
邮编:100020 电话:(010)59964500
发行部电话:(010)59964526
http://www.sinopec-press.com
E-mail:press@sinopec.com
北京柏力行彩印有限公司印刷
全国各地新华书店经销

*

787×1092毫米16开本10.25印张216千字
2018年1月第1版 2018年1月第1次印刷
定价:58.00元

前　言

陕甘宁盆地在地质学上称鄂尔多斯盆地：北起阴山、大青山，南抵陇山、黄龙山、桥山，西至贺兰山、六盘山，东达吕梁山、太行山，总面积$37 \times 10^4 km^2$，是我国第二大沉积盆地。该盆地具有地域面积大、资源分布广、能源矿种齐全、资源潜力大、储量规模大等特点。盆地内石油总资源量约为$86 \times 10^8 t$，主要分布于盆地南部$10 \times 10^4 km^2$的范围内；天然气总资源量约为$11 \times 10^8 m^3$，储量超过千亿立方米的大气田就有5个。石油和天然气探明储量分别占全国油气探明储量近6%和13%，对保障我国能源需求，加强战略能源储备，实现经济可持续发展具有非常重要的意义。

从石油赋存层位来看，液态石油主要集中在三叠系延长组地层中，侏罗系延安组地层中虽然也有赋存，但分布范围相对局限。目前，盆地中所发现石油储量的90%以上均赋存于低渗透储层之中，油气藏(田)开发以“低渗、低产”为主要特征，储层孔隙度与渗透率均较低，并且岩性致密，物性复杂，孔隙度、渗透率、含油饱和度在不同砂带的不同部位变化较大，此外储层喉道半径小，孔喉比大、敏感性效应突出等，导致开发难度大，采出程度低，产建矛盾十分突出，严重制约了油田勘探开发进程。陕北部分油田经过长期的开发之后，地层能量匮乏，而且储层非均质性较强，在近些年开展的注水工作过程中，注采之间存在较大矛盾，因此开展储层微观孔隙结构与非均质性规律以及主控因素等方面的研究，能够对低孔、低渗油区下一步的扩边勘探以及注水开发起到一定的指导作用。同时，也可对油田的稳产、增产起到积极的作用。

对于低孔、低渗以及严重非均质储层，常规增产措施往往很难取得理想效果，空气-泡沫驱成为增产技术领域的研究方向之一。泡沫是一种可压缩的非牛顿流体，具有密度可调、低漏失、低伤害、强携砂能力以及与天然气混合不易发生爆炸等优良性能。同时，泡沫流体在地层中渗流具有选择性，既能封堵高渗透层，提高中、低渗透层的动用程度，又能有效封堵水层，提高含油饱和度较高部位的驱替效率。

本书通过对典型低孔、低渗储层的储层微观孔隙结构、储层非均质性及其主要控制因素进行研究，并以此为基础，探讨了针对这类储集层增产及稳产的空气–泡沫驱技术，表明该技术有较好的增油降水效果，尤其适用于高含水、非均质严重、存在裂缝或大孔道的油藏。

本书的研究内容适合石油地质相关专业及油气田开发相关领域的从业人员进行参考，也可以作为相关院校师生的参考用书使用。

由于笔者水平有限，书中难免存在不足之处，敬请各位读者批评指正。

目　　录

第1章　概　述

鄂尔多斯盆地横跨陕、甘、宁、蒙、晋五省区，为我国第二大沉积盆地，也是我国重要的含油气盆地和油气生产基地，其油气资源总量巨大，但目前该盆地中所发现油气储量的90%以上均赋存于低渗透储层之中，油气藏(田)开发以低渗、低产为主要特征。地理位置上，甘谷驿油田位于陕西省延安市与延长县交界处的甘谷驿镇；构造上，该油田处于鄂尔多斯盆地东部斜坡，储层孔隙度与渗透率均较低，并且岩性致密，物性复杂，孔隙度、渗透率、含油饱和度在不同砂带的不同部位变化较大，黏土矿物等胶结物的成分和含量变化也较大，使储层具有较强的非均质性，加上储层喉道半径小，孔喉比大、敏感性效应突出等特征，导致开发难度大，采出程度低，产建矛盾十分突出，严重制约了勘探开发进程。其中，甘谷驿油田经过长期的开发之后，地层能量匮乏，而在近些年开展注水工作时发现，由于受储层非均质性的影响，注采存在较大矛盾，因此，开展长6油层组储层微观孔隙结构与非均质性规律，以及主控因素等方面的研究，形成更加清晰的认识成为摆在开发建设者面前的重要课题。因此，本书希望通过对甘谷驿地区长6油层组储层的微观孔隙结构与非均质性研究，能够对该区下一步的扩边勘探以及注水开发起到一定的指导作用，同时对更好地发掘资源，确保甘谷驿油田稳产、增产具有重要的指导意义。此外，还可对鄂尔多斯盆地特低孔、特低渗储层的研究起到积极的推动作用。

1.1　低渗透储层微观孔隙结构特征

孔隙结构是指孔隙与喉道的几何形状、大小、分布及其相互连通关系。由于油、气、水是在相互连通的孔隙中流动的，通过研究孔隙结构特征可了解流体流动规律，对低渗储层更是如此。王允诚等通过对国内外油气储层孔隙结构的研究进行总结，将孔隙结构按形态及成因主要分为以下几种类型，即粒间孔、杂基微孔、矿物解理缝和岩屑内粒间微孔、纹理及层理缝、溶蚀孔隙、晶体再生长晶间隙及成岩期胶结物充填未满孔、胶结物晶间孔、裂隙孔隙等；将喉道分为缩颈喉道、点状喉道、片状或弯片状喉道、管束状喉道等类型。

早期的研究者对储层孔隙结构的研究多为定性到半定量的描述，主要集中在对简单的微细裂缝观察、物性分析、润湿性测试、敏感性分析、水驱油及油水相渗、孔隙类型和喉道类型大小及分布等方面的描述。常用的实验方法与手段主要有扫描电镜、铸体薄片、X

衍射和毛管压力曲线法等。毛管压力曲线的获取途径相对较多，有离心机法、常规压汞法、最大气泡法、半隔板渗透法等。在 Edword（1992）首次利用实验室内的压汞实验确定岩石孔隙大小及分布后，现已发展成为研究储层孔隙结构的重要方法之一。20 世纪 90 年代后期，储层微观孔隙结构相关实验的研究进入快速发展期，对孔隙和喉道分布、填隙物类型和填隙方式的描述更加定量化，采用的实验手段也更为先进，如通过电镜进行扫描可在含油或含水的情况下直接对样品进行分析研究，从而能够准确地获知矿物、岩石及孔隙结构等微观特征。恒速压汞实验技术可将孔隙和喉道分开，分别获取孔隙和喉道的各项参数，从而定量研究孔隙、喉道特征。通过对毛细管曲线的分析，可定量确定孔喉大小、分选、连通性和渗流能力等。扫描电镜、纳米 CT 技术不仅可以直接观察孔隙、喉道大小及形态，还可确定各类黏土矿物的类型及产状。铸体薄片能够直接观察碎屑成分及结构、孔隙和喉道大小及形态以及孔喉配位数等。核磁方法可以直接利用 T_2 曲线转化为毛管压力曲线，进行孔隙结构参数评价。

同时，储层微观孔隙结构研究的相关理论也得到较快发展，集中体现在两个方面：①关于孔隙结构的模拟，主要是计算机网络模型模拟；②孔隙结构描述理论，主要体现在分形几何理论的发展上，是在扫描电镜、毛管压力曲线、铸体薄片分析等资料的基础上进行的，孔隙结构的分形维数介于 2 ~ 3 之间，且分形维数越小，孔隙越均质，分形维数越大，孔隙结构越不均质。另外，由于孔隙结构受多种因素的影响，低渗储层的孔隙结构更为复杂，需要多种技术的综合应用。

综上所述，微观孔隙结构的实验研究手段越来越先进，描述理论更加多样化、精细化，并由定性到半定量向定量化的方向发展。

1.2 成岩作用

Guimbert 等早在 1868 年就提出了有关成岩作用的概念，但直到 20 世纪 80 ~ 90 年代，随着油气勘探研究的不断深入，才逐步受到沉积学家、石油地质学家及矿床研究者的重视。成岩作用研究经历了早期不重视阶段(20 世纪 40 ~ 70 年代)，重视并深入研究阶段(70 年代中期 ~ 80 年代)，应用新方法、新技术的快速发展阶段(80 年代)和运用计算机等先进技术的成岩模拟阶段(90 年代以后 ~ 现今)四个重要时期。一般而言，广义的成岩作用是指构造运动使得沉积物经过埋藏所产生的所有作用，包括地层的抬升剥蚀及沉积埋藏中发生的一切变化。一般石油地质学所涉及的成岩作用主要包括压实及压溶作用、胶结及交代作用、重结晶与溶解作用以及后期矿物的转化等，这些作用相互影响，并控制了沉积物的演化历史、储层的发育及物性特征等。

成岩作用在不同含油气盆地、不同的构造带，甚至在不同的含油气聚集带都会发生变化和产生差异。早期成岩作用的研究主要是依靠构造演化来分析，后来逐渐发展为依靠沉积岩相的综合特征来分析，并结合各种石油实验地质的分析化验手段，如常规薄片分析、扫描电镜、阴极发光、X射线荧光光谱分析及衍射分析、电感耦合激光探针、激光拉曼、有机岩石学、碳氧同位素等，这些实验分析手段为成岩作用的研究提供了基础的数据分析资料，使得成岩作用研究更为准确和科学，更加符合地质特征。另外，近年来，微量元素及痕量元素分析、地层水元素分析等也逐渐成为研究成岩作用的有效手段。

最近，部分国内外学者提出了成岩作用的定量模拟，使得成岩作用研究进入半定量-定量化阶段，并与实验室的模拟相结合。如在模拟成岩作用过程中物理化学条件变化时，运用地球热动力学来分析成岩作用中各种碎屑矿物的稳定性及其关联性，可综合反映储层的成岩演化历史过程。再结合油气成藏演化历史便可破译油气运移和成藏发生时期的地质演化历史过程，为油气勘探开发指明方向。

1.3 储层非均质性

对低孔低渗致密储层来说，其储层非均质性的研究至关重要，直接影响储层的后期开发措施。由于储层砂体分布复杂、物性空间非均质性强、砂体沉积环境多变，并经过后期成岩及构造演化作用的改造，使得储层表现出强烈的非均质性。根据国内外储层非均质性研究成果，在强非均质性的油田，当产液进入高含水期时，产量递减明显，此时储层非均质性研究显得尤为重要。20世纪70~80年代，国内外众多学者开始探讨储层非均质的问题，并且掀起了一股研究储层非均质的热潮，提出了众多的储层非均质性分类和研究方法。如Weber(1986)依据储层非均质的成因、规模、流体与岩石相互作用等特征，将储层非均质划分为七种类型。国内学者针对储层非均质的规模，将储层非均质划分为储层宏观非均质性及微观非均质性等，研究分类的依据多数是根据储层非均质性的规模。裘怿楠(1993)依据国内碎屑岩储层的特征，进一步将储层的非均质性类型划分为层间非均质性、层内非均质性、平面非均质性和孔隙微观特征的非均质性四种，目前这种分类方法已经为多数研究学者采纳。此外，近年来有部分学者提出储层的非均质性特征与成岩演化历史有关，并提出了成岩相的非均质性特征。

1.4 低渗透储层渗流特征

低渗透储层由于孔喉细小、微观孔隙结构复杂、渗流阻力大、固液表面分子力作用强烈等，使其渗流特征与中高渗透储层有很大的不同。总体来看，低渗透储层具有以下渗流特征：小喉道连通的孔隙体积比例高、比表面积大、贾敏效应显著、卡断现象严重、可动流体饱和度小。国内外大量研究表明，单相流体在低渗孔隙介质中的流动表现出非达西渗流特征，反映到生产上，有着启动压力大、油井见效慢、见水后含水上升快、产液产油指数下降快、水驱效率低等特点，从而造成开发难度大、注不进、采不出、开发效果普遍不理想，采出程度低等特点。前人在岩心级别上对低渗岩心水驱油特征也进行了大量的研究，结果表明致密低渗砂岩储层岩心油水相渗曲线特征与常规碎屑岩储层明显不同，即等渗点低，相渗曲线受储层内部的毛管压力影响明显。对于不同润湿性的亲水储层相渗曲线特征主要为：①储层的束缚水饱和度高，一般大于40%；②油水两相共渗区范围窄；③残余油饱和度高时，水相相对渗透率低。而弱亲水和中性储层岩心相渗曲线则有所差异，主要是油水两相共渗区相对较宽，残余油时，水相相对渗透率较高。沈平平等(2000)对多孔介质进行了三个层次的观察和描述，包括细微层次的观察、宏观层次的观察以及介于二者之间的描述，细微层次观察针对单孔隙分析，宏观层次针对岩心观察与分析（通常指岩心范围内）。国内外学者在岩石相渗分析方面做了大量研究，认为岩心油水相渗曲线反映了油水在孔隙介质中的渗流规律，低渗致密砂岩储层的相渗曲线明显区别于常规的碎屑岩储层的相渗曲线，首先是储层的等渗点较低，通常小于 $0.1\times10^{-3}\mu m^2$，储层的毛管压力直接影响相渗曲线的变化特征。亲水性碎屑岩储层的相渗曲线特征为，一般储层的原始含水饱和度较高，通常大于40%，油水两相共同的渗流区域相对较窄，残余油饱和度高时，水的相对渗透率要低一些，通常小于 $0.15\times10^{-3}\mu m^2$。另外，弱亲水性和油水中性储层的岩石相渗曲线也明显不同，主要表现在油水相对渗透区域大小以及残余油饱和度变化时水相渗透率的高低。但是，不同油气聚集带存在差异，主要原因为储层的孔隙结构存在明显差异，比如储层的微观裂缝特征、岩石的比表面积、岩石的驱替效率、岩石的润湿性等诸多因素影响着储层的油水相渗曲线的变化特征。因此，对于低孔低渗储层，尤其是孔隙结构较为复杂的致密砂岩储层，有必要分析储层的渗流特征，为后期储层的开发及开发措施的制定提供理论依据。

1.5 储层评价

国外储层评价方法是采用将勘探与开发相结合、沉积与物性研究相结合、宏观与微观相结合、描述与机理研究相结合的方法，并大致形成了储层类型及特征、储层分布、成因演化、地层测试、精确预测及优化建模等方面的评价技术。

目前，国内储层评价方法主要是以分析化验为依据，依靠储层的测井解释评价技术来分析，测井技术方法包括常规的三孔隙度(中子、密度、声波)、自然伽马、电阻率、自然电位及特殊测井技术，包括成像测井、核磁测井、声波测井等。20 世纪 70 ~ 80 年代，经过国家有关部门主导的科技攻关建立了国内储层评价体系，形成了储层油气聚集性能、温度压力、渗流特征、岩石物理、伤害机理等评价参数的综合储层评价体系。在 90 年代，国家石油行业标准委员会编写了《油气储层评价体系规范》，为储层评价内容及方法提供了指导性参考。按照标准体系，储层评价与勘探开发密切结合，并划分为三个尺度的评价，包括盆地级别、圈闭级别及油气藏级别。在开发阶段，储层评价内容涵盖了储层的各项特征，包括储层的区域地质特征(构造、沉积)、砂体展布、岩石矿物学、孔隙结构分析、储层非均质性、渗流机理、储层的流体性质、温度压力特征、油藏驱动机制等。所依靠的资料包括岩石物理分析化验、地球物理测井及解释、油气井的地层测试及地震信息等。开发阶段储层评价极为重要，是制定开发方法及开发措施的重要依据，储层评价包括储层的厚度、孔隙度、渗透率、砂体面积及厚度、黏土矿物特征、泥质含量特征、水平井储层的钻遇率等、储层胶结物含量、孔隙结构参数以及层内非均质性等，其层内非均质性是注水开发和提高采收率评价中的重要研究内容，一般以层内渗透率变异系数以及韵律性作为评价指标。

与常规储层研究类似，当今国内外对低渗透储层研究的发展趋势主要表现在：

(1)宏观研究规模更大，向理论化和系统化方向发展，微观研究更加精细，比如采用高分辨率的数字岩心技术、纳米 CT 技术以及特殊测井系列来综合解决致密低渗储层的孔隙结构及油水识别的难题，尤其是当前特殊测井技术的发展，比如多维核磁共振技术，目前已有多个油田服务公司开始将其应用于致密砂岩及非常规页岩超低渗储层的评价中，因此，多种新技术的综合应用使得低渗储层向更精细评价方向发展。

(2)基于成岩作用及成岩岩石物理相的储层类型划分技术。近年来，通过对致密砂岩成藏机理及微观矿物岩石组分研究显示，储层的物性与储层的成岩作用密切相关，并且储层成岩演化及成岩相直接影响储层的物性条件。

(3)从单因素、单学科分析向多因素、多学科协同研究方向发展。

1.6 空气泡沫驱

泡沫流体应用于油田提高采收率技术已有 40 多年的历史。最初，只是简单地在气驱过程中加入表面活性剂水溶液，防止过早发生气窜。后来，逐渐发展为复合泡沫、凝胶泡沫等提高注气采收率技术。近年来，在注气过程中加入一定量的泡沫段塞提高注气采收率和泡沫驱成为提高油藏采油率研究的重点。大量室内实验研究及现场应用都表明，泡沫具有较高的波及效率、驱替效率，是提高水驱后油藏采收率的有效方式。

对于低压、低渗以及严重非均质，常规增产措施往往很难取得理想效果，泡沫驱成为增产技术领域的研究方向之一。泡沫是一种可压缩的非牛顿流体，具有密度可调、低漏失、低伤害、强携砂能力以及与天然气混合不易发生爆炸等优良性能。同时，泡沫流体在地层中的渗流具有选择性，既能封堵高渗透层，提高中低渗透层的动用程度，又能有效封堵水层，提高含油饱和度较高部位的驱替效率。

1)国外泡沫提高注气采收率技术应用现状

1956 年，Fried 首次开展了泡沫提高采收率方面研究，其研究结果表明：泡沫可以引起气相相对渗透率迅速降低，从而延缓了气体的突破。泡沫法提高采收率主要原因在于注入泡沫后气体渗透率快速降低。他认为泡沫能有效封阻气流，延缓气体突进。在弱泡沫的情况下，他观察到泡沫可以不断地破灭和再生。

1958 年，Boud 等申请了世界上第一份泡沫驱油的专利(US 2866507)。1961 年，美国官方文献开始出现记载泡沫用于提高原油采收率的实例，这标志着泡沫驱矿场应用的开始。

1963 年，Bemand 等发现当有泡沫存在时，气驱效果明显增强。其研究表明：泡沫作为驱替剂，在只含水的松散砂中效果十分明显，而在只含油的松散砂中效果却不明显。泡沫可以提高气驱采油过程中的波及体积，这主要是因为泡沫可以选择性地降低油藏中的气体渗透率。

1965 年，美国联合石油公司进行了泡沫驱油室内研究。其研究结果表明：模型注入泡沫后可将模型的含油饱和度降低到 11.8%。1965～1967 年，该公司在伊利诺伊州希金斯油田进行了一次矿场实验。其结果表明，泡沫驱过程中平均水油比从 15 降低至 12，而作对比的另一个区块，同期平均水油比从 20 增加至 28。1976 年，该公司又在这个油田进行了一次小规模泡沫驱现场实验，约增油 1.9×10^4t。

1983 年，Mobil 公司开始在室内研究 CO_2泡沫驱油的工作。为研究 CO_2泡沫的封堵能力，评价泡沫驱油的经济性，该公司于 1991～1992 年在西德克萨斯州的 Platform 碳酸盐储层中进行了矿场实验。实验采用两种不同的起泡剂，并且两种起泡剂采用不同的注入方式进行泡沫驱。实验结果表明：进行泡沫驱后，生产井的产油量明显增加，产气量明显减少，泡沫的作用效果十分明显。

1991 年，美国新墨西哥石油研究开发中心（PRRC）和美国能源部在新墨西哥州东南部 Vacuum 油田进行了 CO_2泡沫驱实验。矿场实验结果表明：起泡剂在油藏中能够形成较强的泡沫体系，使 CO_2的流度降低了 1/3。通过不同浓度的泡沫驱实验表明：当起泡剂浓度降低至 100mg/L 时，仍具有很好的起泡作用。实验井组中含有 8 口生产井，其中有 3 口井产油量明显增加。

1994 年，英国、挪威分别在北海油田进行泡沫驱油实验。此次实验评估了 30 多例重要的泡沫驱矿场实验。在 17 例蒸汽泡沫驱矿场实验中，成功 11 例，失败 3 例，不确定 3 例；在 6 例 CO_2泡沫驱矿场实验中，成功 2 例，失败 1 例，不确定 3 例；在 5 例天然气或 N_2 泡沫驱矿场实验中，成功 1 例，失败 1 例，不确定 3 例。由此可见，通过泡沫进行深部流度控制以提高采收率，其潜力要比水气交替注入更大。通过泡沫驱，生产井多产 1 桶原油，一般要花费 5 美元左右，可见泡沫驱是一种经济性较好的提高采收率方法。

通过对国外泡沫提高注气采收率和泡沫驱技术的调研和分析后发现，国外对该技术的研究主要集中在起泡剂的筛选，泡沫在多孔介质中的产生及影响因素，泡沫在多孔介质中的运移机理，并提出了相应的数学模型，通过建立模型来解释泡沫在多孔介质中的运移形态。国外对泡沫提高注气采收率技术进行了大量的现场实验，大部分都获得了很好的效果。

2）国内泡沫提高注气采收率技术应用现状

自 70 年代以来，我国也进行了大量泡沫驱油方面的研究。研究内容主要集中在起泡剂的损失及其抑制、泡沫的稳定性和泡沫驱油机理等。目前，我国泡沫驱油技术还处于实验室研究和井组规模的先导性实验阶段，使用泡沫的主要目的是在气驱及混相驱过程中防止气体窜流，改善注入剖面，延缓气体突破。

1965年，玉门油田最早进行泡沫驱油实验。1965～1971年，在玉门老君庙油田和石油沟油田先后进行了9个井组10井次的现场实验，有6次实验效果明显。1979年，又进行了扩大的现场实验，实验以烷基苯磺酸钠为起泡剂，三聚磷酸钠为稳泡剂，累计注入起泡剂654t，稳泡剂172t。注入泡沫后，18口生产井中仅有6口生产井的产量有所增加，而其他生产井效果并不明显。经过分析认为，该区块水驱采出程度已经很高，波及体积也较大，泡沫体系的流度控制能力对于提高采收率的贡献不大。另外，起泡剂在油藏中的吸附、沉淀损失较大，油井内层间窜流严重，这些原因都导致部分生产井增产效果不明显。

1971年，新疆克拉玛依油田在六区检8井组进行泡沫驱现场实验。起泡剂为烷基苯磺酸钠，气液比为1∶1，共注入起泡剂95.4t。注入泡沫体系后，高渗透层的吸水量明显下降，低渗透层的吸水量上升，见效井平均日产油量增加48%，含水下降27.7%，有效期26.6个月，共增产原油9900t，提高采收率6%～8%。

1988年，针对辽河油田稠油油藏实际情况，我国研制了用于蒸汽开采稠油的耐高温起泡剂。自1990年起，先后在吉林扶余油田、辽河油田、胜利油田进行了现场实验，实验效果非常明显。1996年，辽河锦45块N_2泡沫辅助热水驱油现场实验表明，泡沫驱油效率不仅高于水驱，也优于三元复合驱，预计最终可以提高采收率25%。

1999年，张彦庆等对泡沫复合驱的注入程序、注入方式及段塞大小等重要因素进行了一系列的研究。通过大量的热处理模拟实验及物理模拟实验证明，气液交替注入时，注入段塞交替的频率越高、交替段塞越小，越有利于驱油效率的提高。

3)国内外技术发展趋势

通过国内的大量文献调研后发现，泡沫以其特有的性质在提高注气采收率方面具有一定的技术优势。国内的研究人员对空气-泡沫驱进行了大量的室内研究，目前国内对于空气泡沫驱技术的研究主要对泡沫驱的注入方式、注入参数进行研究，另外，空气-泡沫驱的安全性也是一个研究的趋势。任韶然通过研究发现，在中高渗油藏中，空气-泡沫与空气交替驱有较好的封堵能力及调驱效果，能够改善低渗透层的波及效率，并且对中原油田的空气-泡沫驱的注入方式与注入参数进行了优选，日产油增量是以前的1.43倍，产液量下降。孟令君等通过研究发现，低渗油藏中气水交替、空气泡沫驱较水驱有更高的采收率，泡沫注入段塞为0.1PV时，采出程度最高；注入速度适当减小，对采出程度的提高也有帮助。袁义东利用双管模型对泡沫驱进行了研究，发现泡沫能够较好地封堵高渗的岩心，最终的采收率能够达到55.1%。董俊艳等对泡沫/表面活性剂复合体系进行研究，发现能够进一步提高洗油效率，而且能够有效降低注入压力。此外，在注空气的安全性上，研究者着重研究爆炸的氧含量以及对CO的消除。

对于气驱，在气驱过程中加入泡沫可以有效封堵大孔道，扩大气体的波及体积，提高驱油效率。空气驱时，加入泡沫段塞可以有效延长气体突破时间，降低气体到达生产井时的含氧量，防止发生起火或爆炸事故。国内在泡沫提高注气采收率和泡沫驱方面进行了一些矿场实验，还没有大量应用于提高采收率技术中。现阶段对泡沫驱的研究趋势为对其注采参数的优化，以及对泡沫驱压力上升的对策研究。

第 2 章　区域地质特征

2.1　区域位置

2.1.1　地理位置

鄂尔多斯盆地甘谷驿油田地处陕西省延安市与延长县交界处的甘谷驿镇（图 2-1）。甘谷驿镇周边有延河穿过，延长-延安高速与 210 国道在此相交，交通较为便利。甘谷驿油田东西长约 16km，南北长约 12km，地貌上属于黄土高原地貌，地形整体上起伏不定，地面海拔约 1000m，气候为大陆季风气候，植被相对发育，年降水量较少，主要集中于夏季，年平均气温在 10℃左右，最高气温在 35℃左右，昼夜温差相对较大。

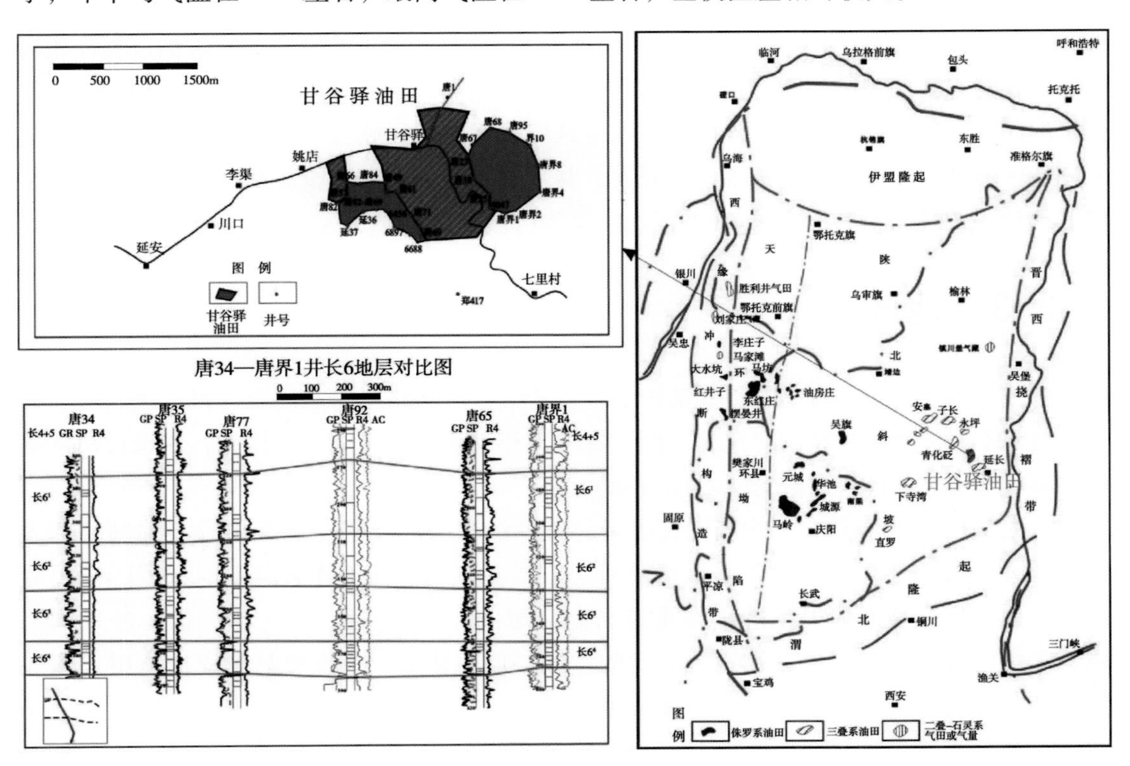

图 2-1　鄂尔多斯盆地构造区带划分及油田位置

2.1.2 构造位置

鄂尔多斯盆地是一个形态上总体为一东翼宽缓、西翼陡窄的南北向不对称矩形台坳型盆地，面积 $46.3\times10^4km^2$。盆地内部构造相对简单，地层平缓，仅盆地边缘褶皱断裂比较发育。其东部斜坡带是鄂尔多斯盆地重要的含油气构造带之一，主要形成于白垩纪的早期，斜坡的坡降较小，倾角变化不大，一般在1°左右，构造较为稳定，所裸露的地层主要为延安组与延长组地层，受后期地层的抬升影响，白垩纪以上地层并不发育。另外，整体上地层断层不发育，仅发育一些由于地层的高低起伏引起的低幅度的鼻状构造，形态不规则，构造两翼一般对称，闭合面积一般小于10km，闭合高度一般为10～20m。幅度较大、圈闭较好的背斜构造在该斜坡不发育。本书中涉及的研究区——甘谷驿油田则处于鄂尔多斯盆地斜坡带的东部(图2-1)，与斜坡带整体的构造区域特征一致。

2.2 石油地质特征

甘谷驿油田于20世纪60年代投入勘探，1960年，在唐家坪钻探了唐1井，并在三叠系延长组长6油层组发现油气显示。自1975年起，开始进行滚动勘探开发至今，共完成钻井5000多口，累计产油超过 500×10^4t。其油气主要来源于长7段的烃源岩，油气主要分布在延长组长6段、长4+5段、长3段和长2段等层位，其中又以长6段储层物性相对较好，是甘谷驿油田的主力产油层位。目前，甘谷驿油田划分为唐80井区、唐114井区、张家沟区域、岳口区域、沙家沟区域、顾屯区域及元龙寺区域(图2-2)，其中顾屯区域与元龙寺区域处于勘探阶段，并未进行开发，其余区域处于开发阶段。岳口区域与张家沟区域的地质储量最高，其次为唐80井区、沙家沟区域及唐114井区。

2.3 地层

三叠系延长组长6段是甘谷驿油田的主力产层，但其储层的非均质性强，纵向与横向变化大。本书按照地层精细对比的原则与方法，利用旋回对比、分级控制，对延长组从油层到单层不同尺度的小层进行了对比与划分。

首先根据测井与岩石学响应特征确定甘谷驿油田的区域标志层，再寻找辅助的标志层，从大段入手，再对小段，以沉积旋回为依据，实现了甘谷驿油田不同区域的小层对比与划分。划分长6段的标志层在重点研究区域的唐80井区、唐114井区、沙家沟区域、张家沟区域、岳口区域均存在一定的差异，但整体上，标志层与长庆标志层大体一致。在小层划分上，甘谷驿油田主要依据斑脱岩标志层(B_1、B_2、B_3、B_4、B_5)，把长6油层组细分为4个砂层组(表2-1)。

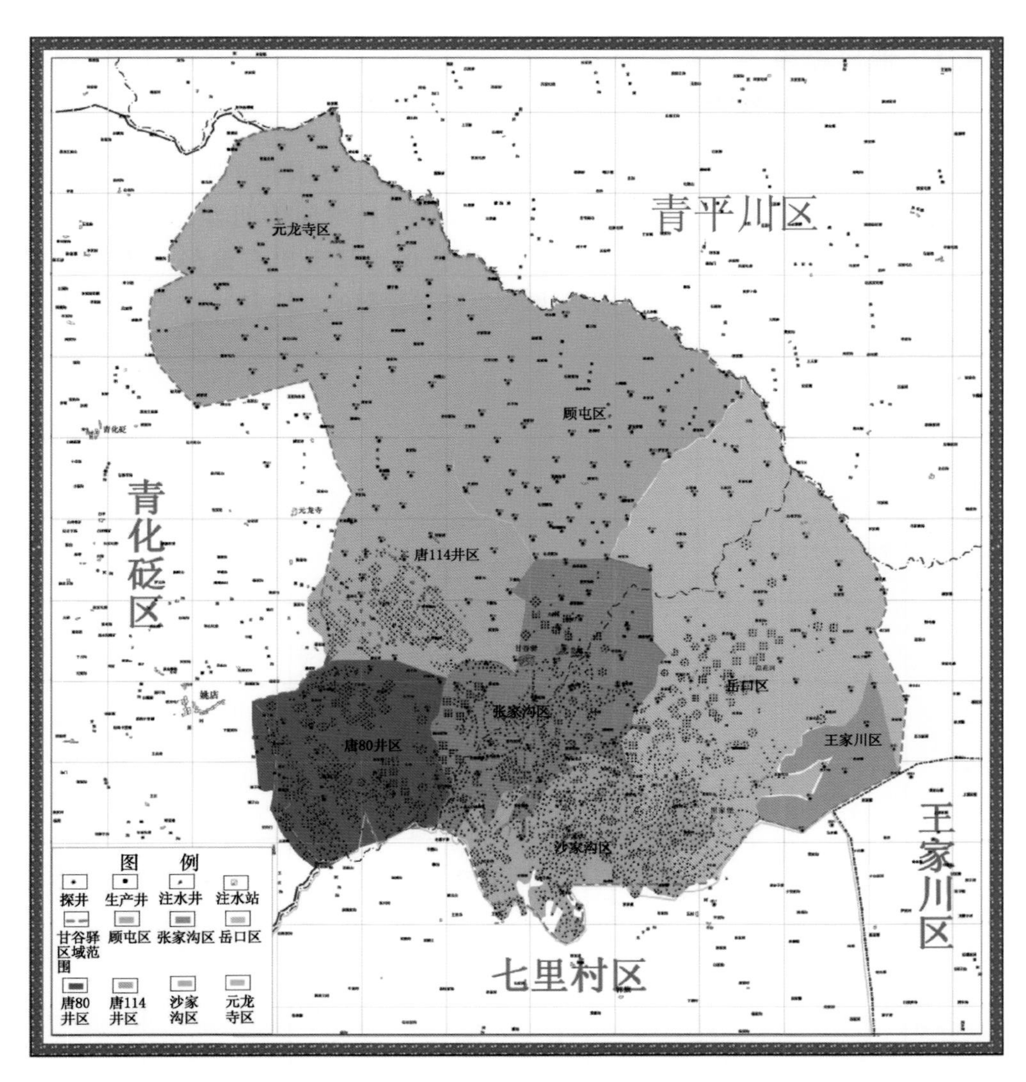

图 2-2　甘谷驿油田区块划分及井位分布

表 2-1　延长组长 6 油层细分方案

油层组	油层亚组	标志层	
		名称	位置
长 4+5		B_6	
长 6	长 6^1	B_5	顶
	长 6^2	B_4	顶
	长 6^3	B_3	顶
	长 6^4	B_2	底
长 7		B_1	中

2.3.1 地层界线

1)长4+5/长6^1界线

甘谷驿油田长4+5段的下部与长6的顶部0.5m与2.5m梯度电阻率曲线上出现两个尖峰，尖峰相距20m，双感应电阻率也出现明显尖子，电阻值明显高于邻层，为270Ω·m，自然伽马值也较高，达100gAPI，自然电位值也呈现出右偏移，声波时差值为220μs/m，此区域为长4+5与长6^1之间的界线。长6^1顶部的岩性多为碳质泥岩，与长4+5底部的砂岩呈突变接触(图2-3)。

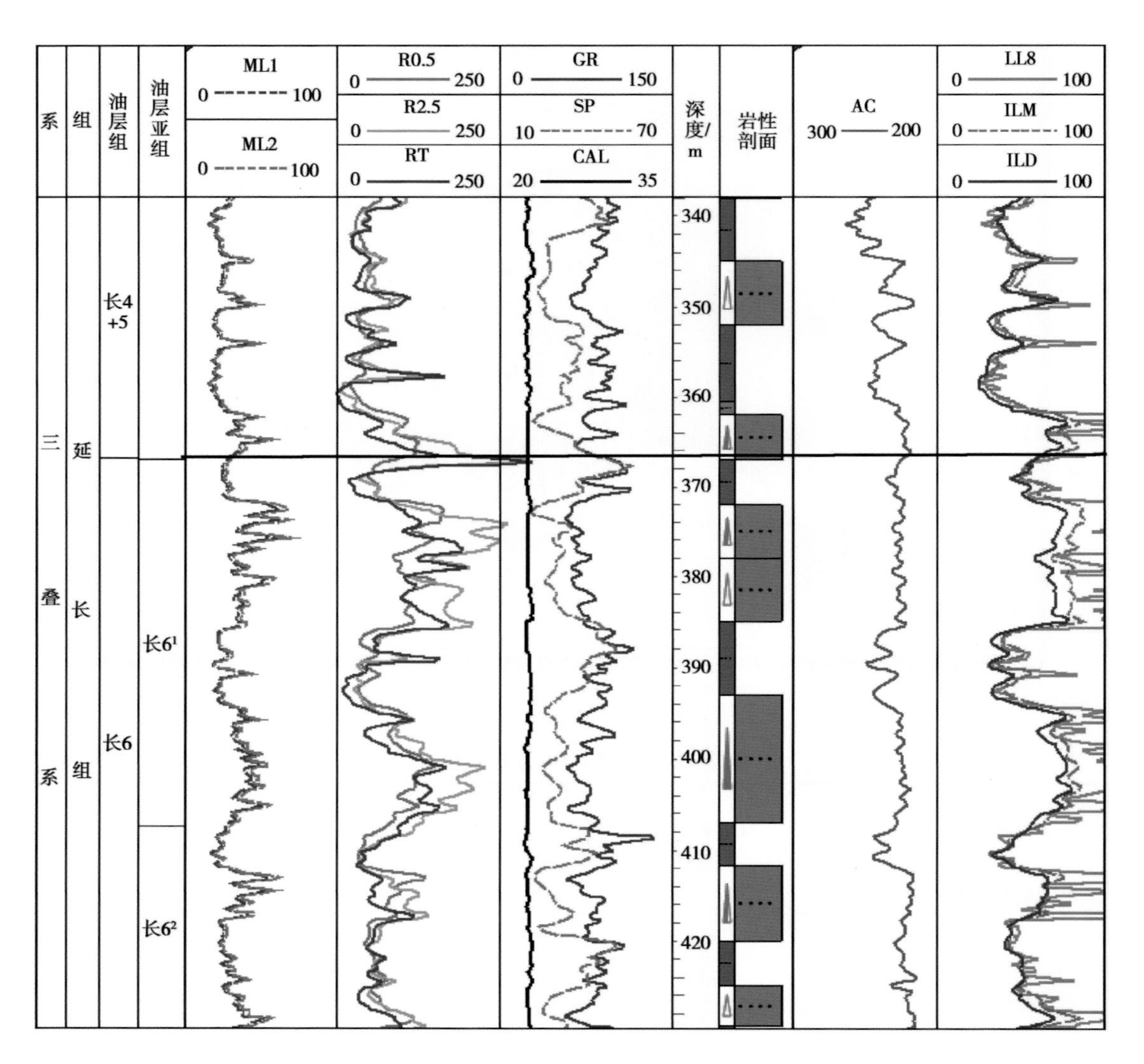

图2-3 甘谷驿油田唐23井区长4+5与长6^1分界特征图(2199井)

2）长 6^1/长 6^2 界线

甘谷驿油田长 6^2 与长 6^1 的分层标志层测井响应显示 0.5m 与 2.5m 梯度电阻率值为 125Ω·m，双感应电阻率值呈现尖子特征，自然伽马值达 100gAPI 左右，自然电位值也呈现出右偏移，声波时差值增加，此区域为薄层泥岩段的界线。薄层泥岩在全区分布也较为稳定，这就是长 6^1 与长 6^2 的分界标志（图 2-4）。

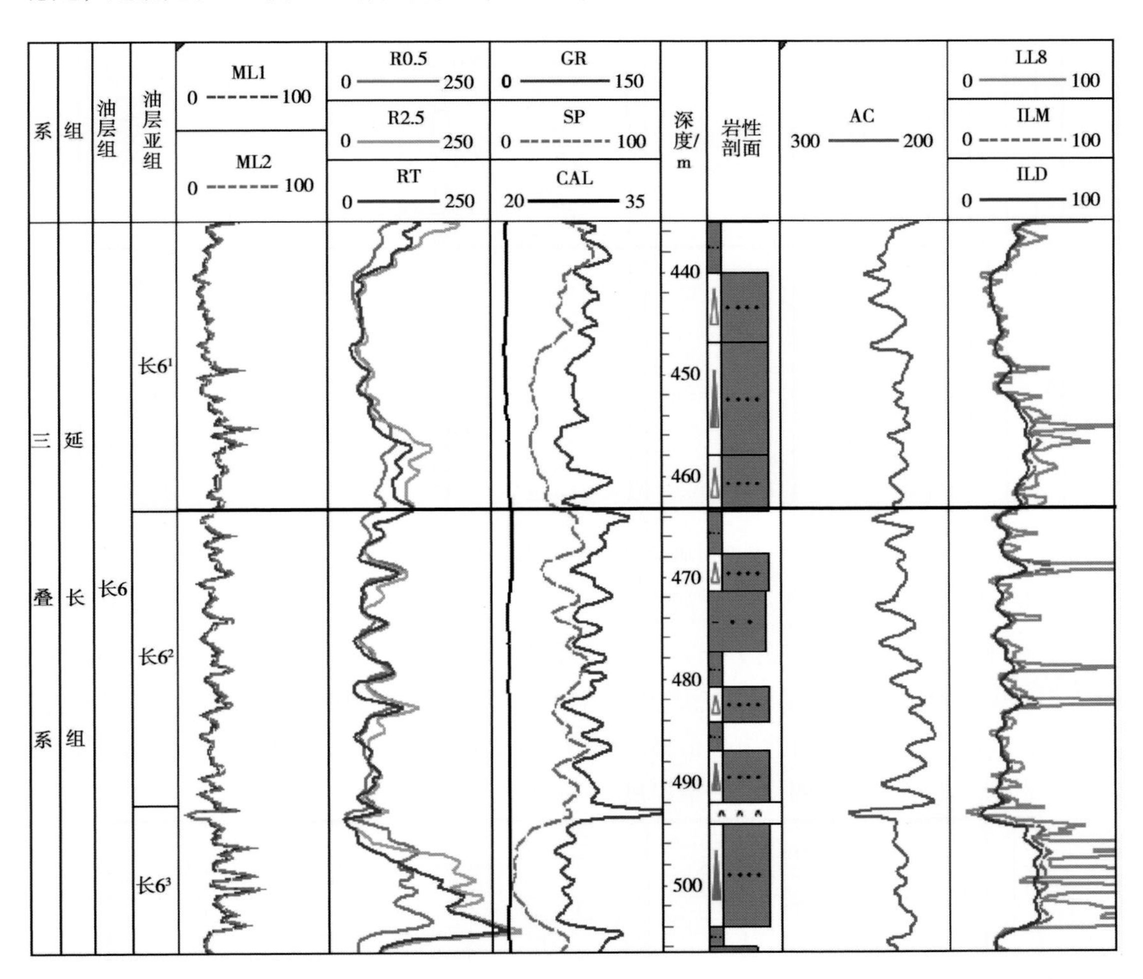

图 2-4　甘谷驿油田唐 23 井区长 6^1 与长 6^2 分界特征图（2242 井）

3）长 6^2/长 6^3 界线

甘谷驿油田长 6^2 与长 6^3 的分层的顶部 0.5m 与 2.5m 梯度电阻率显示低阻，双感应电阻率也明显降低，在 10Ω·m 左右，自然伽马值较高，达 200gAPI 以上，声波时差值在 280μs/m，此区域为薄层斑脱岩，一般厚度在 1m 左右，具有明显“三高一低”的特征，即高自然伽马、高自然电位、高声波时差和低电阻率，这就是长 6^2 与长 6^3 的分界标志（图 2-5）。

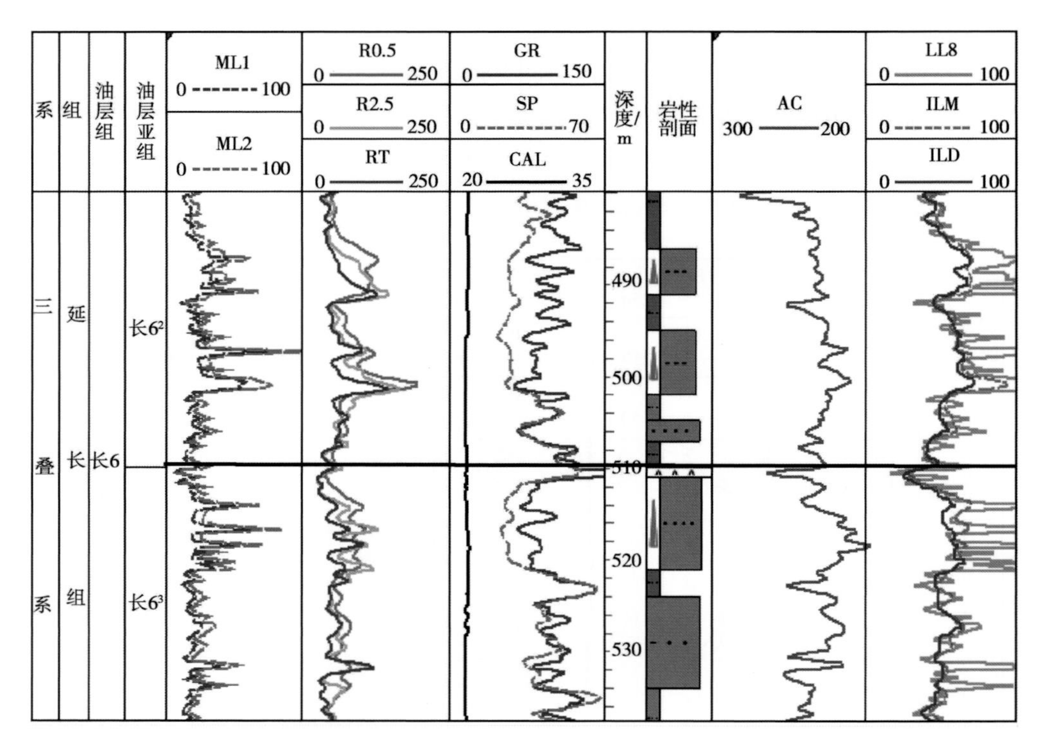

图 2-5 甘谷驿油田唐 23 井区长 6^2 与长 6^3 分界特征图(2263 井)

4)长 6^3/长 6^4 界线

甘谷驿油田长 6^3 与长 6^4 的分层存在两层自然伽马尖峰，为两薄层斑脱岩，顶部 0.5m 与 2.5m 梯度电阻率显示低阻，双感应电阻率也明显降低，在 10Ω · m 左右，自然伽马值较高，达 200gAPI 以上，自然电位值显示尖峰，声波时差值增加，在 280μs/m，呈现出尖峰状，斑脱岩的测井响应明显，一般厚度在 1m 左右(图 2-6)。

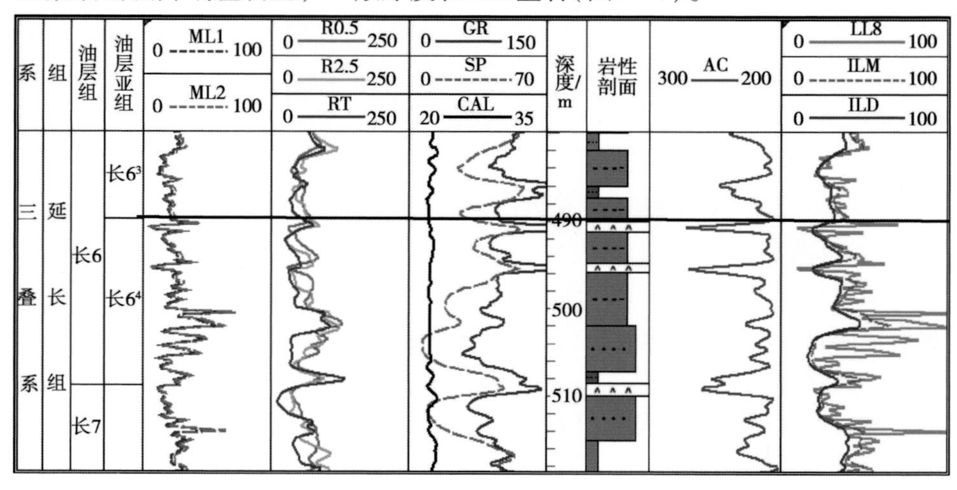

图 2-6 甘谷驿油田唐 23 井区长 6^3 与长 6^4 分界特征图(2254 井)

5) 长 6^4/长 7 界线

甘谷驿油田长 6^4 与长 7 的底界较为明显，有 1 ~2 层的斑脱岩，长 6^4 的底部测井响应上，自然伽马值呈双尖峰状，在 200gAPI 以上，声波时差值较高，呈尖峰特征，0.5m 与 2.5m 梯度电阻率呈现出中-低值，双感应电阻率值较低，在 10Ω · m 左右，声波时差值增加，在 280μs/m，自然电位接近泥岩基线(图 2-7)。

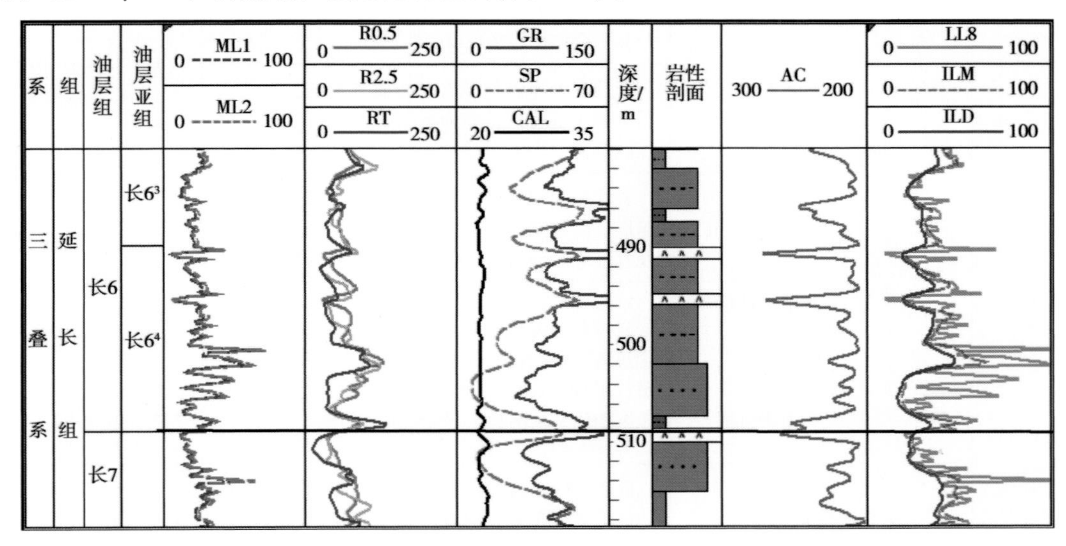

图 2-7　甘谷驿油田唐 23 井区长 6^4 与长 7 分界特征图(唐 176 井)

2.3.2　地层划分与对比

根据以上不同小层界线标志层的测井响应及岩性特征，可以较为容易地区分延长组的各个层段，长 6 段与长 4 +5 段和长 7 段均可明显地区分。另外，长 6 段储层依据梯度电阻率、自然伽马以及特殊岩性的差异，还可划分为长 6^1、长 6^2、长 6^3 和长 6^4 四个亚段，从录井剖面上可以看出，长 6 段储层内部存在多套薄层斑脱岩，从测井曲线上也可以明显反映出高伽马、高声波以及低阻的特征，沉积上也较为稳定。

2.4　沉积特征

2.4.1　沉积相类型及特征

对鄂尔多斯盆地的沉积相进行分析表明，甘谷驿油田延长组长 6 段处于当时的延安三角洲沉积环境之中，堆积的三角洲具有向盆地推进的朵状或鸟足状特征。依据测井响应特征及岩性分析，又可将其三角洲分为三角洲平原亚相及三角洲前缘亚相，三角洲平原亚相可分为水上分流河道微相、天然堤微相以及分流间湾微相，三角洲前缘亚相可分为水下分流河道微相、水下天然堤微相、水下决口扇微相、河口砂坝微相以及河道间洼地微相等

（表2-2、图2-8和图2-9）。

表2-2　甘谷驿油田长6段主要沉积相类型简表

沉积体系（相）	亚相	微相	沉积特征	分布层段
湖泊三角洲	三角洲平原	水上分流河道	岩性多为细砂岩及粉砂岩，自然伽马呈钟形特征，多为平行层理、交错层理，具有多级次分流汇合作用，呈现出正韵律特征	发育于长6^1亚组中
		天然堤	岩性多为泥质粉砂岩，泥质含量高，自然伽马呈漏斗状特征，多为水平井及平行层理，河道间沉积	
		漫滩沉积		
	三角洲前缘	水下分流河道	岩性多为细砂岩及粉砂岩，自然伽马呈低值箱形、齿状箱形，多为平行层理、交错层理，及有多级次分流汇合作用，呈现出反韵律特征	广泛发育于长6^2、长6^3、长6^4各亚组中
		水下天然堤	岩性多为泥质粉砂岩或粉砂岩质泥岩，泥质含量高一些，自然伽马多呈漏斗形特征，多为平行层理、交错层理等，均属水下堤泛沉积，该沉积体系被网状水下分流河道切割	
		河道间洼地		
		水下决口扇		长6^2、长6^3、长6^4各亚组中均有不同程度发育
		河口砂坝	砂坝岩性多为泥质粉砂岩，自然伽马呈指状特征，多发育平行层理，泥质含量高，多被水下分流河道截切	长6^4亚组中发育，长6^1、长6^2、长6^3亚组中不发育

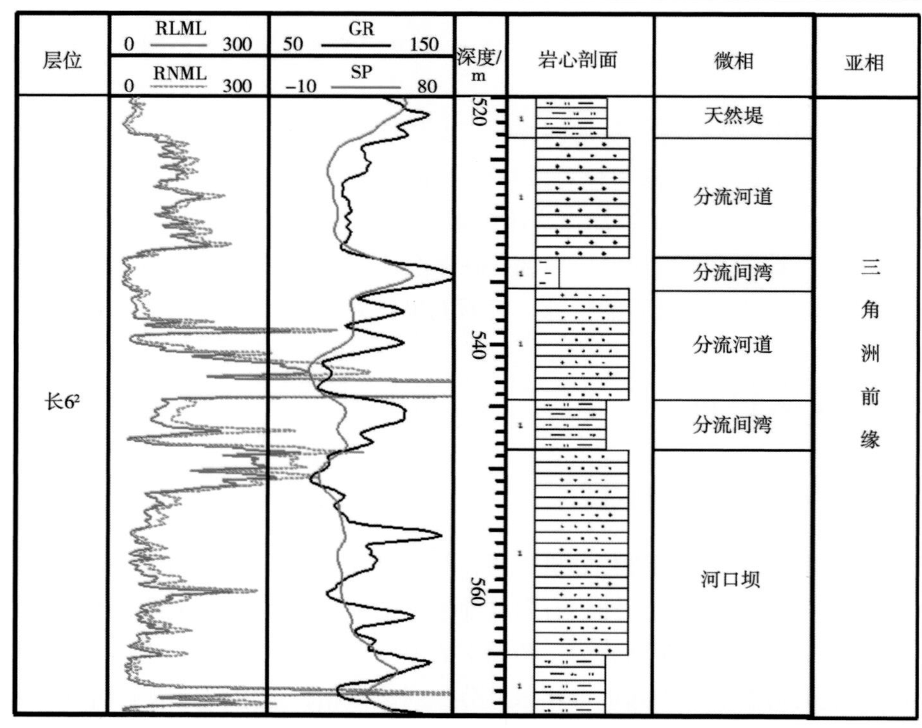

图2-8　甘谷驿油田唐23井长6^2段沉积微相图

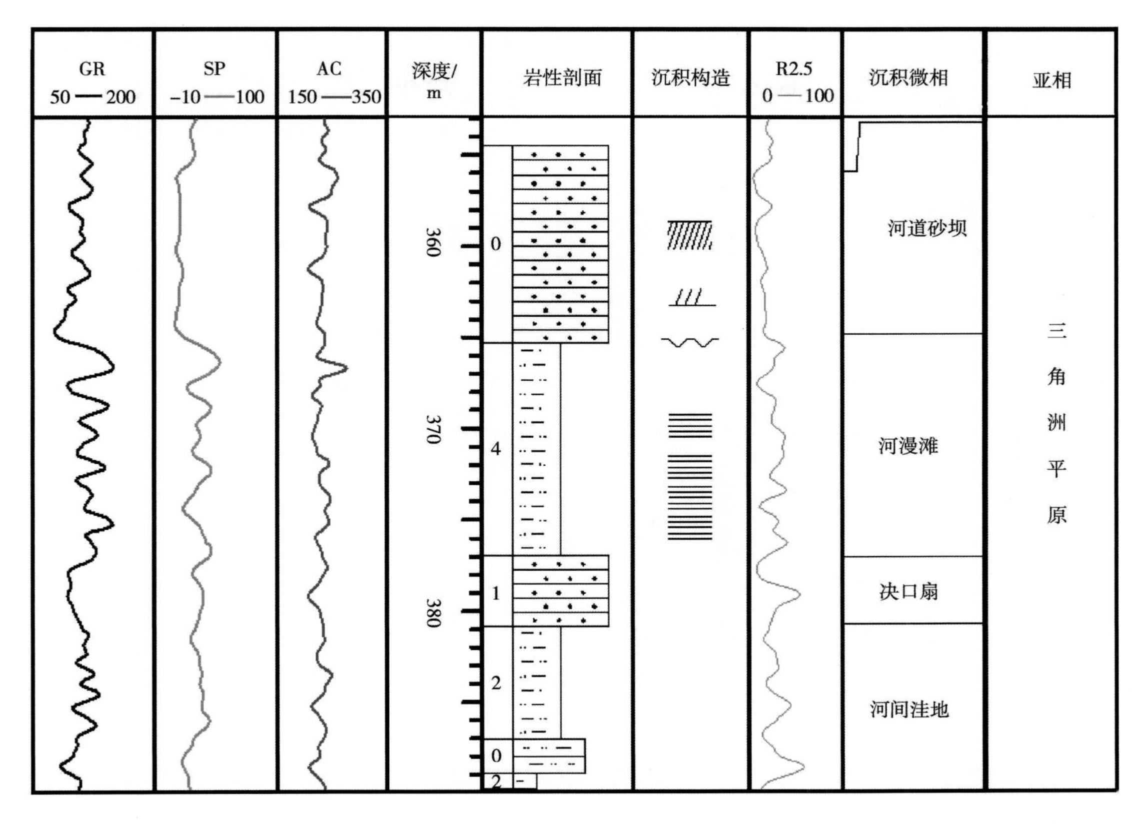

图 2-9　甘谷驿油田唐 107 井长 6^1 段沉积微相图

2.4.2　沉积微相平面特征

前人研究表明，甘谷驿油田长 6 段总体处于三角洲前缘环境，水下分流河道较为发育。虽然其沉积特征并不复杂，但是砂体之间的叠置与对接关系变化较大，不同期次沉积砂体的叠置较为明显。在三角洲发育期时，水下分流河道堆积的砂体厚度大、连通性较好，是较为有利的油层段，这些砂体呈网状分布，总体上以北东至南西向展布为主，近南北向次之。本书以岳口区域的沉积特征为例，来说明该时期沉积相的展布特征。

长 6^1 沉积期，三角洲砂体进积强烈，形成连片分布，岳口区域西北、东南方向主河道向两侧逐渐过渡为河道侧缘的河口坝及分流间湾沉积(图 2-10)。长 6^2沉积期，三角洲逐步形成，此时沉积相发生变化，岳口区域发育大面积的三角洲前缘水下分流河道，分流河道开始连片分布(图 2-11)。长 6^3沉积期，三角洲开始发育雏形，还是以三角洲的水下分支河道为主，主要分布在岳口区域的东北部(图 2-12)。长 6^4沉积期，岳口区域三角洲开始进积，研究区以发育三角洲前缘水下分流河道和分流间湾为主，其分流河道分布面积范围窄，主体由北东向南西方向展布(图 2-13)。

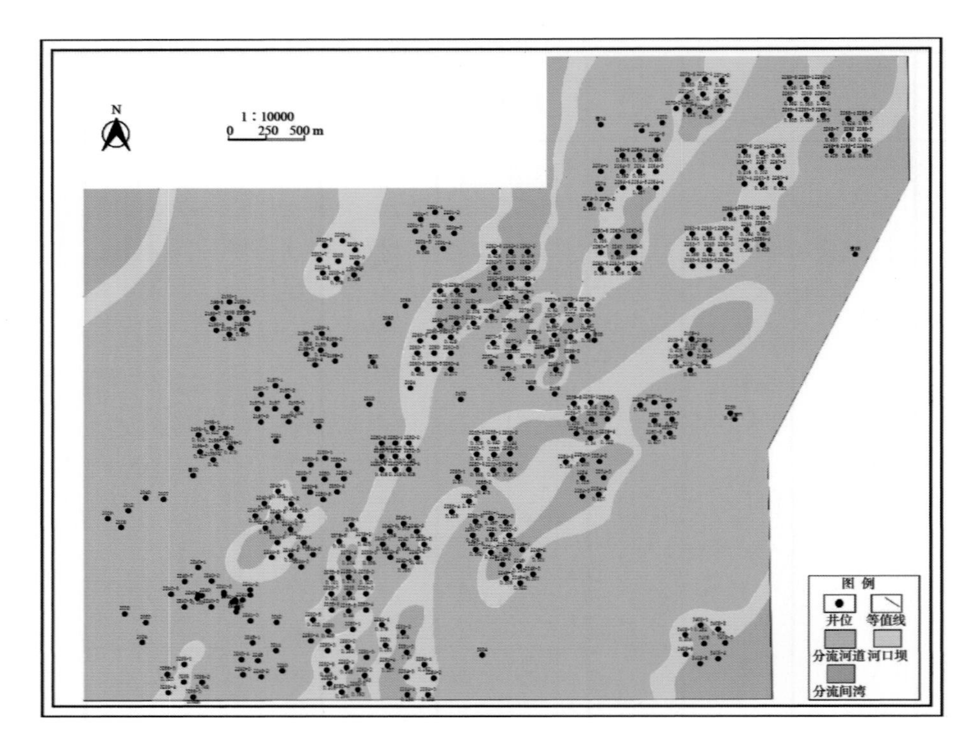

图 2-10　岳口区域长 6^1 沉积微相平面图

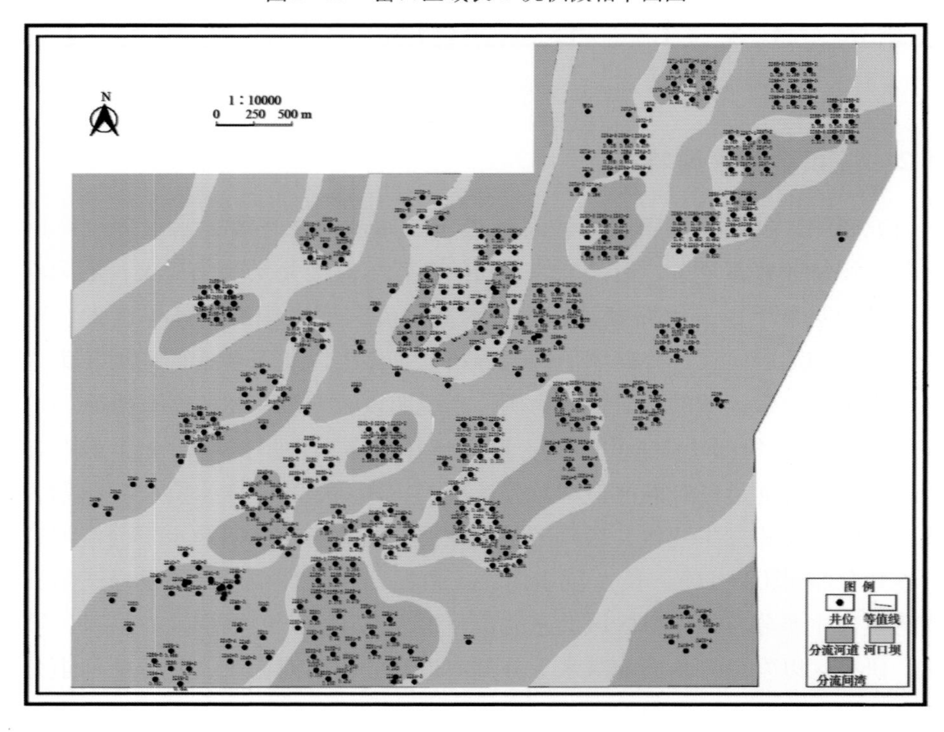

图 2-11　岳口区域长 6^2 沉积微相平面图

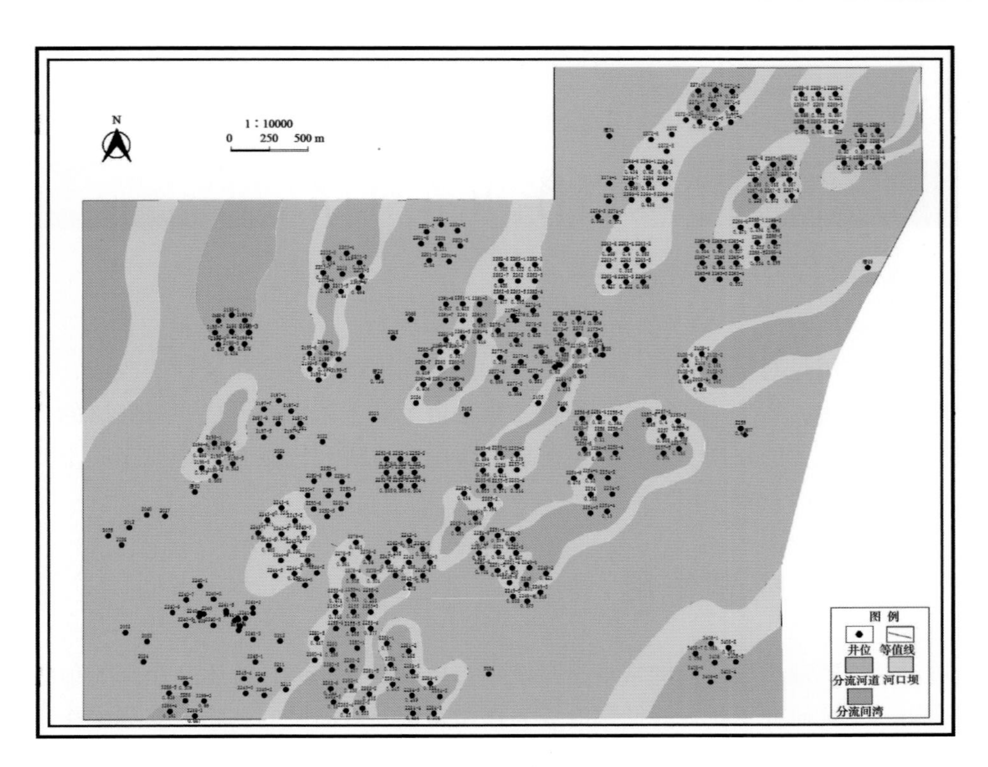

图 2-12　岳口区域长 6^3 沉积微相平面图

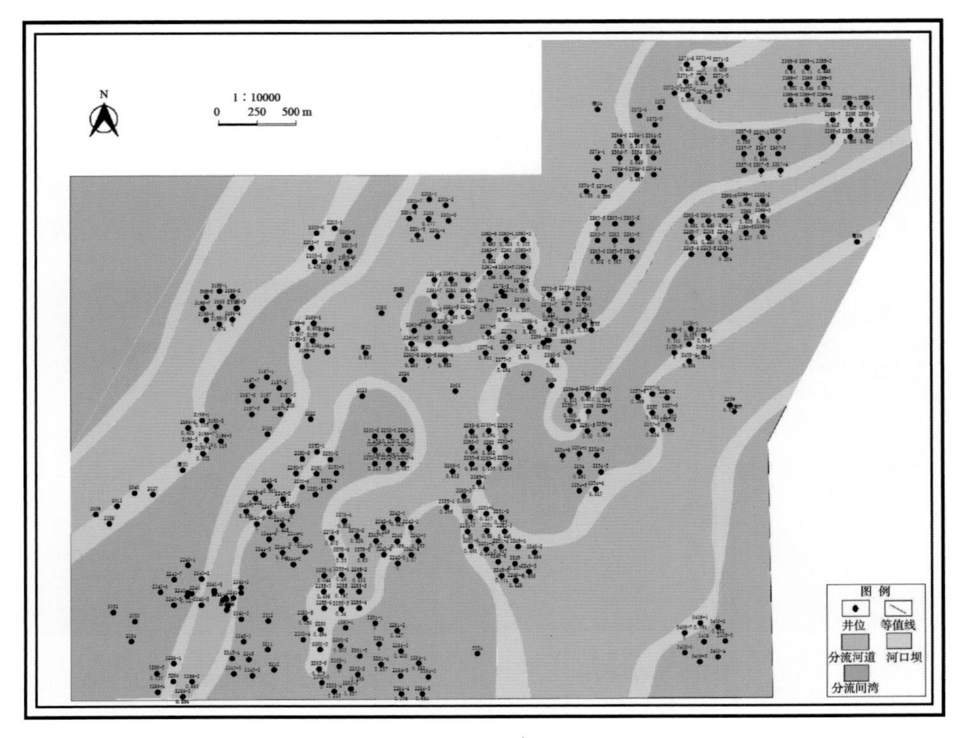

图 2-13　岳口区域长 6^4 沉积微相平面图

第3章 成岩作用及对储层的影响

储层成岩作用是对早期岩石、矿物成分、内部孔隙结构及渗流特性的改造，并发生相应的物理化学作用，产生一些新的矿物，尤其是自生黏土矿物的形成，对储层的孔隙度及渗透率都会产生重要的作用。认识储层的成岩作用对于研究区域石油地质至关重要，同时也是发现新油气田的重要手段之一。

3.1 储层成岩作用

通过对甘谷驿油田取心段的常规显微镜、扫描电镜、能谱、铸体薄片及X射线衍射等实验室分析，系统研究了长6段储层的成岩作用类型及对储层的影响。其成岩作用类型主要包括压实及压溶作用、胶结充填作用、溶蚀作用等。

3.1.1 压实及压溶作用

甘谷驿油田长6砂岩早期所经历的机械压实作用比较强烈，导致储层的孔隙度降低。长6段的薄片分析表明(图3-1)：压实作用主要表现为颗粒之间接触关系多为较为紧密的线接触，塑性岩屑以及其他的矿物，尤其是一些云母等发生弯曲变形[图3-2(a)]。岩石铸体薄片分析表明：岩石矿物组分，比如黑云母或者一些泥质岩屑明显受到压实作用的影

(a)唐89井，316.1m，长6^1，单偏光，10×10，黑云母不同程度绿泥石化，呈假杂基充填粒间孔，并弯曲变形

(b)唐89井，334.0m，长6^1，正交偏光，10×40，石英次生加大并堵塞孔喉，加大边边缘可见气液包裹体

图3-1 唐89井长6段铸体薄片图

响，面孔率不高，并且随着后期地层埋藏深度的增加，储层的压实作用逐渐过渡为压溶作用，岩石颗粒之间由之前的线接触变为颗粒凹凸接触关系，并且石英发生次生加大现象[图 3-1(b)、图 3-2(b)]，使得原始的粒间孔隙减小，颗粒之间的喉道半径也明显缩小，从而导致储层的渗流能力减弱，储层物性变差。但是，目前的甘谷驿油田长 6 段的储层薄片分析显示，压溶作用并不十分强烈，颗粒凹凸接触也并不明显，但是经过储层的压实作用之后，长 6 段储层孔隙大幅降低。

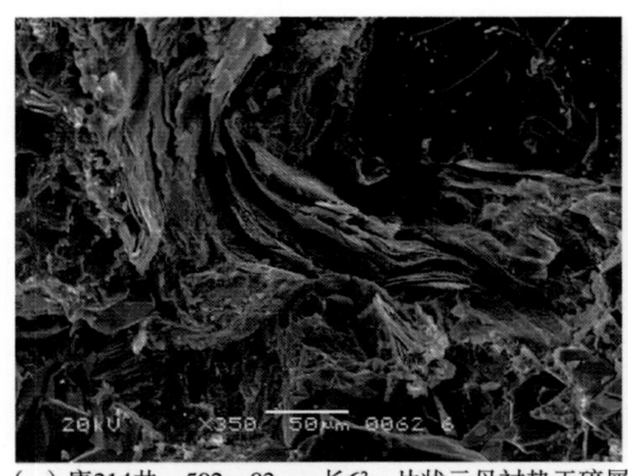

(a) 唐214井，592 83m，长6^2，片状云母衬垫于碎屑颗粒之间，弯曲变形且被溶蚀，见层间微缝发育，扫描电镜

(b) 唐89井，309 9m，长6^1，正交偏光，10×10，石英次生加大及粒间充填的浊沸石胶结物

图 3-2 唐 214 井长 6 段扫描电镜及铸体薄片图

3.1.2 胶结充填作用

随着地层埋藏深度的增加，地层温度和压力上升。同时，地层孔隙水的性质也发生变化，导致地层岩石发生系列化学变化，如产生一些新的自生矿物，使得颗粒之间的胶结作用增强，发生胶结物的充填，使得孔隙进一步变小。这也是致密砂岩储层孔隙度较低的主要原因之一。

甘谷驿油田的长 6 段储层胶结作用较为明显，与整个鄂尔多斯盆地的成岩作用较为相似。其胶结物成分较为复杂，主要有自生黏土矿物、碳酸盐岩、硅质及浊沸石类胶结等多种类型。其中，以碳酸盐及自生黏土矿物胶结为主[图 3-2(b)、图 3-3]，碳酸盐的含量最高可达 10% 以上，尤其是在灰质砂岩中碳酸盐胶结物含量更高。另外，胶结物还包括一些硅质、凝灰质及硬石膏等。胶结物的含量直接影响到储层的孔渗物性，一般随其含量的增加，孔隙度和渗透率均明显降低。

1) 自生黏土矿物胶结

绿泥石的成因多为蒙脱石的淋滤作用产生。在长 6 段储层中，胶结物主要是绿泥石，其含量较高，平均在 4% 左右，多呈栉壳薄膜状分布于颗粒表面(图 3-4)。在储层成岩作用中，一方面，绿泥石完全包裹的碎屑颗粒有利于粒间孔隙的保存，但特殊情况下也可被其他黏土矿物充填；另一方面，绿泥石具有催化剂的作用，使得压溶作用增强。此外，除绿泥石以外，伊蒙混层、伊利石及高岭石胶结物也较为普遍，只是含量要低一些，高岭石胶结物多呈

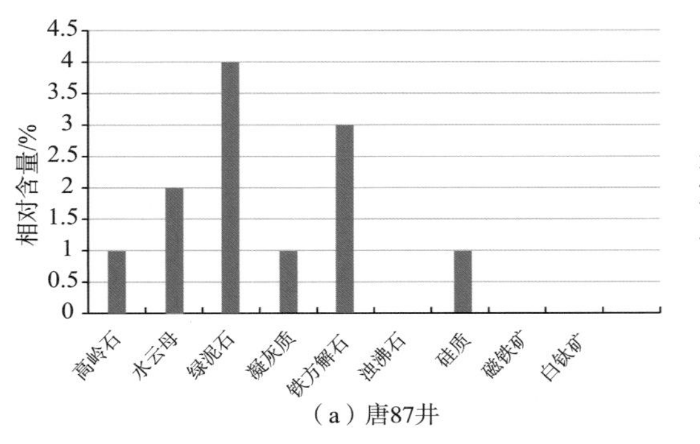

（a）唐87井

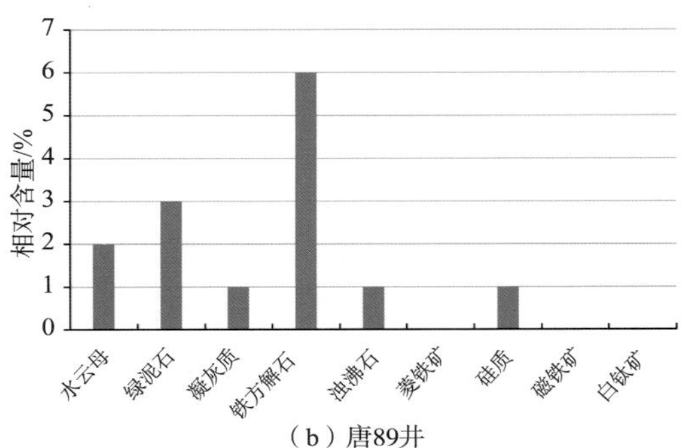

（b）唐89井

图 3-3　长 6 段储层胶结物含量及类型

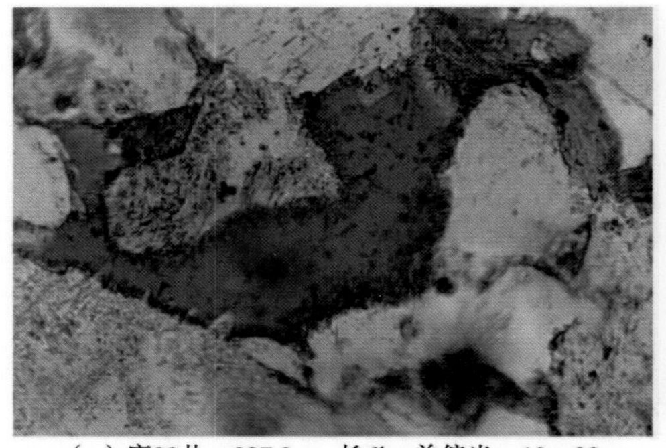

（a）唐89井，337.3m，长6[1]，单偏光，10×20，绿泥石垂直颗粒表面呈栉壳薄膜状生长，使原始孔喉缩小，铸体薄片

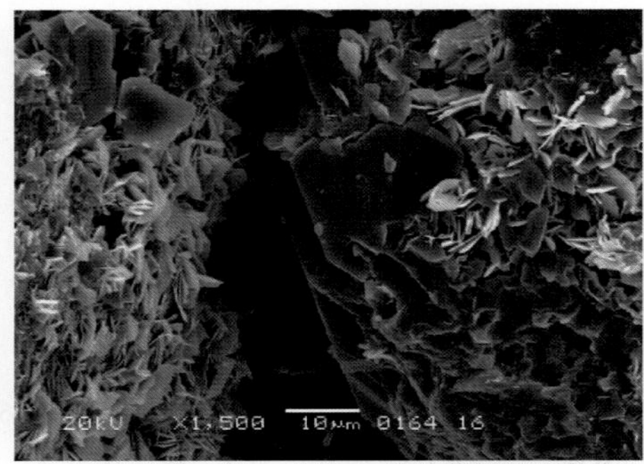

（b）唐229井，长6，567m，叶片状绿泥石附着于碎屑颗粒表面，粒间孔隙中见自生石英晶体

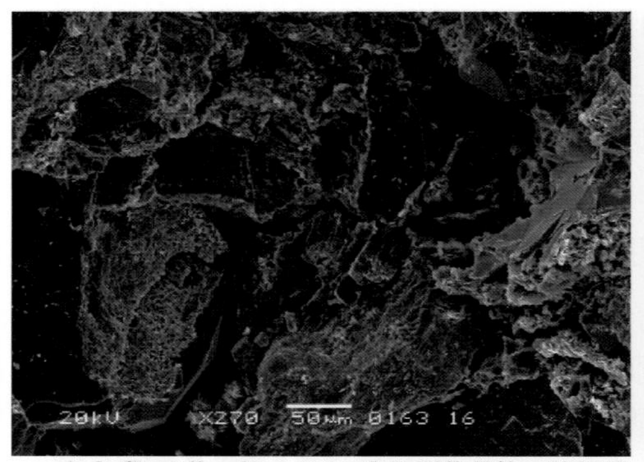

（c）唐229井，长6，567m自生石英晶体、钠长石晶体及叶片状绿泥石充填于粒间，可见粒间孔缝发育

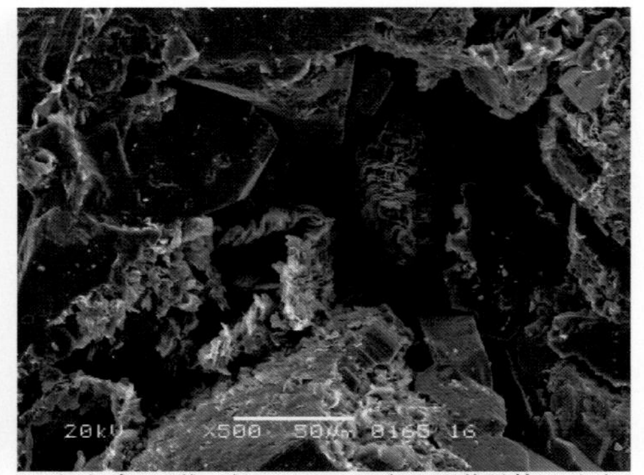

（d）唐229井，长6，567m，自生石英晶体及叶片状绿泥石集合体充填于粒间孔隙中，残留粒间孔隙发育

图 3-4　长 6 段储层铸体薄片及扫描电镜显示黏土矿物分布图

书叶状分布，伊利石与蒙脱石往往呈卷曲状分布或蜂窝状分布，并与绿泥石共生，以孔隙充填物的形式存在，另外从能谱分布上也可以清晰地看到绿泥石的分布（图 3-5、表 3-1）。

2）浊沸石胶结

在长 6 段储层中，浊沸石胶结物较为常见，含量最高可达 10%，分布范围较广，杨晓萍等（2002）系统地分析了浊沸石的成因。浊沸石在电镜下，一般不发光，呈片状或板状充填于

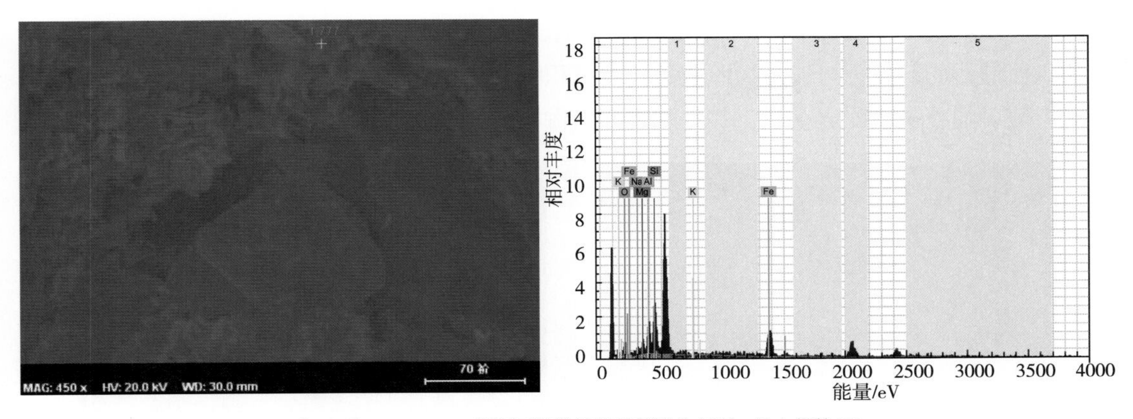

唐214井，593.06m，绿泥石能谱照片及能谱分布图，放大倍数450

图3-5 唐214井长6段绿泥石能谱图

粒间孔隙中。由于浊沸石的解理较为发育，易形成裂缝而发生溶蚀。浊沸石的形成与斜长石有密切关系，长6段储层浊沸石主要是由斜长石的钠长石化而产生，其化学反应式为：

$$\underset{\text{（钙长石）}}{2\,CaAl_2Si_2O_8} + 2Na + 4H_2O + 6SiO_2 \longrightarrow \underset{\text{（钠长石）}}{2\,NaAlSi_3O_8} + \underset{\text{（浊沸石）}}{CaAl_2Si_4O_{12}\cdot 4H_2O} + Ca^{2+}$$

在砂岩中，如果含有较多的斜长石及含钠离子丰富的水，极易形成浊沸石。长6段储层从能谱图(图3-6、表3-1)可以清晰地发现，钠长石的存在表明岩石发生过强烈的钠长石化

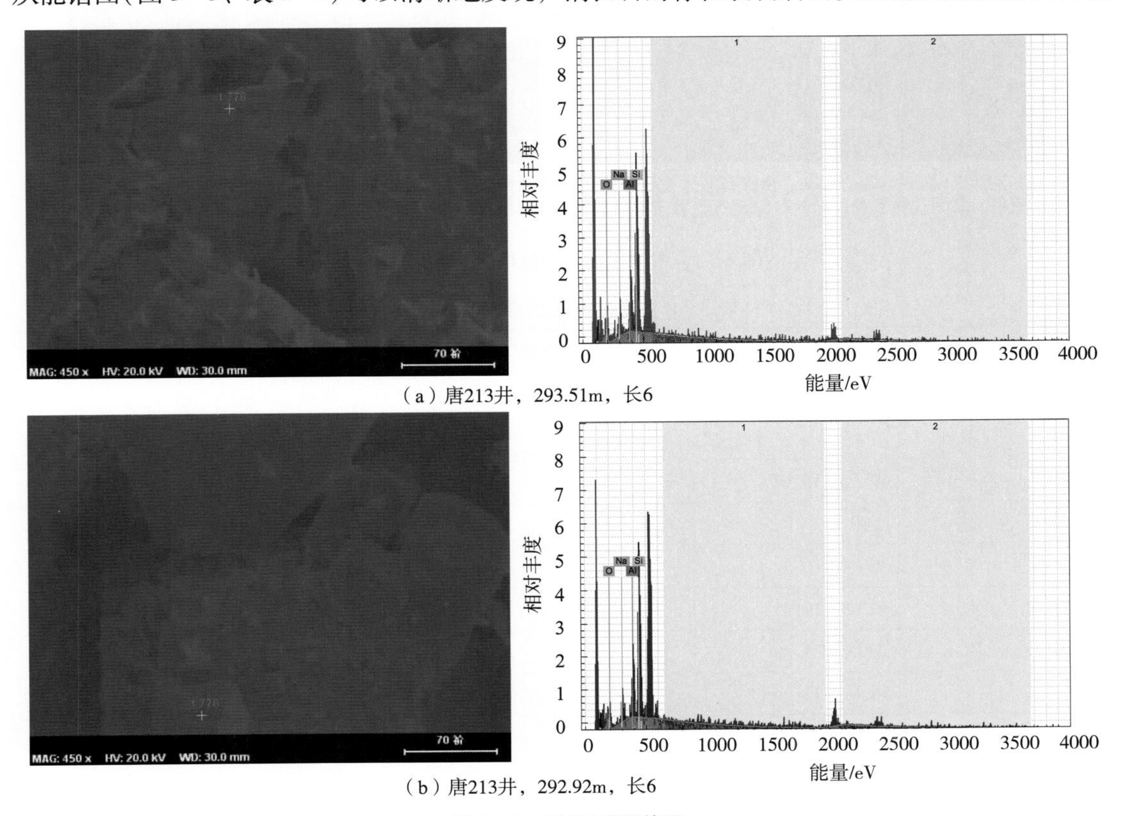

（a）唐213井，293.51m，长6

（b）唐213井，292.92m，长6

图3-6 钠长石能谱图

作用，进而产生浊沸石(图3-7、表3-1)。钠长石化的反应主要发生在早成岩的晚期，另一方面，浊沸石的产生也可能与物源或延长组沉积时期多期次的火山活动有关系。在长6段中发现有较多的凝灰质泥岩存在，并且表现为高伽马、高声波、高电阻率及低密度的特征。

(a)唐214井，594.43m，长6，胶结物浊沸石晶体发育，板柱状浊沸石晶体充填于粒间孔隙

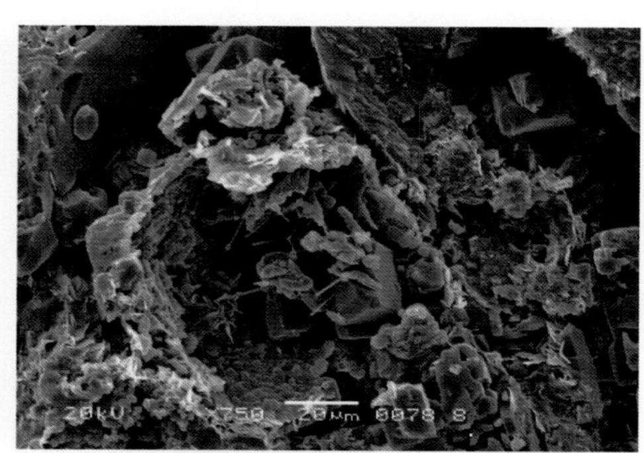
(b)唐214井,594.43m，长6，浊沸石晶体及叶片状绿泥石充填于粒间孔隙中，晶间孔缝发育

(c)唐214井,594.43m，长6，浊沸石晶体充填于粒间孔隙中，晶间孔缝发育，叶片状绿泥石附着于颗粒表面

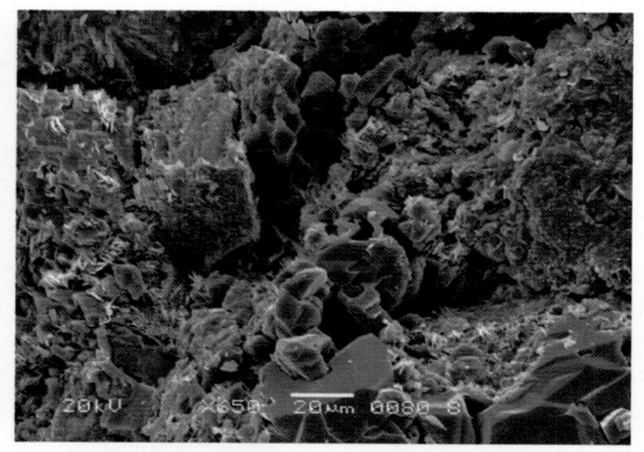
(d)唐214井，594.43m，长6，浊沸石晶体充填于粒间孔隙中，晶间孔缝发育，见石英颗粒次生加大

图3-7　长6段储层浊沸石扫描电镜图

表3-1　长6段储层能谱元素分析

井深/m	分析编号	元素含量(wt)/%											备　注
		SiO_2	Al_2O_3	CO_2	Na_2O	K_2O	Fe_3O_4	CaO	P_2O_5	MgO	MnO	Cl	
唐213	长6^1			31.47				68.53					方解石
唐213	长6^1	69.95	19.68		10.37								钠长石
唐213	长6^1	100											石英
唐214	长6^2	99.7	0.3										石英
唐214	长6^2	66.49	22.45					11.06					浊沸石
唐214	长6^2	61.5	23.48					15.02					浊沸石
唐214	长6^2	66.82	22.94					10.24					浊沸石
唐214	长6^2	6.45						19.11	74.45				磷灰石
唐214	长6^2	100											石英

续表

井深/m	分析编号	元素含量(wt)/%											备 注
		SiO_2	Al_2O_3	CO_2	Na_2O	K_2O	Fe_3O_4	CaO	P_2O_5	MgO	MnO	Cl	
唐214	长6^2	68.37	21.89					9.74					浊沸石
唐214	长6^2	100											石英
唐214	长6^2	65.64	23.37					10.99					浊沸石
唐214	长6^2	100											石英
唐214	长6^2	70.83	17.71		11.46								钠长石
唐214	长6^2	40.21	19.65		7.53	0.03	23.31			9.27			绿泥石
唐214	长6^2	62.52	20.74					16.74					浊沸石
唐214	长6^2			43.62				56.38					方解石
唐229	长6^1	63.68	20.63		15.69								钠长石
唐229	长6^1	65.06	17.45		10.97	6.52							长石
唐229	长6^1	100											石英
唐229	长6^1	63.17	19.8			17.03							钾长石
唐230	长6^3	69.61	19.29			11.1							钾长石
唐231	长6^1	100											石英
唐231	长6^1	67.28	22.29					10.43					浊沸石
唐231	长6^1			43.05				56.95					方解石
唐231	长6^1	66.23	19.43		14.33								钠长石
唐231	长6^1	65.05	19.87		15.08								钠长石
唐231	长6^1	100											石英
唐231	长6^1	100											石英
唐231	长6^1	68.04	24.93					7.04					浊沸石
唐231	长6^1	70.22	18.59		10.71		0.48						钠长石
唐232	长6^1	100											石英
唐232	长6^1	69.93	19.3					10.77					浊沸石

3)硅质胶结

硅质胶结物在长6段储层中也较为常见，含量一般在1%～3%，大部分以石英次生加大形式围绕石英颗粒边缘生长，或以自生石英晶体的形式存在于粒间孔隙中[图3-1(b)、图3-2(b)、图3-4(d)]。硅质胶结物是SiO_2含量较高并达到饱和时的产物发生硅质沉淀而形成的。硅质胶结物SiO_2的来源较多，包括长石的溶蚀、石英颗粒的溶蚀以及黏土矿物的转化都会产生较多的硅质，如下化学式，富含SiO_2的孔隙水达到饱和时，必然会发生沉淀，从而形成硅质胶结物（图3-8、图3-9）。

$$4KAlSi_3O_8 + 2CO_2 + 4H_2O \longrightarrow Al_4(Si_4O_{10})(OH)_8 + 8SiO_2 + 2K_2CO_3$$

（钾长石）　　　　　　　　（高岭石）　　（石英）

$$\underset{（钠长石）}{4\,NaAlSi_3O_8} + 2CO_2 + 4H_2O \longrightarrow \underset{（高岭石）}{Al_4(Si_4O_{10})(OH)_8} + \underset{（石英）}{8SiO_2} + 2Na_2CO_3$$

$$\underset{（钾长石）}{2KAlSi_3O_8} + 2H^+ + H_2O \longrightarrow \underset{（高岭石）}{Al_2Si_2O_5(OH)_4} + \underset{（石英）}{4SiO_2} + H_2O$$

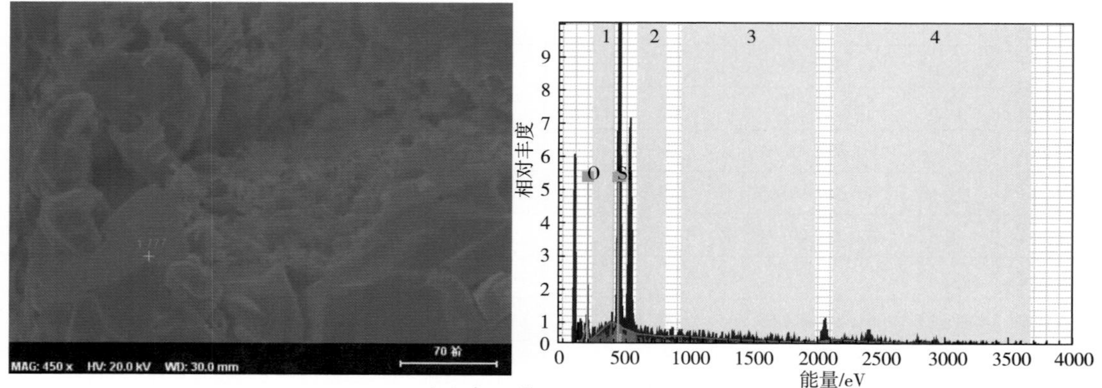

（a）唐213井，307.18m，长6

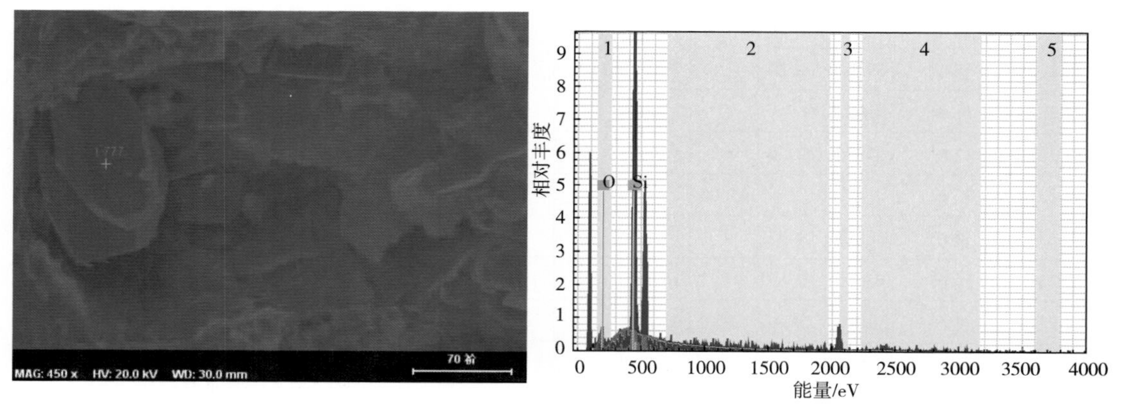

（b）唐213井，300.79m，长6

图3-8　石英矿物能谱分布图

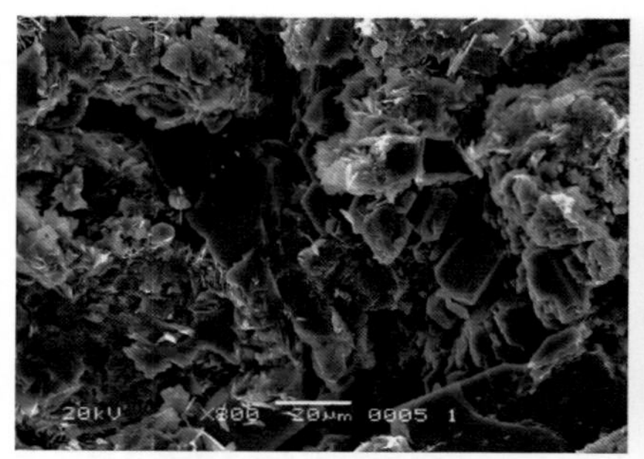

（a）唐213井，293.51m，长6，自生石英晶体及钠长石晶体充填于粒间孔隙中，晶间微孔隙发育

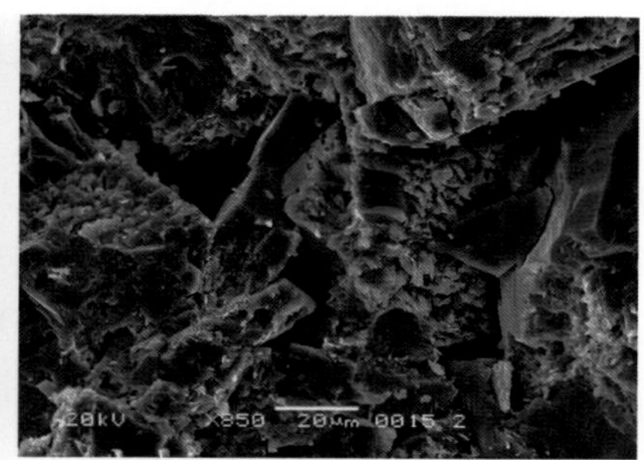

（b）唐213井，292.92m，长6，石英颗粒次生加大，次生钠长石晶体充填于粒间孔隙中，可见残留粒间孔隙

图3-9　石英矿物扫描电镜图

4）碳酸盐胶结

碳酸盐胶结物在长 6 段储层中也较为发育，多以方解石或铁白云石的形式存在（图 3-10）。灰质胶结物的存在容易导致孔隙之间的连通性和储层物性变差。方解石的含量增加可能与黏土矿物的转化有关，油气注入后，烃类为强还原剂，使得孔隙水中的二氧化碳与钙和铁元素产生铁方解石，而钙的来源可能与长石的溶蚀作用有关。因此，碳酸盐胶结物可能为富钙质孔隙水过饱和的产物。

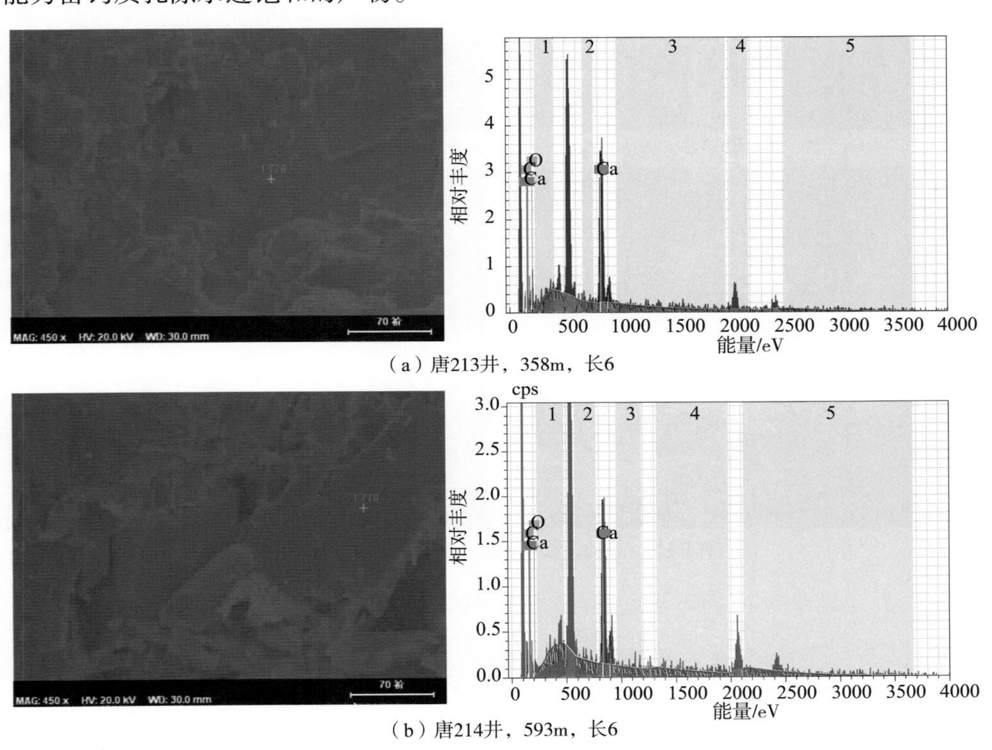

（a）唐213井，358m，长6

（b）唐214井，593m，长6

图 3-10　方解石能谱图

3.1.3　溶蚀作用

溶蚀作用是岩石内部结构组分发生的溶解作用。在长 6 段储层中，溶蚀孔隙多为长石溶蚀、浊沸石溶蚀及一些黏土矿物的溶蚀产生的，且多以碎屑颗粒的溶蚀为主，发生于成岩作用的中晚期。钾长石颗粒沿解理被溶蚀、淋滤，形成窗格状粒内次生溶蚀微孔隙（图 3-11）。长石（包括钾长石和斜长石两类），颗粒被溶蚀、淋滤现象普遍且较为强烈，次生溶蚀微孔隙发育。

另外，长 6 储层还发生少量石英颗粒的溶蚀作用，SiO_2 的溶解度可以随着温度的升高而逐渐加大。碱性成岩环境主要出现在中成岩 B 期，即成岩环境的温度在 150℃以上，也有利于石英颗粒发生溶蚀，加之砂岩的埋藏成岩经历了一个漫长的历史时期，在长期缓慢的碱性高温环境中，少量石英类颗粒发生溶蚀并形成次生孔隙。

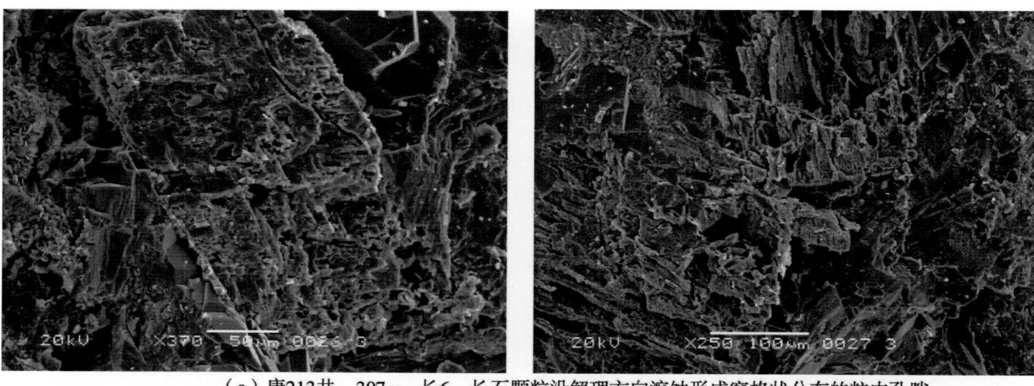

（a）唐213井，307m，长6，长石颗粒沿解理方向溶蚀形成窗格状分布的粒内孔隙

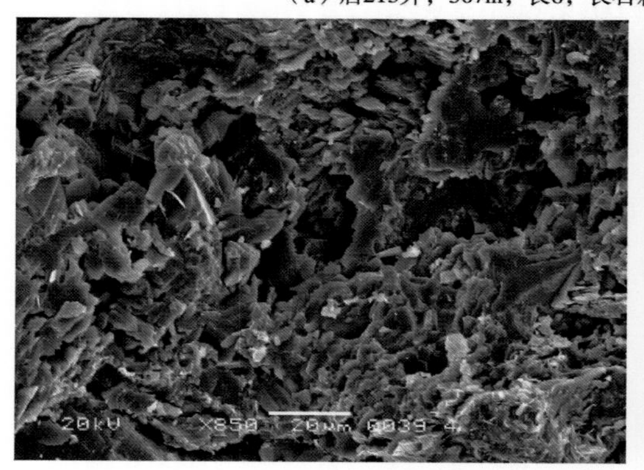

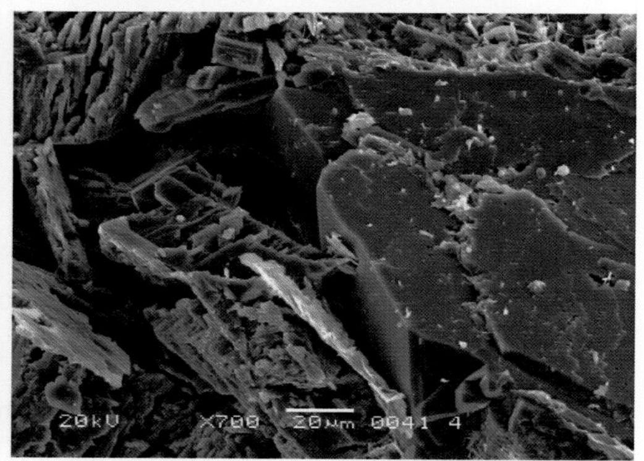

（b）唐213井，358m，长6，钾长石颗粒被溶蚀形成次生溶蚀孔隙

图 3-11　长 6 段储层溶蚀作用扫描电镜图

3.2　成岩阶段

储层成岩阶段的划分主要依据储层内部黏土矿物的种类、烃源岩的生排烃演化历史、镜质体反射率、最大热解峰温、孢粉指数等，并结合扫描电镜等实验室分析结果综合判断与分析。综合各类实验指标可以确定成岩作用的阶段。在地层埋藏成岩过程中，随着温度与压力的升高，黏土矿物会发生系列物理化学变化。因此，可根据特殊黏土矿物的种类及含量，如伊蒙混层黏土矿物特征来进行成岩阶段的划分(表 3-2)。长 6 段地层黏土矿物的分析表明(表 3-3)：甘谷驿油田黏土矿物中伊利石含量在 10% ~30%，绿泥石的含量较高，在 50% ~70%，高岭石与蒙脱石的含量较低，伊蒙混层比小于 10，伊蒙混层中蒙脱石含量在 15%，伊利石含量在 85%，绿蒙混层中蒙脱石含量小于 50%，绿泥石含量在 50% 以上。因此，从整体上看，甘谷驿油田长 6 段储层成岩作用应该处于晚成岩的 A_2 - B 期。

表 3-2 成岩作用阶段的划分标志

<table>
<tr><th colspan="5">成岩作用阶段划分</th><th rowspan="2">I/S 混层黏土矿物转化带</th><th rowspan="2">有机质热成熟阶段</th><th rowspan="2">镜质体反射率 R_o/%</th><th rowspan="2">最大热解峰温 T_{max}/℃</th><th rowspan="2" colspan="2">孢粉颜色和热解指数/TAI</th><th rowspan="2">顶界温度/℃</th></tr>
<tr><th colspan="3">方案Ⅰ</th><th colspan="2">方案Ⅱ</th></tr>
<tr><td rowspan="2">早成岩</td><td colspan="2">A</td><td colspan="2">成岩期</td><td>蒙皂石带
S 层＞70%</td><td>未成熟</td><td>＜0.35</td><td>＜430</td><td colspan="2">黄色＜2</td><td></td></tr>
<tr><td colspan="2">B</td><td rowspan="5">后生期</td><td>早</td><td>渐变带
S 层 50%～70%</td><td>半成熟</td><td>＜0.5</td><td>＜435</td><td colspan="2">深黄＜2.5</td><td>60～70</td></tr>
<tr><td rowspan="4">晚成岩</td><td rowspan="2">A</td><td>A_1</td><td rowspan="3">中</td><td>第一转化带
S 层 35%～50%</td><td>低成熟</td><td>0.5～0.7</td><td>－440</td><td>－2.7</td><td rowspan="2">橙－褐</td><td>80～90</td></tr>
<tr><td>A_2</td><td>第二转化带
S 层±20%</td><td>成熟</td><td>0.7～1.2
±</td><td>－460</td><td>－3.7</td><td>95～110</td></tr>
<tr><td></td><td>B</td><td>第三转化带
S 层＜15%</td><td>高成熟</td><td>1.2～2</td><td>～ ±480</td><td>－4</td><td>暗褐－黑</td><td>140～150</td></tr>
<tr><td></td><td>C</td><td>晚</td><td>混层消失带</td><td>过成熟</td><td>2～4.5</td><td>±500</td><td colspan="2">黑</td><td>＞165</td></tr>
</table>

表 3-3 长6段储层黏土矿物X射线衍射分析结果

编 号	层 位	井 号	深度/m	蒙皂石	伊利石	高岭石	绿泥石	I/S	C/S	S/%	I/%	S/%	C/%
1	长6^1	唐213	300.79		16		63	3	18	15	85	57	43
2	长6^1	唐213	353.90		17		66		17			42	58
9	长6^1	唐213	353.06		19		59		22			37	63
10	长6^2	唐214	592.83		17		71		12			42	58
12	长6^2	唐215	593.43		14		68	4	14	15	85	50	50
13	长6^2	唐216	594.64		12		75		13			50	50
14	长6^2	唐217	595.19		18		62	3	17	15	85	50	50
16	长6^2	唐218	596.99		8	15	60		17			37	63
17	长6^2	唐219	597.40		31		63	6		15	85		
24	长6^1	唐231	566.92		15		65	5	15	15	85	37	63
26	长6^1	唐231	566.92		13		62	4	21	15	85	31	69
27	长6^1	唐231	566.92		22		64		14			31	69
28	长6^3	唐231	536.52		21		62	3	14	15	85	31	69
30	长6^1	唐231	422.91		15		58	7	20	15	85	31	69
32	长6^1	唐231	422.91		16		62		22			37	63

3.3 储层成岩演化历史与次生孔隙形成

地层在沉积后随着埋深的增加及成岩作用的加强，砂岩孔隙度总是在不断减小，一般正常压实情况下，碎屑岩孔隙度是埋深和时间的双元函数。因此，结合地层的古埋深和经历的埋藏时间就可以大致恢复碎屑岩地层的古孔隙度。由于甘谷驿油田长6段地层存在着次生孔隙，因此，本书中古孔隙度的恢复在双元函数的基础上，以砂岩孔隙度演化的原因和结果为切入点，运用正演模拟的方法来模拟其孔隙度演化过程，从而恢复地层的古孔隙演化历史。

3.3.1 古厚度的恢复

一般来讲，随着地层埋深的增加，储层孔隙度会进一步降低，并且储层厚度也会发生压缩。在理想状态下，岩石总的骨架体积基本保持不变，地层厚度发生变化的主要原因是储层内孔隙流体受到压缩以及孔隙减小。沉积埋藏历史实际上就是地层厚度恢复的演化历史，再现地层的厚度变化特征，对其进行研究是含油气盆地分析的主要内容之一。传统的地层埋藏恢复是通过地层的正常压实曲线来分析地层的压实特征，但是由于地层存在异常压力，包括异常高压和低压特征，因此这种方法必然会引起误差。20世纪90年代初，相关研究人员逐渐使用剥离的方法把某一地层现今的厚度恢复到沉积时或埋藏中途某一时刻的厚度。这种方法认为地层岩石骨架和内部孔隙流体是可以分开的，地层内所含流体和孔隙以及地层总厚度如式(3-1)和式(3-2)所示：

$$W_1 = \int_{H_2}^{H_1} \phi_i \mathrm{d}z \tag{3-1}$$

$$W_2 = \int_{H_2}^{H_1} (1 - \phi_i) \mathrm{d}z \tag{3-2}$$

式中，W_1 为现今地层厚度；W_2 为恢复后的地层总厚度；H_1 为地层的顶埋深；H_2 为地层的底埋深；ϕ_i 为 H_1 到 H_2 地层厚度内的总孔隙度；Z 为深度。当去掉上覆地层后，下伏地层为沉积末期的地层厚度。剥离后，地层厚度本应减小，地层厚度反而增加，这是由于孔隙度的增加而引起的。恢复后 H_2 地层各点的孔隙度变为 ϕ_i'，其单位截面地层柱内的岩石骨架的总厚度为 W_2。由于岩石颗粒的压缩系数较小，恢复前后 S_2 地层岩石颗粒的总厚度不变，即 $W_2 = W_2'$。已知现今 S_2 地层顶底埋深和 $H_1' = 0$，就可以恢复 S_2 地层沉积末期该层的底面埋深，即该层古沉积厚度。因此，由上一层的底面古埋深又可恢复其下一层的古厚度，依次类推，求出每一层的古厚度(图3-12)。

3.3.2 古埋深的恢复

将某一时期、某一地层上覆所有地层(包括被剥蚀地层)的现今厚度由上至下依据顶层古厚度恢复原理，依次恢复至该时期的厚度，然后进行累加得到该地层底面古埋深，在古

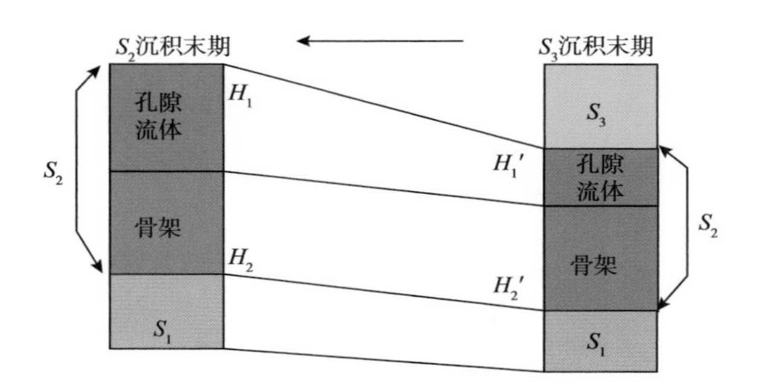

图3-12 地层厚度的恢复示意图

埋深恢复时，必须考虑剥蚀厚度。陈瑞银等(2006)对鄂尔多斯盆地剥蚀厚度进行了恢复，指出主要存在四次剥蚀事件，白垩纪末期发生了三叠纪以来最强烈的一期全盆抬升剥蚀事件，盆地东部地层剥蚀量为1600m，其余三次发生在三叠纪末期、中侏罗世和侏罗纪末期，这三次剥蚀事件相对较弱，其剥蚀量范围分别为0~400m、0~250m和0~320m。根据地质事件年代表和剥蚀期地层剥蚀厚度数据及现今地层厚度，计算各地层在各地质时期的埋深，从而恢复出地层埋藏史(图3-13~图3-15)。

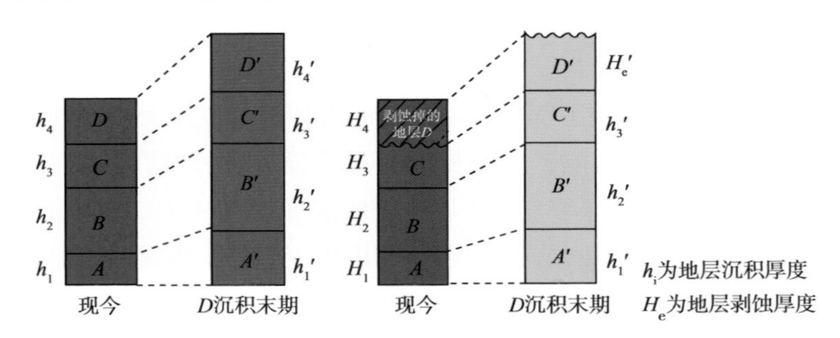

图3-13 四期剥蚀厚度的恢复

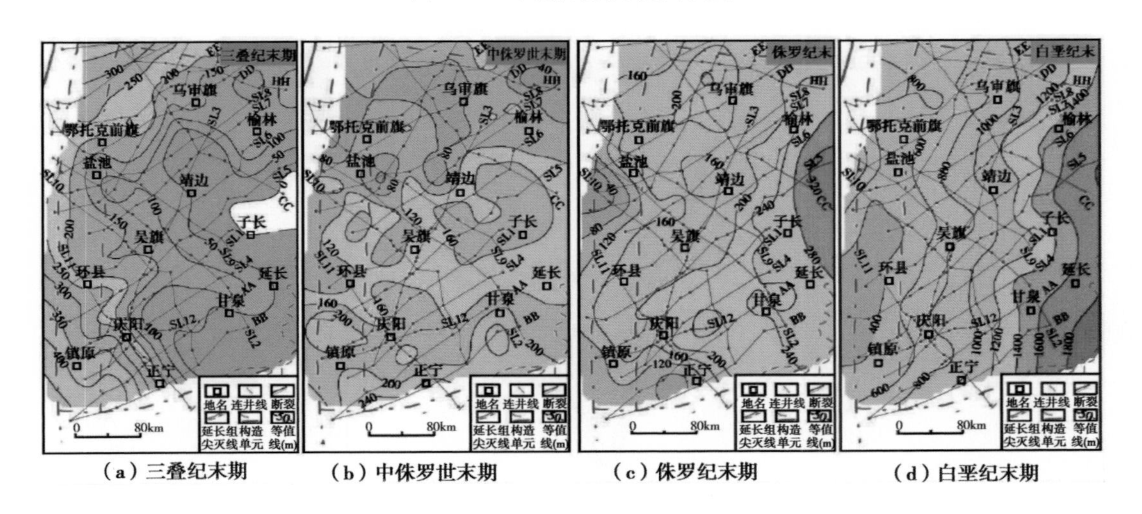

(a)三叠纪末期 (b)中侏罗世末期 (c)侏罗纪末期 (d)白垩纪末期

图3-14 四期剥蚀厚度的恢复(据陈瑞银，2006)

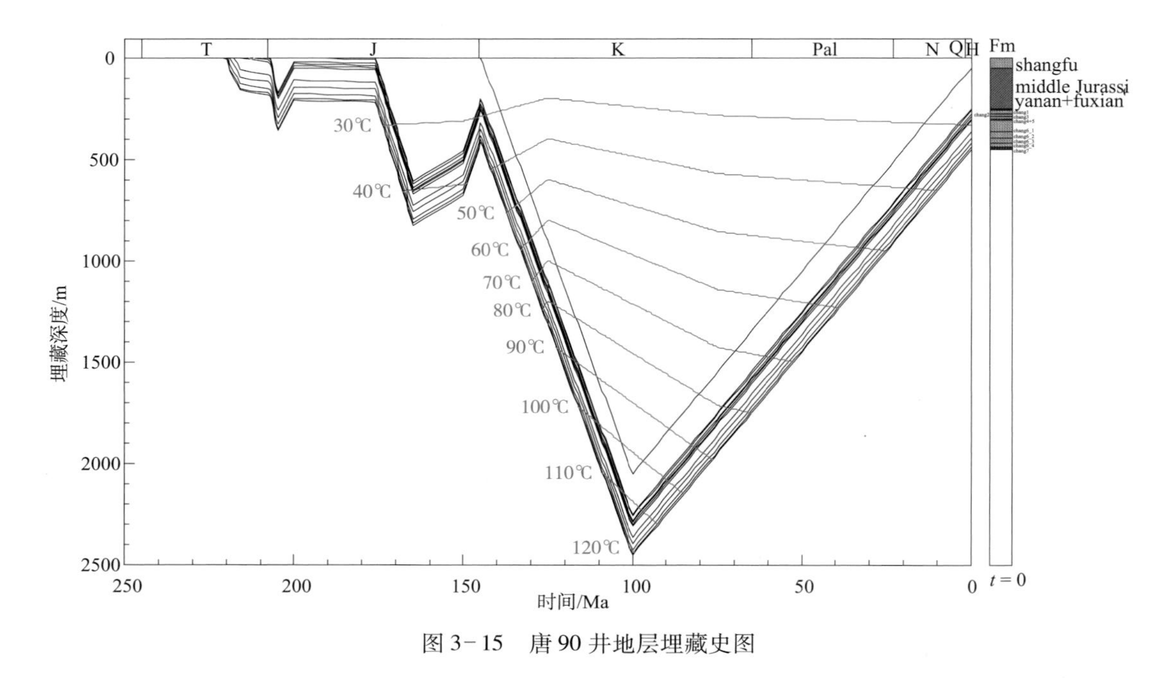

图 3-15 唐 90 井地层埋藏史图

3.3.3 古热历史的恢复

任战利等(1996)系统地研究了鄂尔多斯盆地的古地温梯度及大地热流数据，不同的地质历史时期由于受构造运动的影响，地温梯度存在差异。在甘谷驿油田石炭纪-三叠纪的地温梯度取值为 2.3℃/100m，侏罗纪-白垩纪的地温梯度为 4.1℃/100m，现今的地温梯度为 2.87℃/100m。在此基础上，结合地层埋藏历史，建立甘谷驿油田的热演化历史，由于甘谷驿油田处于斜坡区，地层后期的剥蚀厚度较大。目前，在进行长 6 段的热演化历史分析后认为，成藏时其储层温度在 90～100℃(图 3-16、图 3-17)。

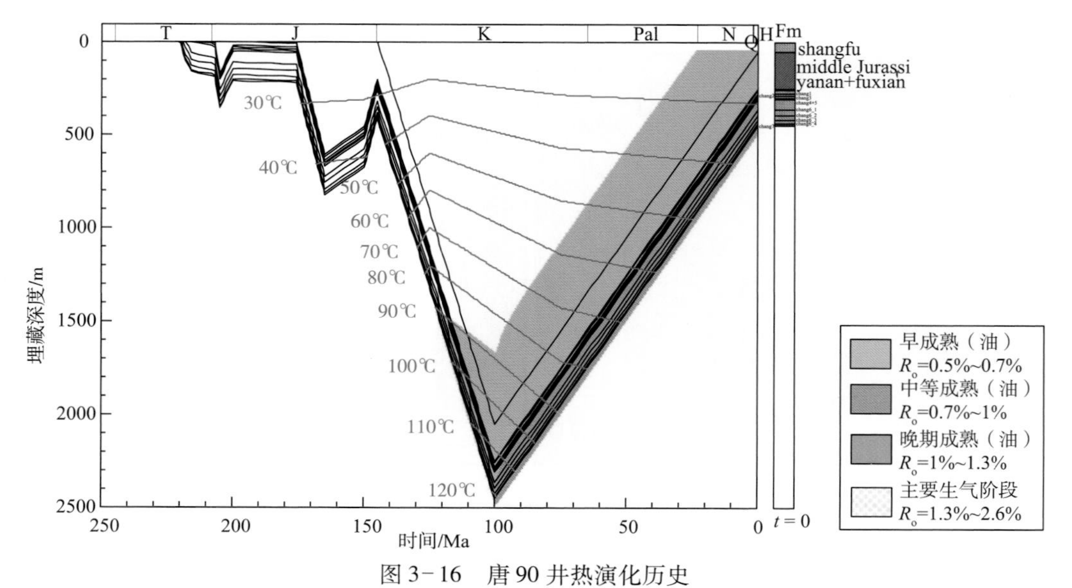

图 3-16 唐 90 井热演化历史

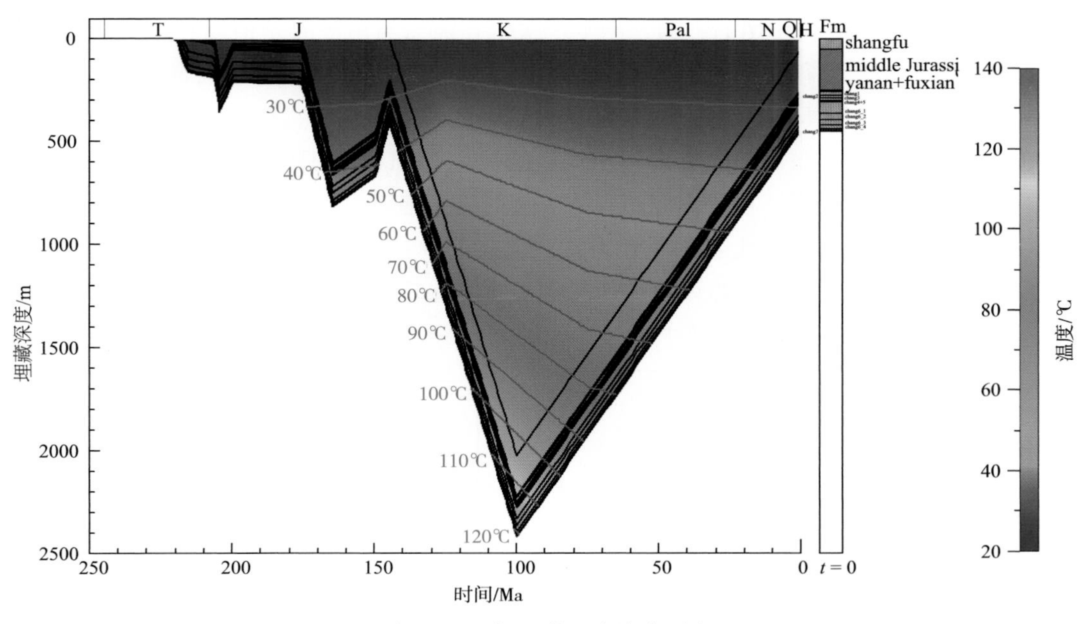

图 3-17 唐 90 井温度演化历史

3.3.4 孔隙现今分布特征

从甘谷驿油田选取了具有代表性的唐 26 井、唐 87 井及唐 90 井，进行了储层段声波时差及孔隙度的统计。结果显示，唐 90 井声波时差随着地层埋深的增加逐渐降低(图 3-18)，长

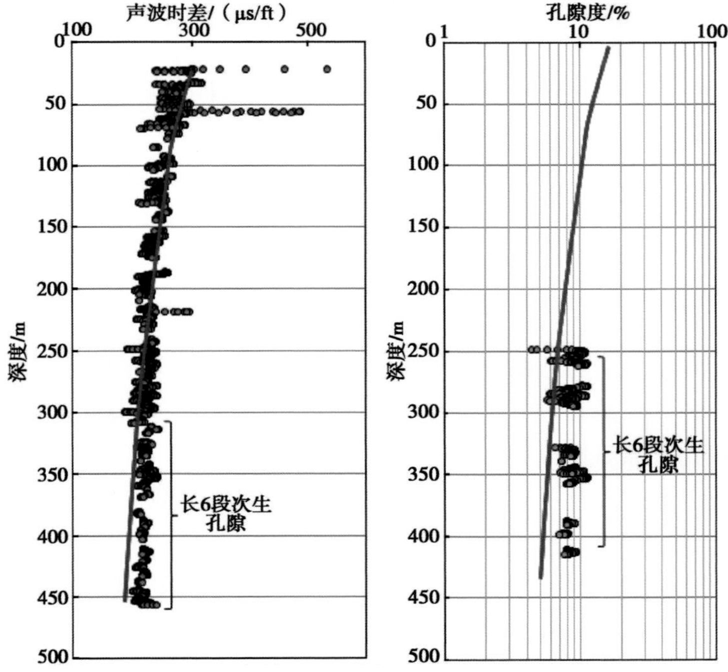

图 3-18 唐 90 井声波时差与孔隙度分布图

6 段储层由于受后期成岩作用的影响，产生了次生孔隙，与声波时差值线相对应的趋势线值具有增加的趋势，使得孔隙度能达到 10% 左右，其孔隙度的纵向分布也表明，孔隙度值在 10% 左右。唐 26 井具有类似的规律(图 3-19)，到长 6 段储层，声波时差值有增加的趋势，孔隙度随之增加，与后期的成岩作用产生的次生孔隙存在相关性。另外，唐 87 井的声波时差与孔隙分布表明，在长 6 段储层的声波时差值有增加趋势(图 3-20)，但是幅度要小一些，这与后期的次生孔隙大小有关系。从这 3 口井的孔隙纵向分布特征可以看出，长 6 段储层中明显存在次生孔隙段，这使得储层孔隙在较深埋藏条件下得到有效改善。

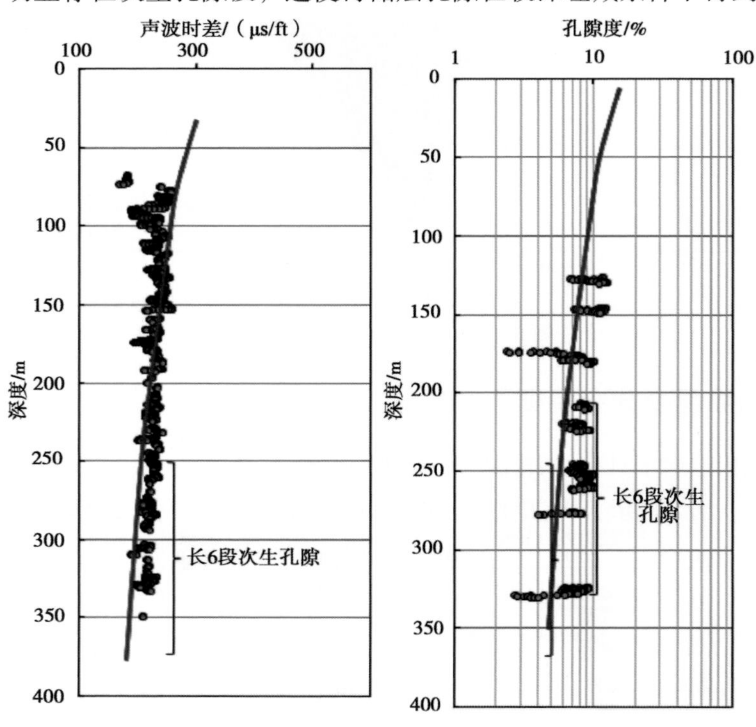

图 3-19　唐 26 井声波时差与孔隙度分布图

3.3.5　储层成岩演化历史与次生孔隙

孔隙演化过程包括地层的沉积和沉积后经历的各种物理化学作用过程，以及它们产生的结果，现今地层的孔隙是其地史演化过程中所有与之相关的因素综合作用的结果。虽然现今地层中难以找到孔隙演化历史的踪迹，但是所有的地层从沉积到成岩经历的过程是大致相似的，因此可以通过现今不同时期地层的孔隙组合特征来研究特定地层孔隙的演化特征，即将今论古法。

在地层演化历史过程中，随着地层埋藏深度的增加，地层孔隙度是逐渐减小的。Selley(1978)建立了砂岩孔隙度与地层埋深的关系，并编制了相关的图版，从岩性来看，砂岩和泥岩随着埋藏深度的增加，孔隙度逐渐降低。当地层深度达到 3000m 以后，孔隙度变化开始减小。在 20 世纪 30 年代，Athy(1930)指出，在碎屑岩正常压实趋势下，孔隙度与埋深

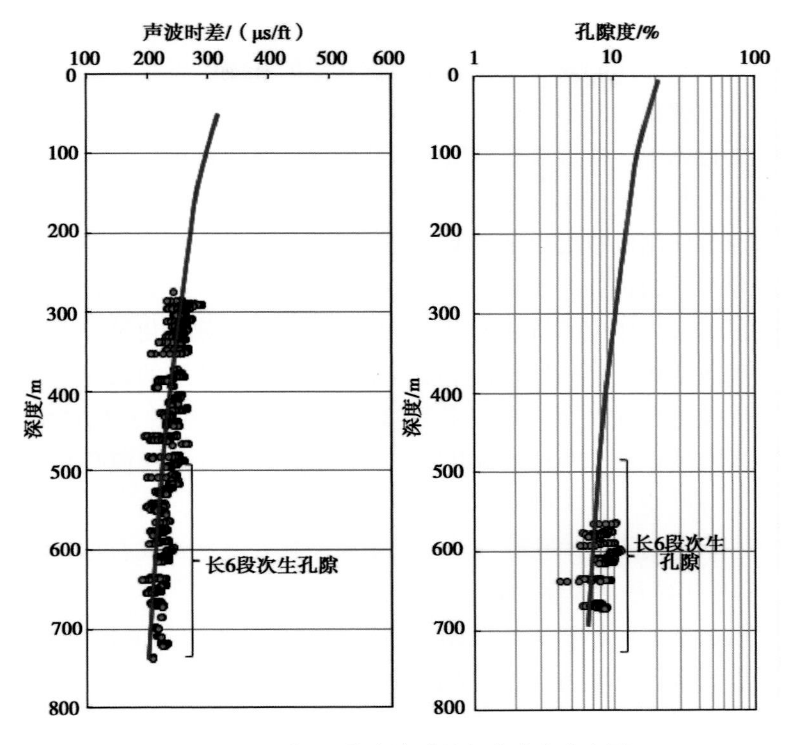

图 3-20 唐 87 井声波时差与孔隙度分布图

存在指数关系。在现今，此项关系仍然是适用的，并且还可以推测储层的孔隙度演化在储层成岩演化中是具有规律性的。实际上，影响储层孔隙度变化的因素较多，尤其是与成岩作用相关的影响。影响储层孔隙度的成岩作用有两大类，第一类是导致孔隙度降低的成岩作用，比如压实与胶结作用；第二类是导致地层孔隙度增加的成岩作用，如溶蚀作用。压实作用除与埋藏深度有关外，还与储层的岩石矿物组分、分选性、颗粒粒径、胶结物类型和含量、温度压力等有关。Scherer(1987)提出了孔隙度与埋深和时间、分选性及石英含量的关系，但主要适用于成岩作用弱、溶蚀作用弱的区域。另外，有国外学者还提出了成岩演化动力学机制，指出孔隙度与温度和时间的关系，同时针对碳酸盐储层，Schmoker 等提出了孔隙度与镜质体反射率的关系，认为镜质体反射率与孔隙度存在一定的关系。刘震等(1997)在研究二连盆地的孔隙演化基础上，建立孔隙度与镜质体反射率之间的函数关系，认为孔隙度是温度和压力的二元函数，但是其适用性还是很有限。上述研究表明，多数研究学者认为，孔隙度与地层埋藏演化历史是有关系的，是深度和时间的二元函数。

1)孔隙度演化模型研究

现今地层孔隙度差异主要由两个方面的原因所致：一方面是地层沉积环境的差异，另一方面是由于地层沉积后所经历的成岩作用的不同。本书所研究工区范围相对较小，针对区内某一套具体的地层来说，其沉积环境的差异不大，这一点从单井孔隙度剖面的正常压实趋势和地表孔隙度的一致性可以证明，因此可以忽略其沉积环境对孔隙的影响。孔隙度的深度模型主要区别就在于次生增孔段出现的位置和范围，说明对现今地层孔隙度的主要影响因素是自身的成岩作用和成岩过程。地层古孔隙的恢复也就是对地层经历的成岩作用及其对孔隙度影响的评估。本书通过数值模拟的方法恢复砂岩的古孔隙度，及在成因机制和各种约束条件的控制下，通过概念模型模拟孔隙度的演化过程。

孔隙度演化分析与成岩作用密不可分。储层成岩作用的数值模拟分析主要包括作用模拟和效应模拟，成岩作用模拟集中于各类压实、石英加大等实验室的模拟，多为单个作用的分析，而效应模拟是通过各类地质参数建立数学模型来模拟，更具有储层预测的特征。

对长6储层段的成岩作用的研究表明，地层在沉积、埋藏演化过程中，其储层的孔隙度主要经历了两种改变效应：一种是孔隙度减小效应，对应储层的破坏性成岩作用主要包括机械压实作用和胶结作用；另一种是孔隙度增大效应，对应的是储层的建设性成岩作用，主要包括各种溶蚀作用。两种效应共同作用形成现今的孔隙度演化结果。基于不同的孔隙度演化效应，分别建立孔隙度减小模型和孔隙度增大模型，两个模型分别以时间为变量，地层在任何一个时间点上的孔隙度等于两个模型独立演化到该点时的效果叠加。

(1)基于压实作用减小的模型的建立。

孔隙度减小是由于地层的压实和胶结作用引起的。最为经典的模型为Athy模型，孔隙度与深度的函数或者孔隙度为有效应力的函数，Athy于1971年提出了有效应力模型。

根据鄂尔多斯盆地中生界地层成岩序列研究，胶结作用起始于早成岩B亚期，对应的地层温度为65~75℃(图3-21)。现今地层经历胶结作用的起始温度最浅的地层为安定组中部，依据任战利等(2006)热史数据研究成果表明，安定组之上地层孔隙度减小是由于机械压实造成的，之下地层孔隙度的减小则是为压实和胶结共同作用的结果。

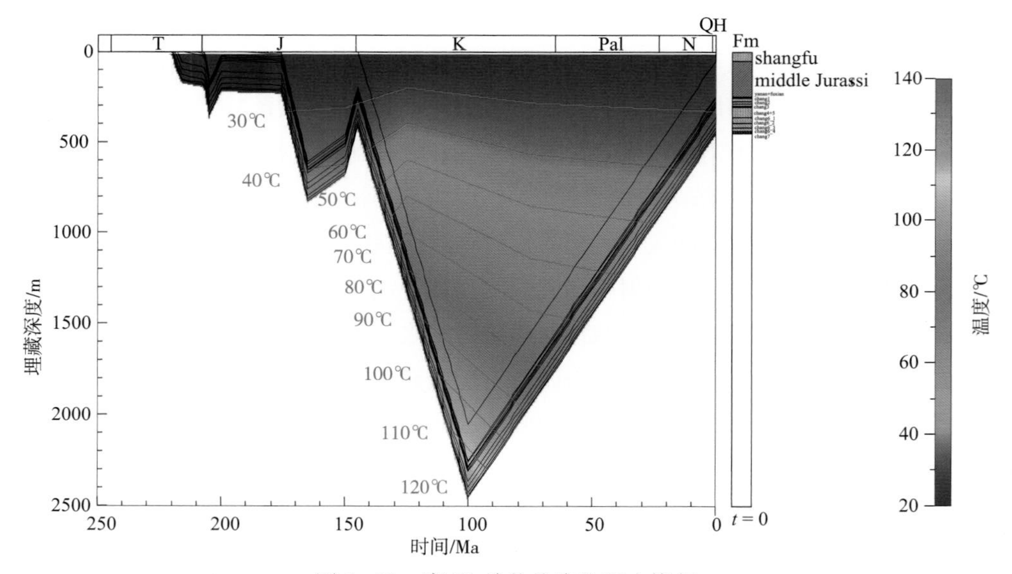

图3-21　唐90单井热演化历史恢复

(2)孔隙度增加模型。

延长组储层孔隙度增大的原因是次生溶蚀孔的发育。地层内部的有机质受热分解，产生的有机酸使得地层水酸性溶蚀能力增强，酸性水溶蚀地层的方解石、长石等可溶矿物，形成次生溶蚀孔。恢复孔隙度增大的演化过程主要就是模拟次生溶蚀孔隙的发育过程。溶剂、可溶矿物、流体活跃性是次生溶蚀作用发生的必要条件，三者在时间、空间上的差异导致了次生溶蚀孔隙发育的程度不同。地史时期内地层流体性质、地层矿物及流体活动性研究，及其相关的水岩化学反应回溯是一件非常困难的事情。利用正演模拟重现地层次生孔隙度在各个时期的状态是极其困难的。因此，本书结合正演和反演方法，利用现今孔隙度条件作为约束条件正演孔隙度溶蚀增大的过程。首先，建立单井砂岩孔隙度深度剖面图，选取没有次生增孔段地层的数据，利用双元函数模型拟合正常趋势下孔隙度随深度和埋藏时间的关系及孔隙度减小模型。然后，通过孔隙度减小模型计算目的层不发育次生孔情况下的孔隙度 ϕ_n，则现今实测的孔隙度 ϕ_t 和 ϕ_n 的差值 $\Delta\phi$ 就是次生增孔量。如果次生增孔量 $\Delta\phi=0$，则该地层的孔隙度没有发生过次生溶蚀作用，其孔隙度的演化过程则遵循孔隙度减小模型，整个历史时期孔隙度的增量 ϕ_s 为 0。对应现今的次生增孔量 ϕ_s 大于 0 的地层则说明地史时期中发生过次生溶蚀增孔作用，相应的次生孔隙发育的三个条件极其匹配关系也一定满足。要模拟次生溶蚀孔隙发育的过程，只需要知道次生孔隙开始形成直到结束的时间段及次生溶蚀时间窗口，以及次生溶蚀作用在溶蚀窗口内和溶蚀过后孔隙度的变化模型即可。

卢焕勇等(1996)认为，干酪根在热演化历史过程中，一方面经过物理化学等热降解作用产生油气，另一方面，还会伴生出各类有机酸，其中以Ⅰ型和Ⅱ型干酪根产生的有机酸最为丰富，形成的有机酸对岩石孔隙具有改善作用，尤其是会对一些易溶蚀矿物溶解形成次生孔隙(图 3-22)。有机酸的产生与温度密切相关，只有在一定的温度条件下，干酪根才会产生有机酸，因此，在孔隙演化过程中，必然要考虑温度与有机酸产生的相关性。尤其是在地温梯度高的地层中，沉积物压实不充分，孔隙之间的连通性较好，胶结作用也较弱的时期，砂体内的渗透性较强，此时如有有机酸及时产生并进入储层内部，就能够使得储层孔隙空间增大，产生次生孔隙发育带。Surdam 等认为，地层温度在 80 ~ 120℃时，为砂岩次生孔隙重要形成阶段，而在 60 ~ 140℃也是干酪根产生有机羧酸时期，当在 70 ~ 90℃时，有机酸浓度达到峰值，次生孔隙产生概率较高，并与伊蒙混层产生时期匹配(图3-23)。

在成岩演化历史过程中，次生孔隙形成开始于成岩 B 期、早成岩 B 期，颗粒以线接触为主，部分点接触，此时原生孔隙与次生孔隙共同存在于储层中，并且还会有长石、灰质及沸石的溶蚀作用的产生，温度条件为 65 ~ 85℃。成岩作用 A 期，温度为 75 ~ 105℃，此时有机质开始成熟，有机酸大量产生，次生孔隙发育，温度在 90 ~ 130℃，烃源岩排烃，为油气充注的主要时期，有机酸含量降低，油气侵入对次生溶蚀作用产生抑制作用，孔隙度增大程度较低。而当地层温度小于 70℃，有机酸含量较低，也不利用次生孔隙的形成(图 3-23)。

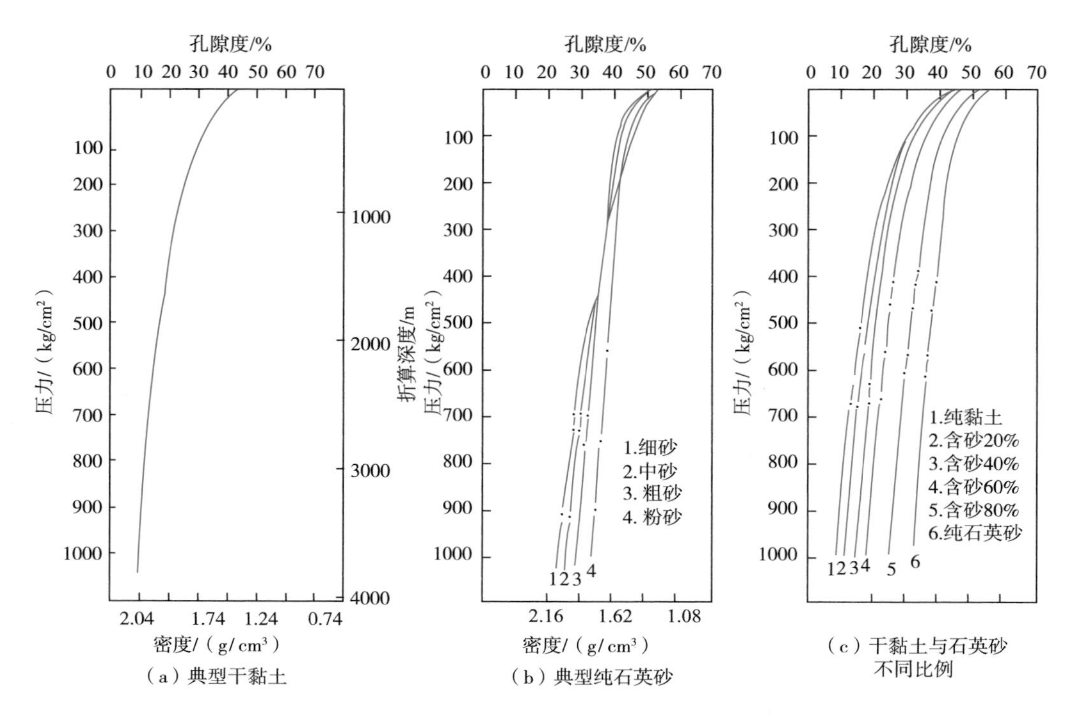

（a）典型干黏土 （b）典型纯石英砂 （c）干黏土与石英砂不同比例

图 3-22 不同类型砂岩的孔隙度随埋深变化图

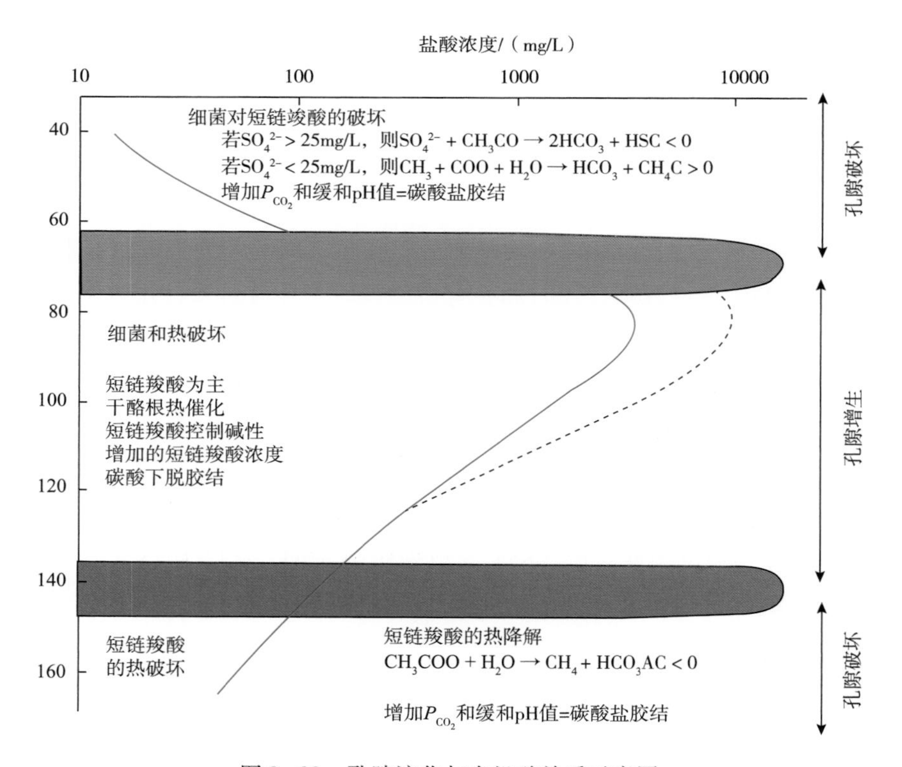

图 3-23 孔隙演化与有机酸关系示意图

①孔隙度在有机酸化窗口内的增大模型。

长石溶蚀作用的化学反应方程式为：

$2KAlSi_2O_5 + 2CH_3COOH + 9H_2O \longrightarrow Al_2Si_2O_5(OH)_4 + 2K^+ + 4H_4SiO_4 + CH_3COO^-$

方解石溶蚀的化学反应方程式为：

$$Ca_3CO_3 + H^+ \longrightarrow Ca^{2+} + CO_2 + H_2O$$

根据化学动力学原理，地层次生增孔量在酸化窗口内的函数模型是：

$$\phi_s = -\frac{2\Delta\phi}{\Delta t^3}(1 - t_1)^3 + \frac{3\Delta\phi}{\Delta t^2}(t - t_1)^2$$

式中 ϕ_s——溶蚀形成的孔隙度，%；

t——距今时间，Ma；

$\Delta\phi$——现今增孔幅度，%；

t_1——地层温度首次达到70℃对应的时间，Ma；

t_2——地层温度首次达到90℃对应的时间，Ma。

②地层在经过酸化之后次生孔隙度的形成过程。

依据现今的次生孔隙特征以及整个孔隙演化过程，认为在砂岩层深埋后，次生孔隙演化结束，次生孔隙在地层演化过程中基本没有变化。一方面，次生孔隙发生于岩石压实作用之后，后期不会再被压实；另一方面，储层中次生孔隙已被油气充填，往往会产生异常压力，能够抑制压实作用对储层孔隙减小的影响，同时由于烃类与岩石会发生水岩相互作用，能够降低胶结作用对于孔隙减小的影响，当然在后期的地层演化过程中，压实作用会有影响，但是与之前的压实趋势效应是一致的，也就是在孔隙度减小时所采用的模型。

2）成岩演化与次生孔隙形成

储层中孔隙类型及次生孔隙发育的特征是判断成岩作用的重要依据。研究区内长6段储层的成岩作用比较强烈，已达晚成岩B期。在其储层的埋藏成岩过程中，主要经历的成岩作用及孔隙演化如图3-24～图3-26所示：①早成岩阶段早期时，机械压实作用造成的矿物颗粒的接触特征，并且有黏土膜析出。②早成岩阶段的晚期时，石英以次生加大及长石压溶为特征。③晚成岩阶段早期时，会产生自生黏土矿物，并且所引起的胶结充填以及后期发生的岩屑、长石、云母及方解石等的溶蚀现象，形成次生孔隙。由于成岩作用强烈，溶蚀作用较弱，使得本区长6储层成为特低孔、低渗的致密砂岩储层。④晚成岩的中期，长石发生溶蚀作用，并且黏土矿物及浊沸石等胶结物也发生溶蚀作用，产生次生孔隙，是对原生孔隙的补充。总体上，长6油层组砂岩储层的溶蚀作用相对不如压实作用和胶结作用强烈，由溶蚀作用形成的孔隙在总孔隙中比例次之。而由机械压实作用和胶结作用形成的残余粒间孔仍是本区长6储层最主要的孔隙，其在总孔隙中所占的比例平均达41.5%。成岩作用使长6储层原生孔隙损失严重，成岩后期的溶蚀作用产生了部分次生孔隙，才使砂岩的孔隙度、渗透率得到一定的恢复。另外，从研究区域的沉降速率显示，长6段储层受白垩纪三次沉降的影响，因而储层物性明显受到影响，沉积速率快，储层会产生欠压实作用，部分原生孔隙会得到保存(图 3-27)。

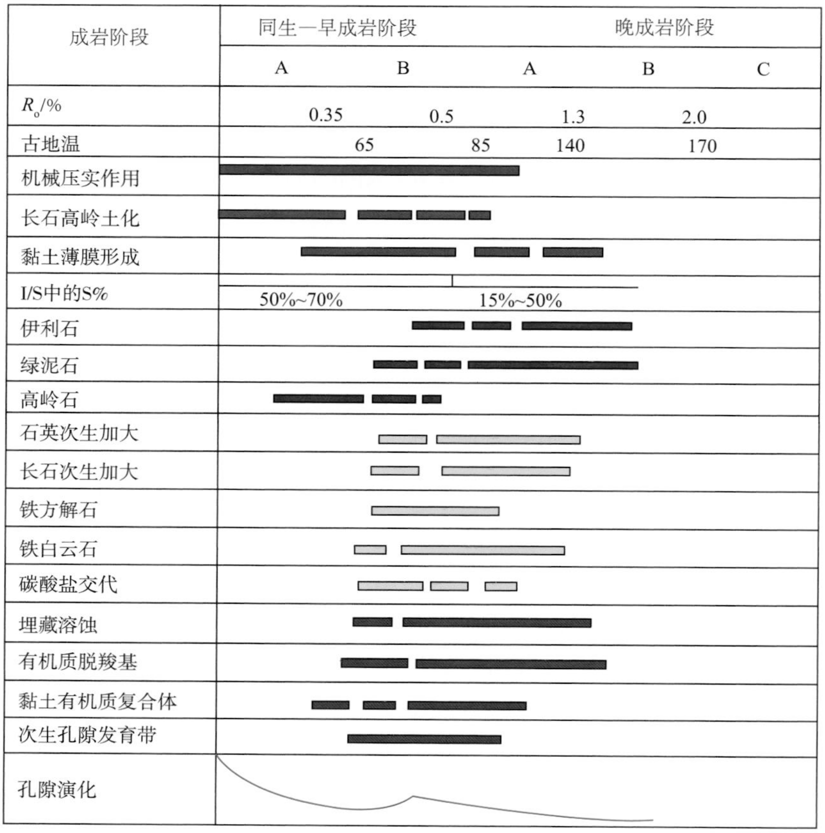

成岩阶段
同生—早成岩阶段
晚成岩阶段
A
B
A
B
C
R_o/%
0.35
0.5
1.3
2.0
古地温
65
85
140
170
机械压实作用
长石高岭土化
黏土薄膜形成
I/S中的S%
50%~70%
15%~50%
伊利石
绿泥石
高岭石
石英次生加大
长石次生加大
铁方解石
铁白云石
碳酸盐交代
埋藏溶蚀
有机质脱羧基
黏土有机质复合体
次生孔隙发育带
孔隙演化

图 3-24　长 6 储层成岩演化阶段划分

深度/m
0
500
1000
1500
2000
2500
3000
机械压实+胶结作用
溶蚀作用
0
0.1
0.2
0.3
孔隙度
年代/Ma
250
200
150
100
50
0
机械压实+胶结作用
溶蚀作用
0
0.1
0.2
0.3
孔隙度

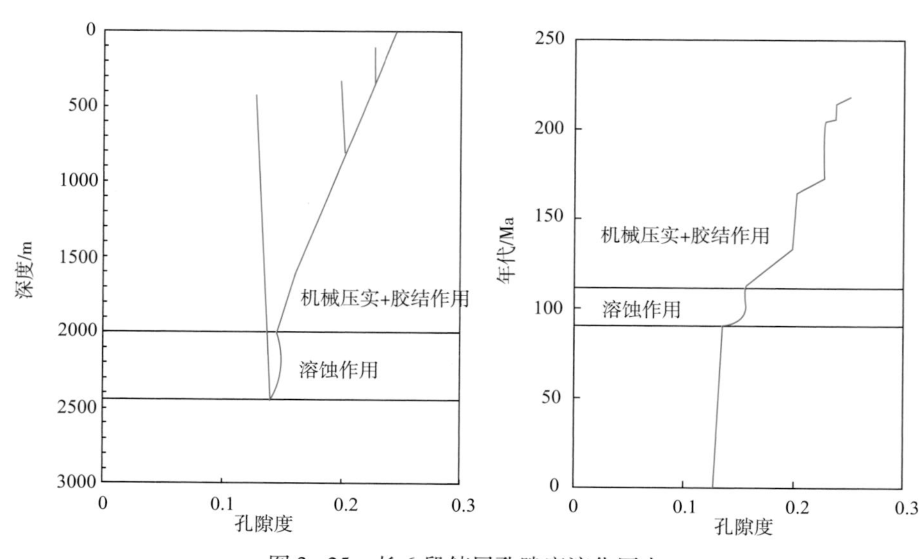

图 3-25　长 6 段储层孔隙度演化历史

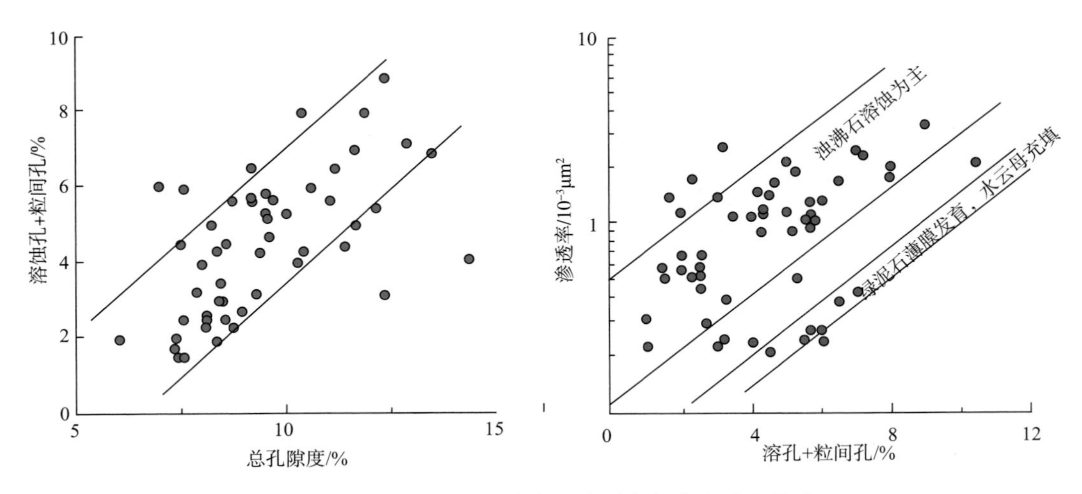

图3-26 长6储层孔隙度、渗透率与次生孔隙关系

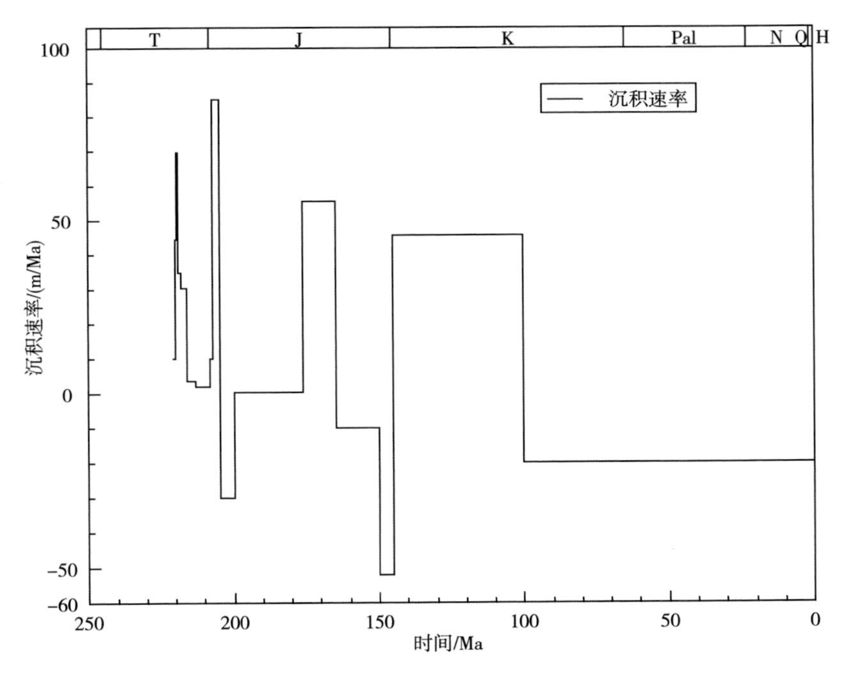

图3-27 长6段储层沉降速率图

第4章 储层微观孔隙类型及结构特征

4.1 储层岩石学特征

从长6段储层的矿物成分三角图分类图(图4-1)可以看出，甘谷驿油田长6段油层储层以细粒长石砂岩为主，少量中-细粒长石砂岩。砂岩矿物成分变化较大，其中石英含量介于12%~37%，长石含量介于30%~67%，绿泥石和云母含量较低。岩屑含量介于1.5%~15%，主要为变质岩岩屑及沉积岩岩屑，沉积岩岩屑含量低。另外，岩石填隙物以泥质杂基为主，含量变化较大，主要分布区间为4%~8%。钙质胶结物含量介于2%~20%，平均值为6%。取心油气显示表明，岩石中泥质胶结层段含油性好，而钙质胶结岩石较为致密，含油性差一些。整体上，长石砂岩风化程度深，颗粒分选中等，磨圆度为次圆状，胶结方式以孔隙-薄膜式为主，其次为孔隙-接触式，颗粒接触呈点-线接触，石英次生加大明显，砂岩成分成熟度低、结构成熟度较高。

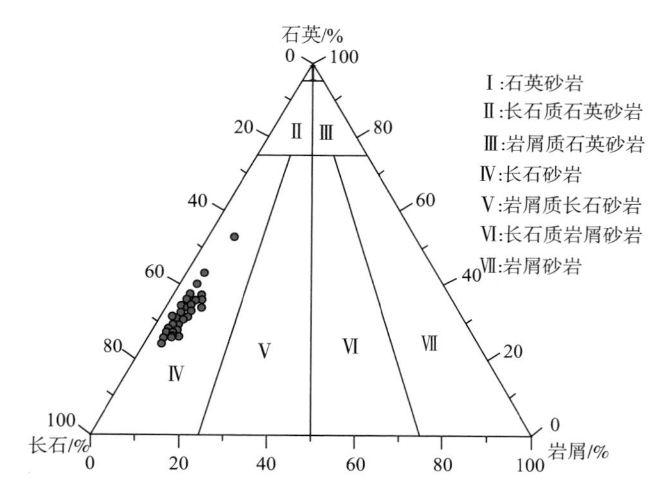

图4-1 甘谷驿油田长6段储层的岩石矿物成分特征

4.2 储层物性特征

长6段长6^1、长6^2、长6^3及长6^4四个砂层的孔隙度及渗透率分布表明(图4-2、图4-3)，长6段储层孔隙度介于6%～10%，渗透率值基本小于$1\times10^{-3}\mu m^2$，为低孔低渗储层。孔隙度与渗透率相关图分析表明，孔隙度与渗透率存在一定线性关系(图4-4)。从灰质组分和孔隙度关系图中可以看出，孔隙度越高，灰质组分越低，灰质组分明显影响储层物性分布。另外，孔隙度与含油饱和度也存在一定的线性关系(图4-5)，但是，部分整体上含油饱和度不仅受到物性的影响，还受到岩性及油气成藏作用的影响，在一定的物性下限基础之上，物性好的层段，含油性不一定高。

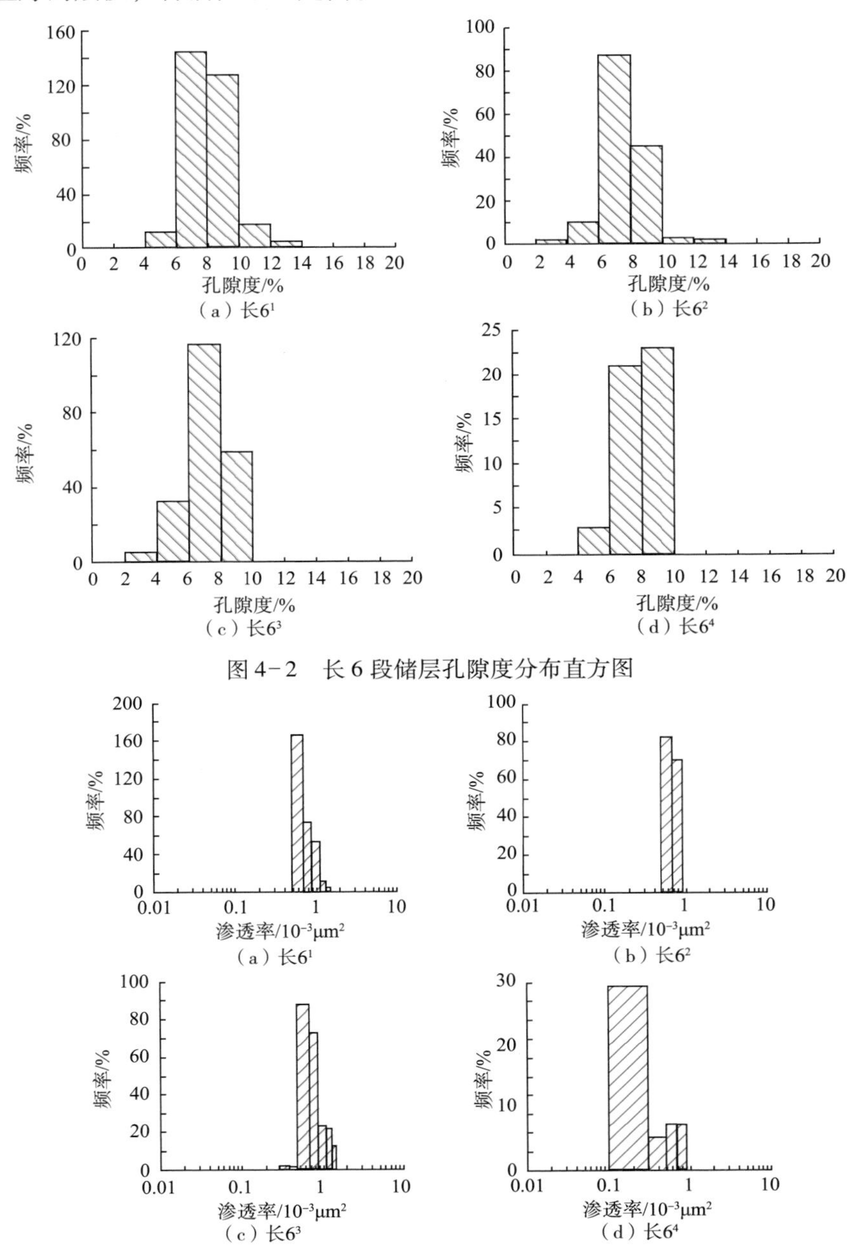

图4-2　长6段储层孔隙度分布直方图

图4-3　长6段储层渗透率分布直方图

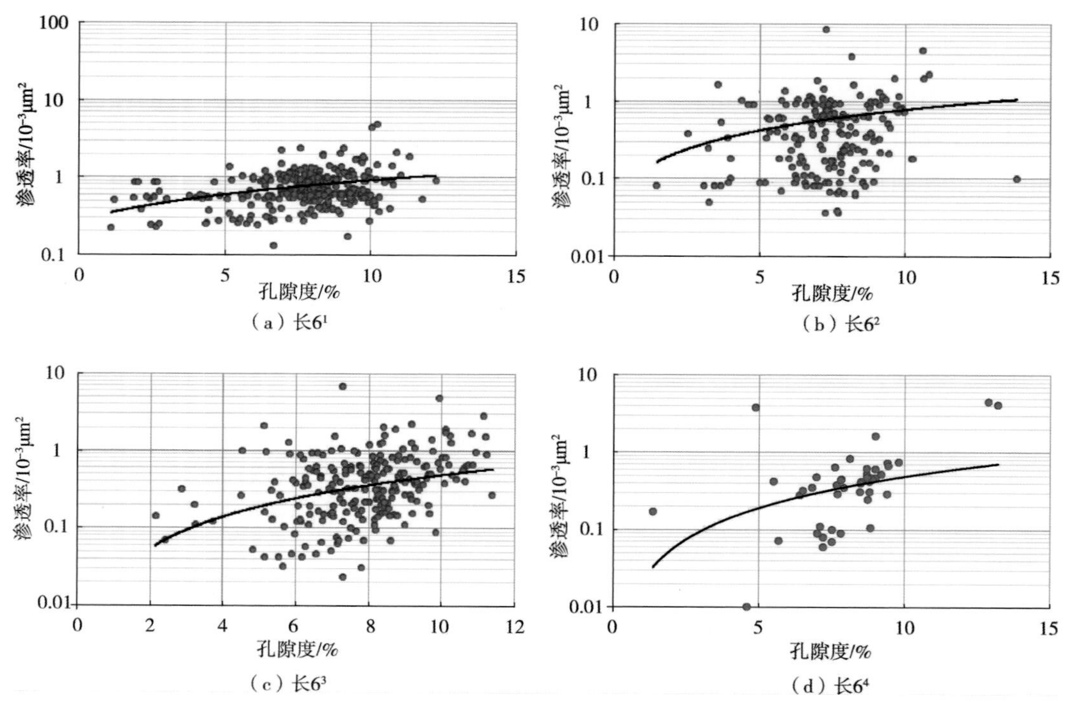

图 4-4　长 6 段储层孔隙度与渗透率之间的关系图

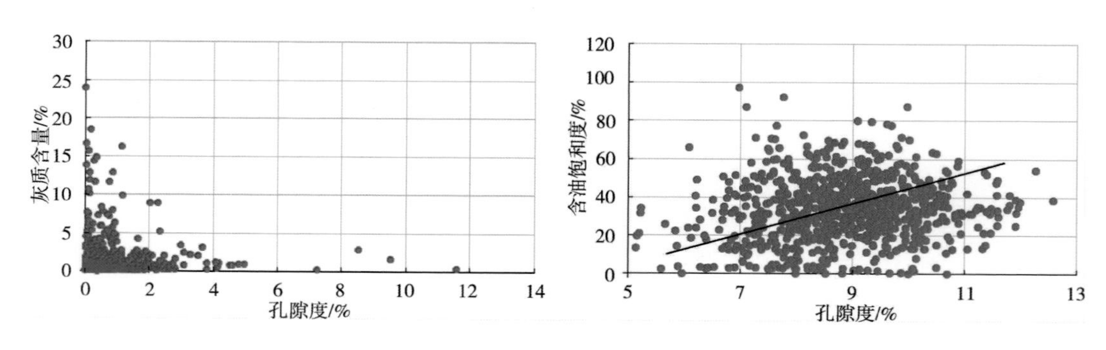

图 4-5　长 6 段储层孔隙度与含油饱和度和灰质组分相关图

4.3　孔隙类型

依据长 6 段取心段的扫描电镜、阴极发光及铸体薄片等实验分析，可判断其储层孔隙类型主要包括残余粒间孔、粒间溶孔、粒内溶孔、胶结物溶蚀孔及晶间孔隙五种类型，不同孔隙类型成因存在差异，并且受成岩作用的影响比较明显(图 4-6、表 4-1)。

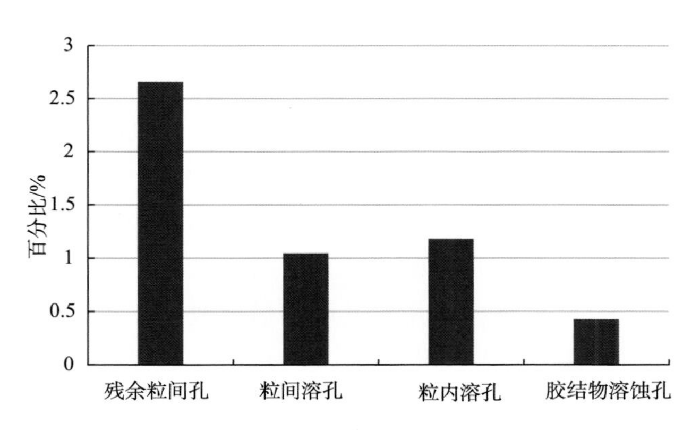

图 4-6　长 6 段储层的孔隙类型

表 4-1　长 6 段储层孔隙类型及含量

井　号	深度/m	层　位	残余粒间孔/%	粒间溶孔/%	粒内溶孔/%	胶结物溶蚀孔/%
唐 213	354. 08	长 6	2. 5	2. 0	1. 0	0. 5
唐 213	358. 75	长 6	2. 5	1	2	0. 5
唐 213	353. 24	长 6	2. 5	1	1	0. 5
唐 214	592. 945	长 6	2. 5	1	1	0. 3
唐 214	593. 545	长 6	2. 5	1	1. 5	0. 5
唐 214	594. 755	长 6	1	0. 5	1. 5	1
唐 214	595. 3	长 6	2	1	0. 5	1
唐 214	597. 095	长 6	2	1	1. 5	1. 5
唐 214	597. 5	长 6	2	1	1	1. 5
唐 229	568. 48	长 6	2	1	1	0. 1
唐 229	570. 26	长 6	3. 5	1	1	0. 1
唐 229	574. 29	长 6	3. 5	1	1. 5	0. 1
唐 230	536. 67	长 6	3	1	1. 5	0. 1
唐 231	424. 105	长 6	3	1	1	0. 1
唐 231	429. 78	长 6	2	1	1	0. 5
唐 231	427. 48	长 6	3. 5	1	1. 5	0. 1
唐 231	427. 99	长 6	3	1	1. 5	0. 1
唐 231	428. 65	长 6	5	1	1	0. 1
唐 231	429. 78	长 6	4	1. 5	1	0. 5
唐 231	430. 705	长 6	3. 5	1	1. 5	0. 1
唐 232	418. 27	长 6	1. 5	1	0. 5	0. 1
唐 232	420. 4	长 6	1. 5	1	1	0. 1

4.3.1 残余粒间孔

残余粒间孔属于原生孔隙，是沉积岩在成岩作用后，经过压实作用、充填及胶结作用后，保存下来的颗粒之间的孔隙。一般来说，残余粒间孔径大一些，并且颗粒之间接触关系多为线接触或凹凸接触，铸体薄片分析显示，残余粒间孔是长 6 段储层的主要孔隙类型，其中绿泥石膜成因的残余粒间孔较为发育(图 4-7)，分布较广。绿泥石围绕颗粒边缘形成薄膜，具有抗压实效应，能够降低压实作用对孔隙的后期改造，并且降低石英次生加大的影响，对原生孔隙具有保护作用，孔隙孔喉直径一般为 2μm，最大可达 90μm(图 4-8)。

(a) 唐213井，354m，长6段，碎屑分选磨圆较好，长石绢云母化、黏土化明显，可见少量方解石充填部分孔隙或交代长石岩屑。孔隙发育，主要有残余粒间孔、粒间溶孔及其长石粒内溶孔

(b) 唐213井，358.75m，长6段，绿泥石膜较为发育，黏土矿物交代碎屑，局部石英次生加大，铁方解石交代部分柔性碎屑并充填孔隙。孔隙发育，主要有残余粒间孔、粒间溶孔及其长石粒内溶孔

图 4-7 长 6 段储层残余粒间孔分布图

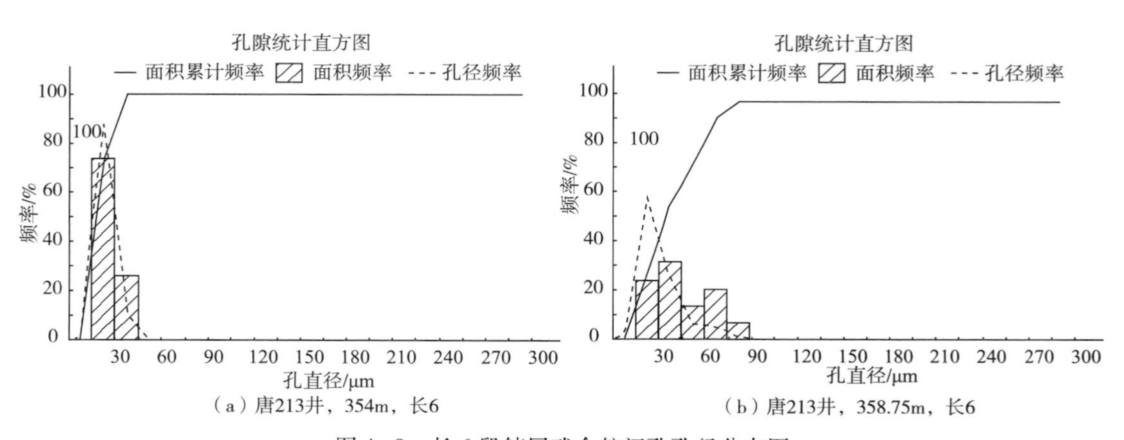

(a) 唐213井，354m，长6

(b) 唐213井，358.75m，长6

图 4-8 长 6 段储层残余粒间孔孔径分布图

4.3.2 粒间溶孔

粒间溶孔也是长 6 段储层主要的孔隙类型之一。发生粒间溶孔的主要矿物为长石，以及其他一些岩屑或黏土矿物等。粒间溶孔多为溶蚀颗粒之间的孔隙，边缘呈不规则的港湾

状，并且颗粒之间的界线模糊。粒间溶孔多与残余粒间孔或溶蚀孔隙伴生。粒间溶孔的孔隙直径一般为 20μm 左右，最大值为 60μm(图 4-9、图 4-10)。

（a）唐214井，597m，长6，绿泥石薄膜状胶结，长石部分绢云母化，部分柔性碎屑被方解石交代，云母定向排列，浊沸石胶结，呈连晶状或残晶，孔隙发育，主要有浊沸石溶孔、长石溶孔及粒间溶孔

（b）唐231井，429.78m，长6，绿泥石薄膜状胶结发育，长石黏土化明显，局部石英呈凹凸状接触。孔隙发育，主要是长石溶孔及粒间溶孔

图 4-9　长 6 段储层粒间溶孔铸体薄片图

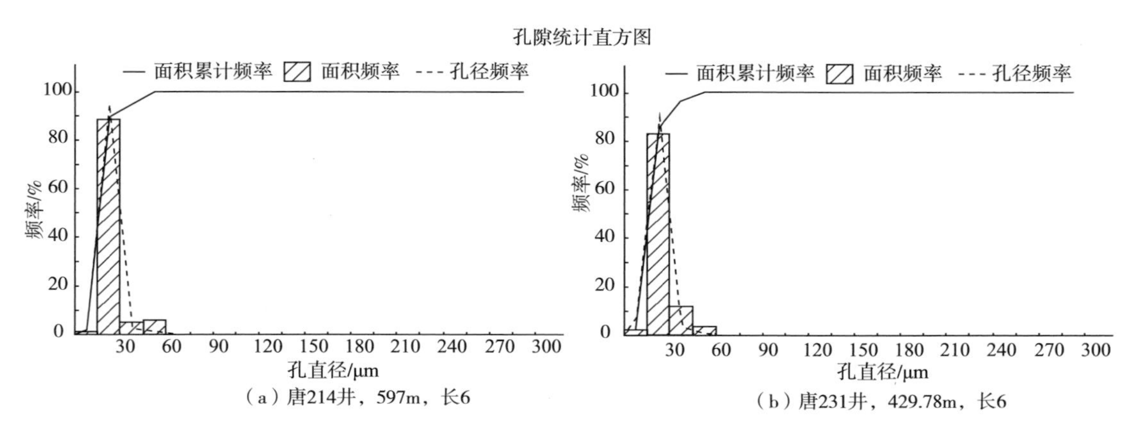

（a）唐214井，597m，长6

（b）唐231井，429.78m，长6

图 4-10　长 6 段储层粒间溶孔孔径分布图

4.3.3　粒内溶孔

粒内溶孔与粒间孔隙的分布相当，在长 6 段储层中粒间孔隙为长石或方解石发生溶蚀作用而产生。从扫描电镜及铸体薄片中均可发现，长石颗粒内部发生溶蚀作用，溶孔有时仅 5～10μm 大小(图 4-11)。长石颗粒被溶蚀形成粒内次生溶蚀微孔隙，有时钾长石颗粒沿解理被溶蚀淋滤，形成窗格状粒内次生溶蚀微孔隙。另外，钾长石颗粒容易被溶蚀破碎杂基化，形成的次生溶蚀微孔隙发育。

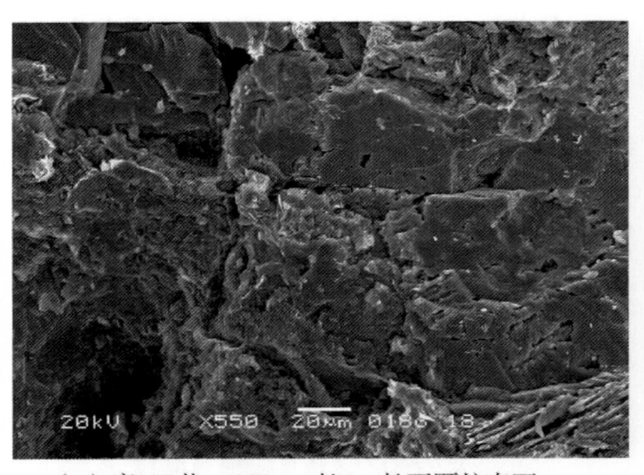

(a) 唐229井，567m，长6，长石颗粒表面被溶蚀形成粒内溶蚀孔隙

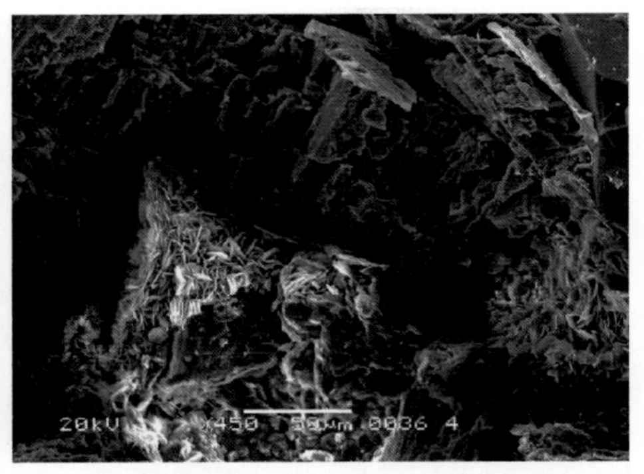

(b) 唐213井，358m，长6，叶片状绿泥石附着于颗粒表面，钾长石颗粒沿解理被溶蚀，次生溶蚀孔隙发育

(c) 唐229井，长6，520m，长石颗粒沿解理被溶蚀形成粒内溶蚀孔隙，自生石英晶体充填于粒间孔隙中

(d) 唐229井，长6，520m，长石颗粒沿解理被溶蚀形成粒内次生溶蚀孔隙，粒间孔隙发育

图 4-11　长 6 段储层粒内溶孔扫描电镜图

4.3.4　胶结物溶蚀孔

胶结物溶蚀孔隙在长 6 段储层中也较为发育，多为黏土矿物及浊沸石的溶蚀作用而产生的次生孔隙。从扫描电镜及能谱分析发现，在长 6 段储层中存在较多的浊沸石胶结物，并且发生了钠长石化，产生次生孔隙(图 4-12)，唐 214 井长 6 段扫描电镜显示，岩石结构疏松，胶结物浊沸石晶体发育，黏土转化作用明显，容易产生次生孔隙，还发现板柱状浊沸石晶体往往充填于粒间孔隙中，次生孔缝发育。

4.3.5　晶间孔隙

晶间孔隙在长 6 段储层中也存在，也是主要的孔隙类型之一，唐 214 井岩石的扫描电镜显示(图 4-13)，钾长石颗粒次生加大呈阶梯状，叶片状绿泥石附着于粒表，晶间孔隙发育。另外，次生钠长石晶体充填于粒间孔隙中，粒间孔隙还可转化为晶间孔隙，晶间微孔隙发育。

（a）唐214井，594m，长6，岩石全貌，结构疏松，胶结物浊沸石晶体发育，次生孔隙发育，叶片状绿泥石集合体附着于粒表

（b）唐214井，594m，长6，胶结物浊沸石晶体发育，板柱状浊沸石充填于粒间孔隙中，次生孔缝发育

图 4-12　长 6 段储层胶结物溶蚀孔扫描电镜图

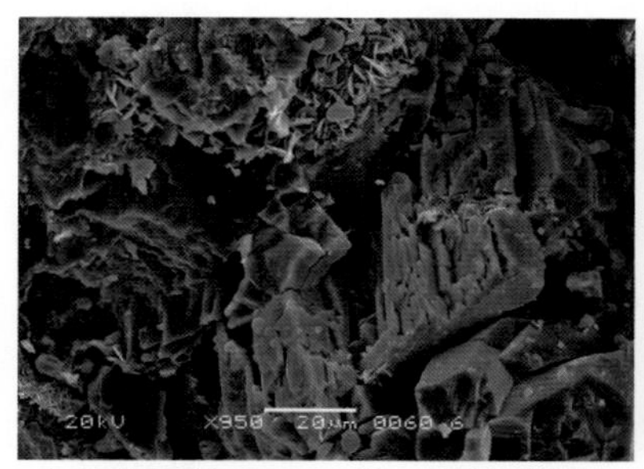

（a）唐214井，592m，长6，钾长石颗粒次生加大呈阶梯状，叶片状绿泥石附着于粒表，见晶间孔隙

（b）唐214井，593m，长6，板柱状浊沸石晶体充填于粒间孔隙中，晶间孔隙发育，叶片状绿泥石附着于粒表

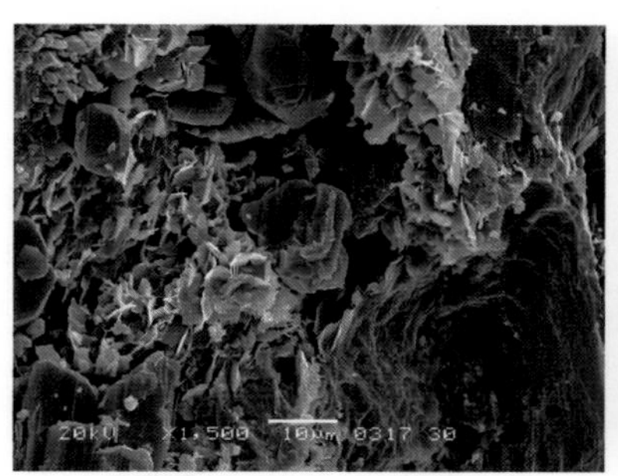

（c）唐232井，418m，长6，见晶间微孔缝。

（d）唐214井，592m，长6，次生钠长石晶体充填于粒间孔隙中，粒间孔隙转化为晶间孔隙，为自生石英充填于粒间孔中

图 4-13　长 6 段储层晶间孔隙扫描电镜图

4.4　孔隙结构特征

低渗致密砂岩储层孔隙结构复杂，储层孔隙之间的连通性比常规储层要差一些。储层孔隙结构的评价方法较多，也是储层孔隙分析的主要内容。目前，评价储层孔隙结构的方法主要有镜下观察、核磁法及压汞法，其中以压汞法最为常用，它不仅可以获得储层的孔隙结构参数，还可以分析储层的毛管压力曲线，从而划分储层结构类型。

4.4.1 孔隙结构划分

通过对长 6 段的压汞数据资料进行分析，可以将长 6 段储层划分为三类孔隙结构，不同孔隙结构的储层参数存在明显差异(图 4-14、表 4-2)。Ⅰ类孔隙结构孔喉半径为单峰偏左型，孔喉半径小一些(图 4-15)，孔隙度介于 6.4% ~16.5%，平均值为 9%，渗透率介于(0.2 ~1.04) $\times 10^{-3}\mu m^2$，排驱压力介于 0.10 ~1.2MPa，中值压力介于 0.49 ~5.95MPa，最大孔喉半径 0.63 ~4.41μm，中值半径介于 0.13 ~0.79μm，平均半径介于 0.30 ~2.03μm，均值半径 0.20 ~1.32μm，分选系数介于 0.20 ~19.37，平均值为 1.83μm，喉直径均值介于 0.74 ~6.0μm，平均值为 1.97μm。Ⅱ类孔隙结构孔喉半径呈正态分布偏右型，孔喉半径中等(图 4-16)，孔隙度介于 6% ~10.1%，渗透率介于(0.1 ~0.19) $\times 10^{-3}\mu m^2$，排驱压力介于 0.20 ~3.3MPa，中值压力介于 3.16 ~15.27MPa，最大孔喉半径 0.11 ~3.78μm，中值半径介于 0.05 ~0.35μm，平均半径介于 0.10 ~0.84μm，均值半径 0.10 ~0.47μm，分选系数介于 0.07 ~0.76，喉直径均值介于 0.29 ~0.41μm。Ⅲ类孔隙结构孔喉半径呈双峰型，孔喉半径小(图 4-17)，孔隙度介于 2.1% ~10.2%，渗透率介于(0.02 ~0.1) $\times 10^{-3}\mu m^2$，排驱压力介于 0.47 ~10.59MPa，中值压力介于 3.7 ~12.8MPa，最大孔喉半径 0.15 ~1.56μm，中值半径介于 0.06 ~0.26μm，平均半径介于 0.05 ~0.4μm，均值半径 0.06 ~0.29μm，分选系数介于 0.04 ~0.62，喉直径均值介于 0.03 ~0.34μm。这三类孔隙结构在长 6 段储层中均有分布，不同地区的孔隙结构可能还存在差异。

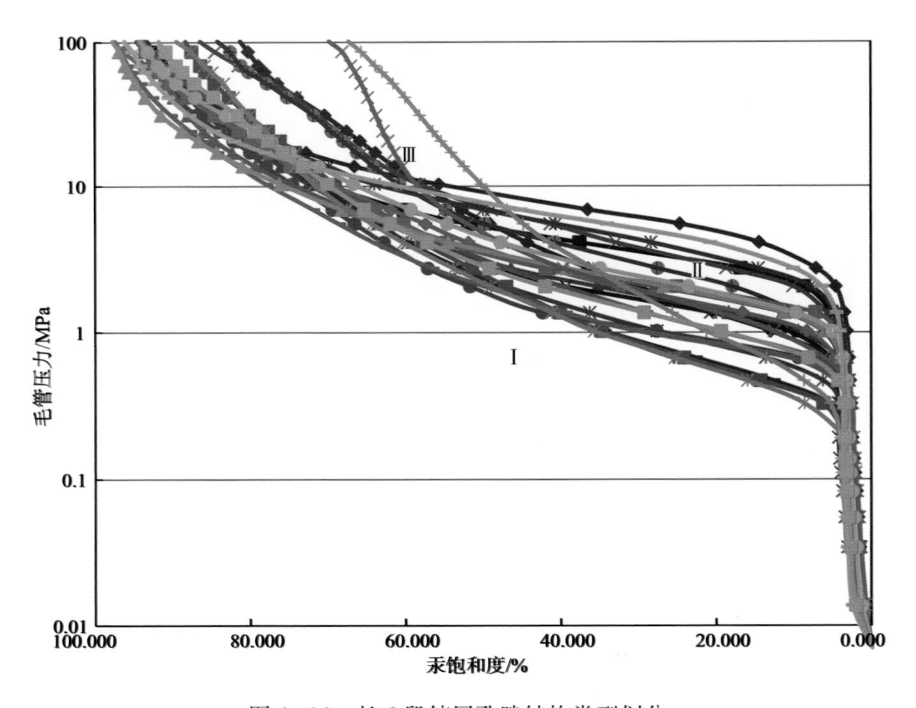

图 4-14　长 6 段储层孔隙结构类型划分

表 4-2　三类孔隙结构参数特征简表

	区间值	孔隙度/%	渗透率/$10^{-3}\mu m^2$	排驱压力/MPa	中值压力/MPa	最大孔喉半径/μm	中值半径/μm	平均半径/μm	均值半径/μm	分选系数	相对分选系数	歪度	退汞效率/%	喉直径均值/μm
Ⅰ类	最大值	8	1.04	1.20	5.95	4.41	0.79	2.03	1.32	19.37	5.17	11.46	37.37	6.00
	最小值	6.40	0.20	0.10	0.49	0.63	0.13	0.30	0.20	0.20	0.72	0.33	12.01	0.74
	平均值	5	0.43	0.53	2.87	1.96	0.31	0.75	0.56	1.83	1.25	2.10	23.42	1.97
Ⅱ类	最大值	10.10	0.19	3.03	15.27	3.78	0.35	0.84	0.47	0.76	2.59	10.58	37.14	0.41
	最小值	6.00	0.10	0.20	3.16	0.11	0.05	0.10	0.10	0.07	0.69	0.00	15.14	0.29
	平均值	7.93	0.14	1.10	6.46	1.04	0.17	0.34	0.26	0.30	1.02	1.79	20.50	0.34
Ⅲ类	最大值	10.23	0.10	10.59	12.80	1.56	0.26	0.40	0.29	0.62	1.42	4.05	76.51	0.34
	最小值	2.10	0.02	0.47	3.70	0.15	0.06	0.05	0.06	0.04	0.69	0.20	11.13	0.03
	平均值	6.75	0.06	3.14	7.78	0.57	0.12	0.18	0.18	0.17	0.91	1.65	29.26	0.15

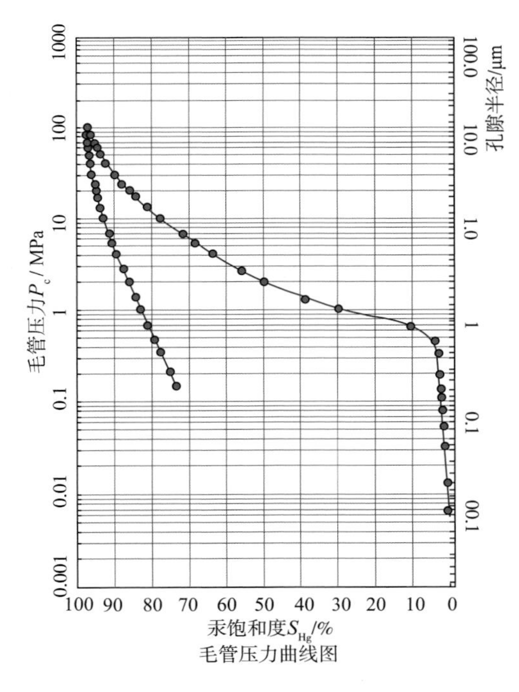

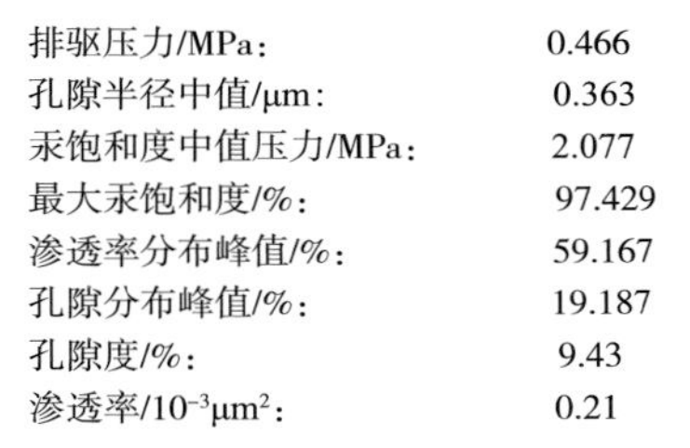

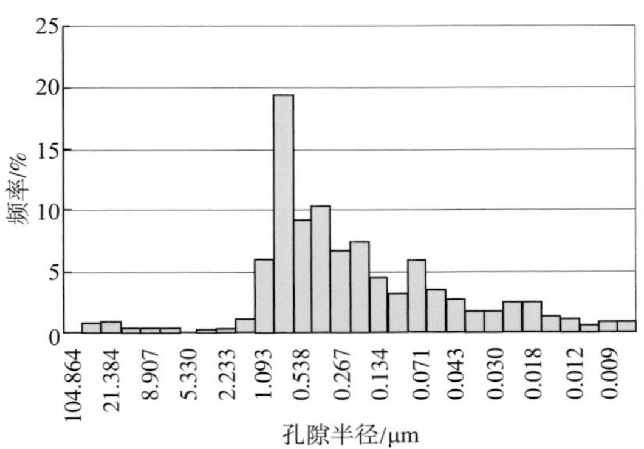

图 4-15　Ⅰ类孔隙结构分布图

核磁共振分析技术在评价储层孔隙结构时也较为有效。核磁共振相比传统方法更为简单、快速、有效，而且对岩石样品无损。国内外的岩石物理学家早已对核磁共振评价孔隙结构做了大量的研究工作。Kenyon 等通过一组具有不同孔隙结构(孔径大小)砂岩样品薄片与 T_1 谱形态及其谱峰位置的变化，定性展现了核磁 T_1 谱对孔隙结构的表征效果。Loren、Robinson 以及 Straley 则把 T_1 谱与压汞毛管压力得到的孔喉分布谱进行了类比，并

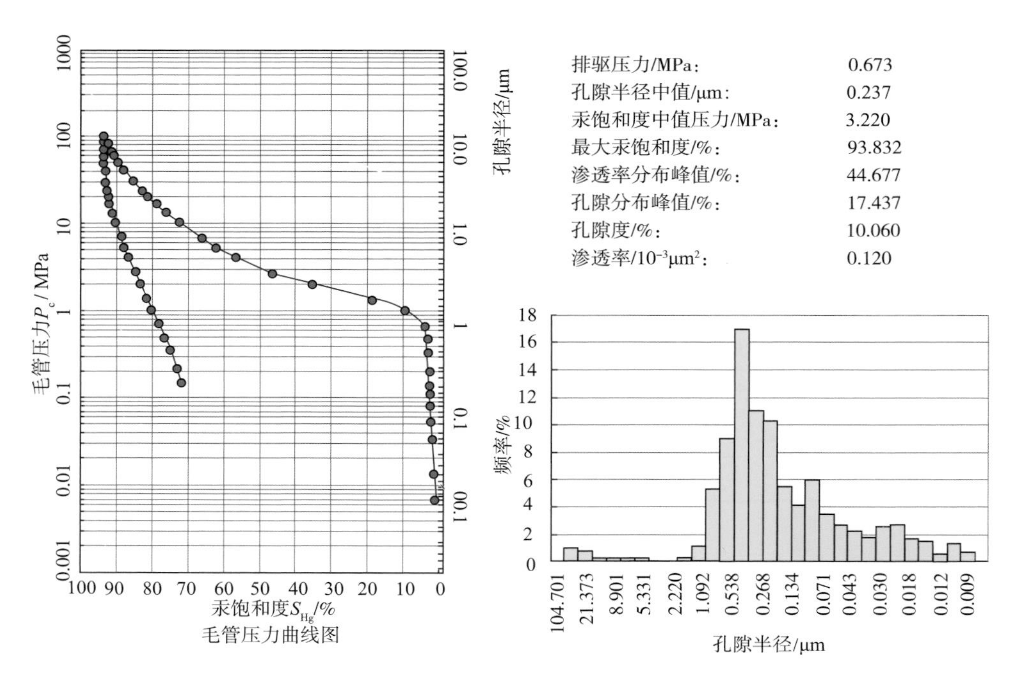

图 4-16　Ⅱ类孔隙结构分布图

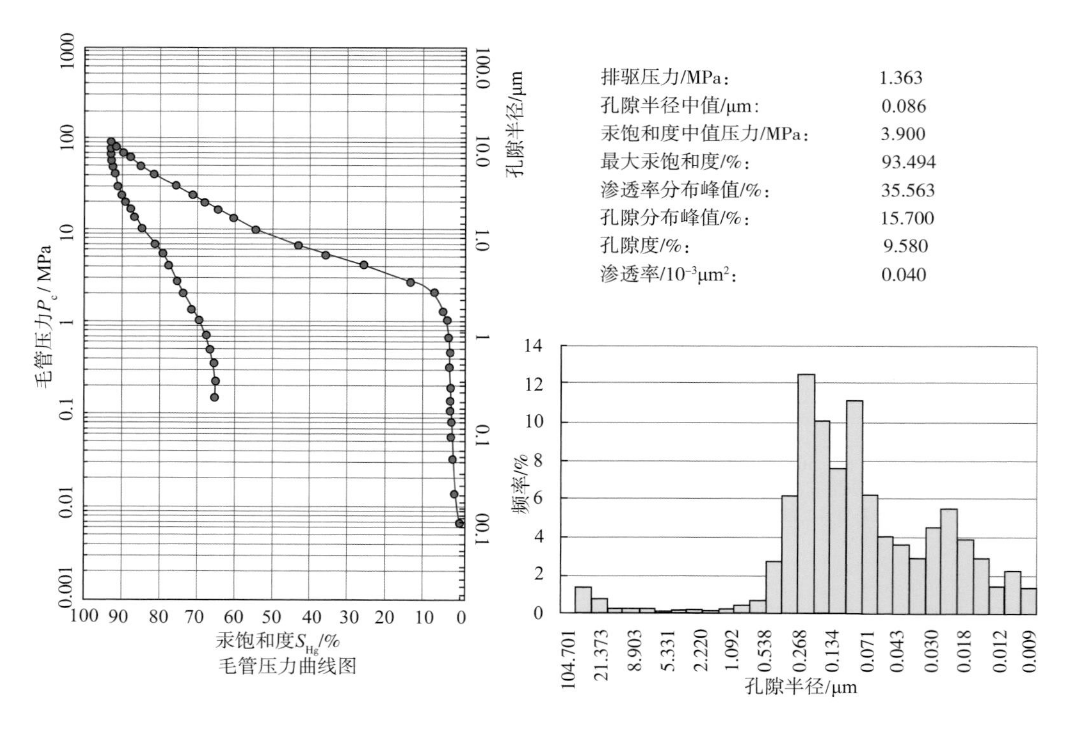

图 4-17　Ⅲ类孔隙结构分布图

展示了二者之间良好的一致性。核磁共振评价储层孔隙结构的理论基础是表面弛豫起主导作用，基本方法是充分利用毛管压力数据刻度核磁共振分析的 T_2 谱，也就是建立 P_c 和 T_2 之间的转换关系或确定二者之间的转换系数。由岩石物理学特征认为，压汞的毛管压力曲线为压力与饱和度的关系，也就是孔隙喉道作用下的孔隙体积分布。核磁共振 T_2 分布谱反映的是不同孔隙大小的孔隙体积分布。因此，把 NMR 得到的 T_2 分布可转化为毛管压力曲线，但是孔喉分布必须假设岩石的孔隙半径与喉道半径之间存在着相关关系，即孔隙喉道具有很好的连通性，而且孔喉半径比的变化不太剧烈。对于碎屑岩储层存在这种关系，因为岩石颗粒的尺寸决定孔隙和喉道的大小。

$$P_c = \frac{2\sigma\cos\theta}{r_{neck}} \tag{4-1}$$

式中　P_c——毛管压力，MPa；

σ——界面张力，dyn/cm；

θ——润湿接触角，(°)；

r_{neck}——孔喉半径，μm。

而对空气-汞体系来说，$\sigma=480$dyn/cm，$\theta=140°$，代入式(4-1)中，略去负号，则有

$$P_c = \frac{0.735}{r_{neck}} \tag{4-2}$$

对于不同的两相流体，其界面张力和润湿接触角是不同的，在表面弛豫机制起主导作用的条件下，可利用 T_2 分布来评价孔隙大小及其孔径分布。假设孔隙半径与喉道半径成比例或相关关系，即：

$$r_{por} = n r_{neck} \tag{4-3}$$

$$n\frac{0.735}{P_c} = \rho_2 \times T_2 \times F_s \tag{4-4}$$

将式(4-3)和式(4-4)代入式(4-1)，可得到式(4-5)：

$$P_c = C \times \frac{1}{T_2} \tag{4-5}$$

$$r_{neck} = C_{T_2-r_{neck}} \times T_2 \tag{4-6}$$

其中，$C = \frac{0.735n}{\rho_2 \times F_s}, C_{T_2-r_{neck}} = \frac{\rho_2 \times F_s}{n}$，$C$ 值可以依据毛管压力曲线来确定。

长6段储层的核磁 T_2 谱分布表明，离心样和饱和样的分析显示(图4-18)，T_2 谱以单峰显示，而且离心样和饱和样 T_2 谱差减后，样品可动部分较少，表明核磁孔隙结构连通性要差一些，孔隙结构复杂。

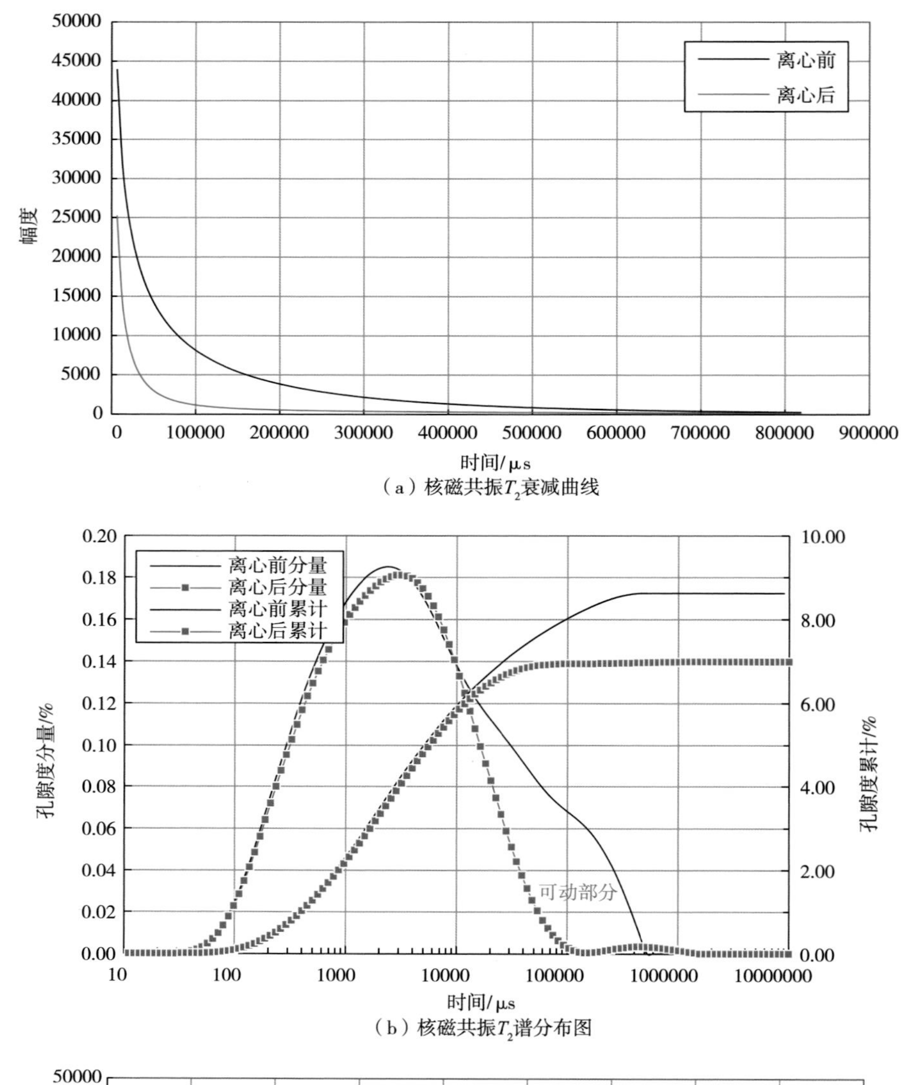

（a）核磁共振T_2衰减曲线

（b）核磁共振T_2谱分布图

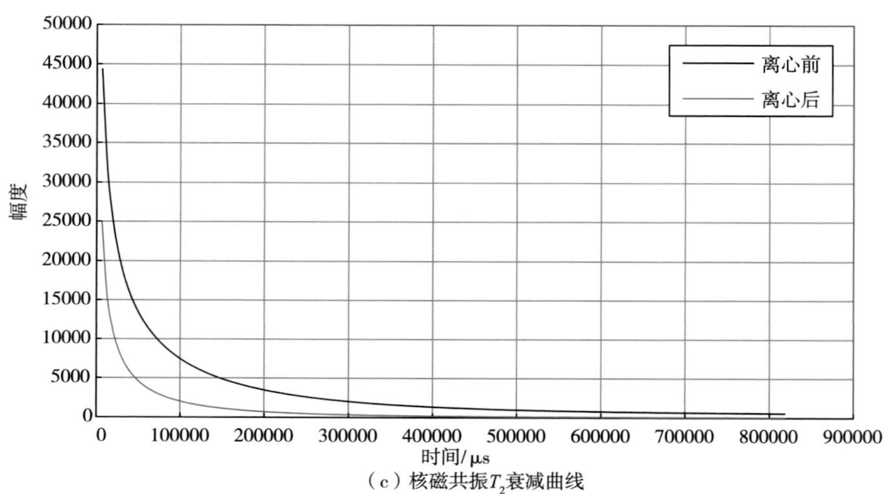

（c）核磁共振T_2衰减曲线

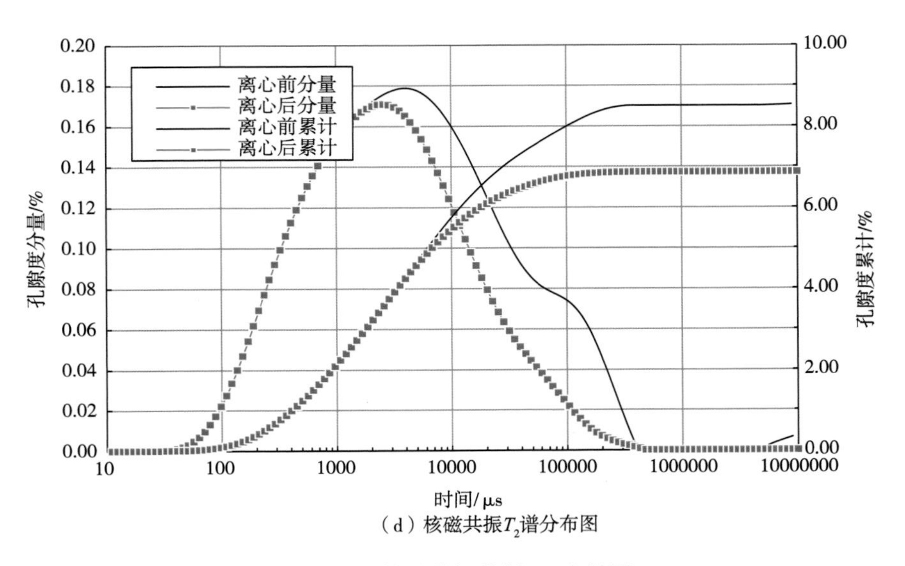

（d）核磁共振T_2谱分布图

图 4-18　核磁共振分析 T_2 成果图

4.4.2　孔隙结构与物性特征

长 6 段低渗储层孔隙结构较为复杂，孔隙结构参数与孔隙度分布特征表明（图 4-19），孔隙度与最大孔喉半径、排驱压力、中值压力、中值半径、孔喉半径均值、分选系数、平均半径及退汞效率均成一定的线性关系，但部分样品的这种相关性并不明显。由于孔隙类型存在差异，孔隙分布不均一，另外长 6 段储层还存在一些死孔隙，孔隙之间的连通性

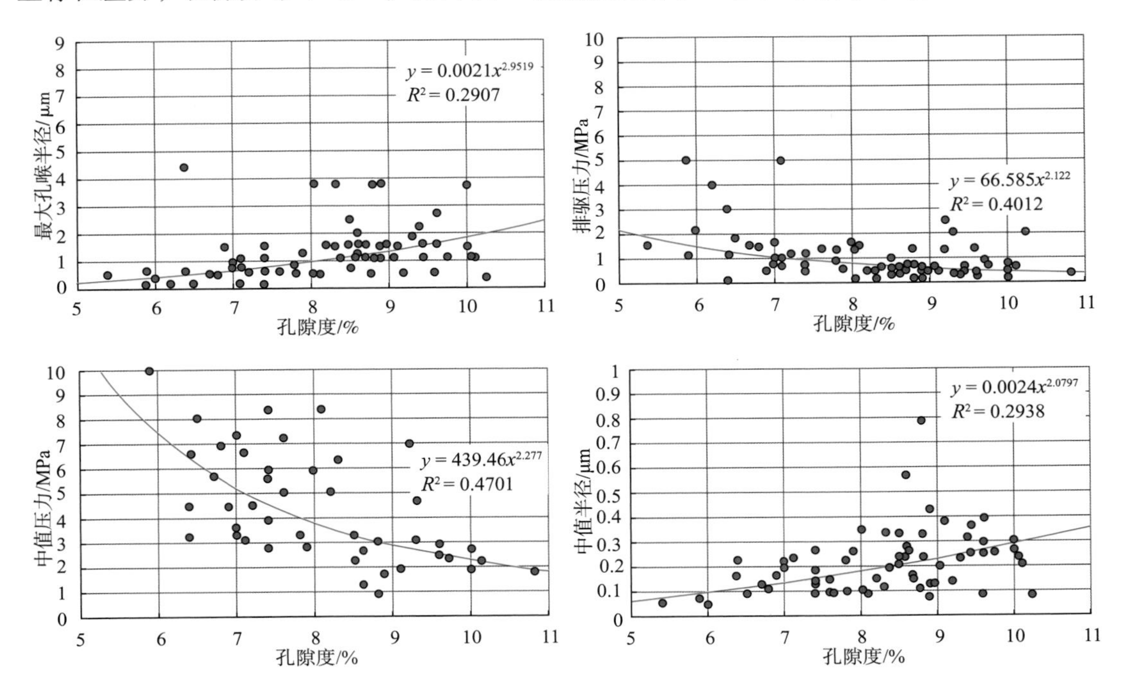

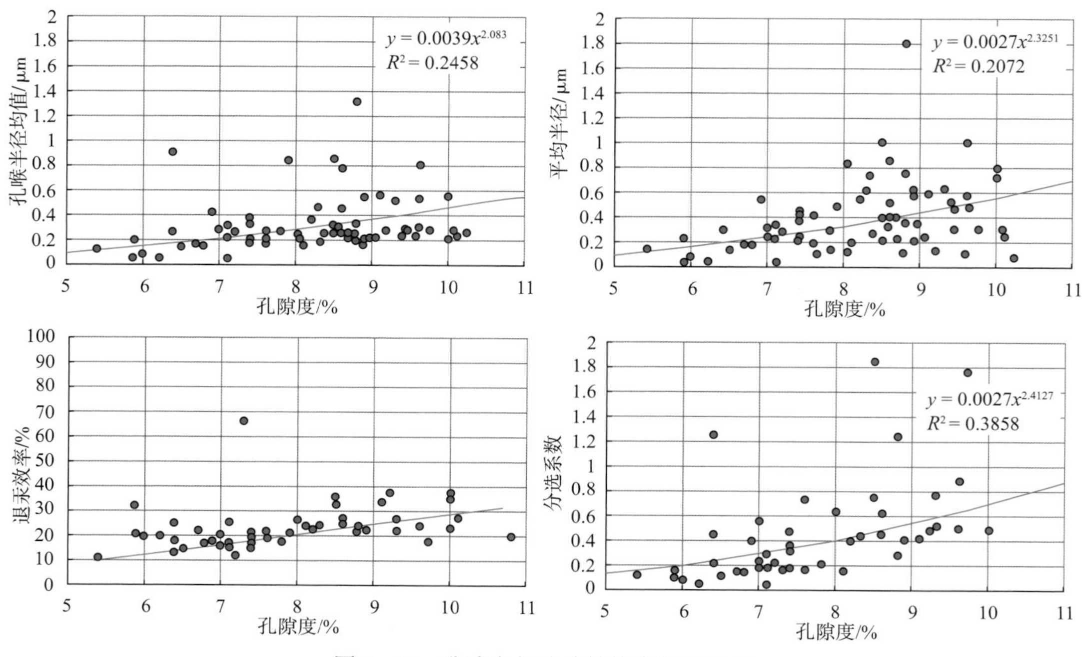

图 4-19　孔隙度与孔隙结构参数关系图

差，因此，部分样品可能孔隙度高，但是实际上是一些死孔隙，孔隙结构参数较差。渗透率与孔隙结构参数对比表明(图 4-20)，渗透率与孔隙结构参数对比性较好，呈线性关系，包括最大孔喉半径、排驱压力、中值压力、中值半径、孔喉半径均值、分选系数、平均半径及退汞效率，均具有较好的线性关系，相比孔隙度，线性关系要好一些，渗透率更多反映的是孔隙之间的连通性及渗流能力。

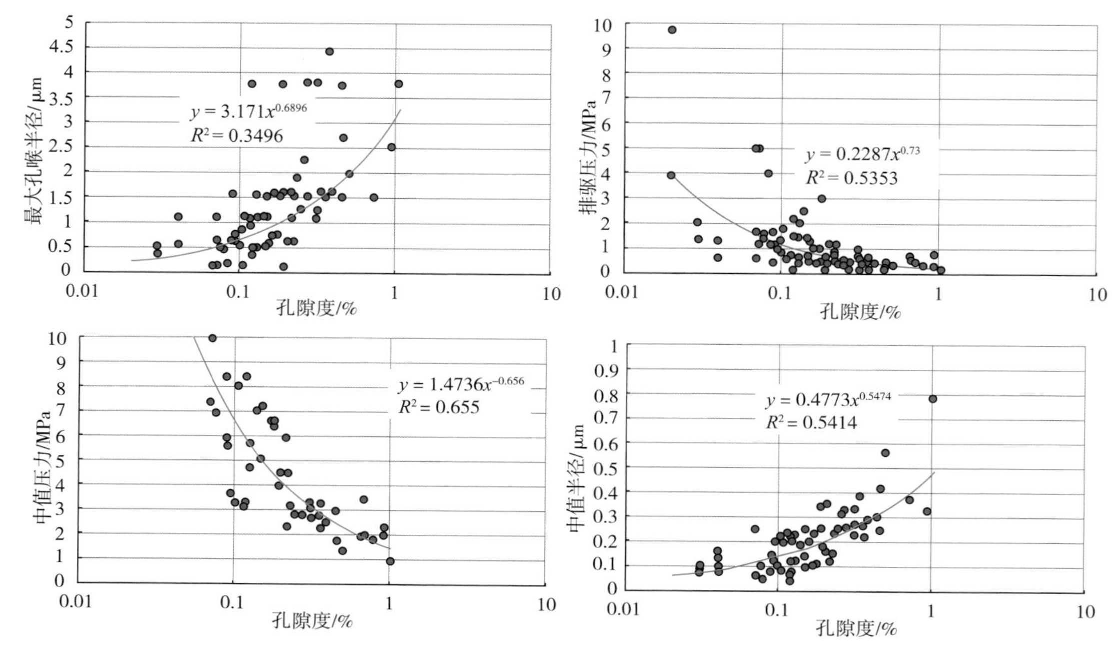

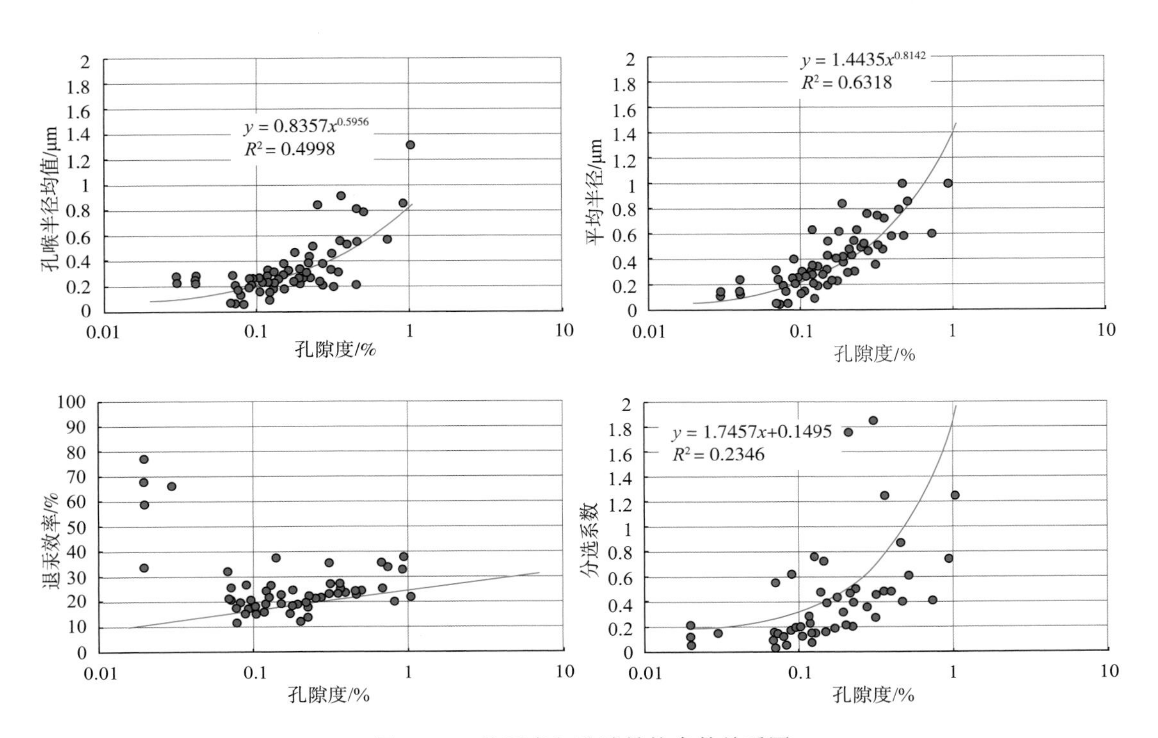

图 4-20 渗透率与孔隙结构参数关系图

第5章 测井解释及储层综合评价

5.1 储层四性关系特征

储层四性关系分析是对储层物性、含油性、电性及岩性的分析，以建立测井响应特征与岩石物理之间的关系，为测井解释模型建立基础。

5.1.1 岩性与物性的关系

长6段储层的岩性以细砂岩为主，从矿物组分与孔隙度相关图可以看出(图5-1)，随着石英含量的增加，孔隙度有增加的趋势，斜长石、钾长石的含量与孔隙度也有此趋势。斜长石含量的增加，尤其是在成岩作用后期，长石发生溶蚀作用，可以增加储层孔隙空间。另外，由孔隙度与储层自然伽马值相关分析认为，储层的自然伽马值介于70～120gAPI，自然伽马值较低，岩性较纯，部分层段由于灰质的存在会降低储层物性。

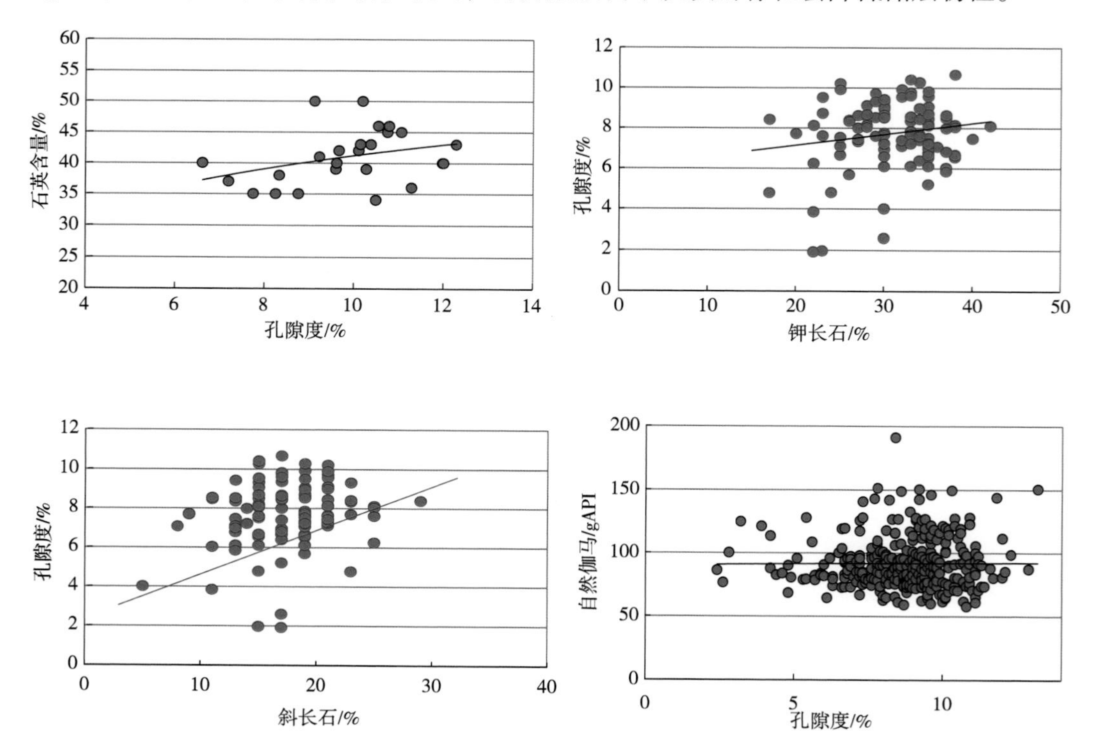

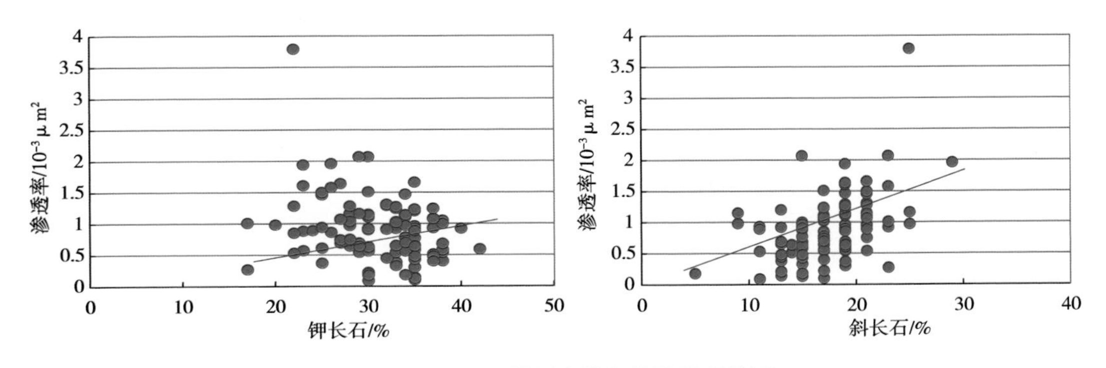

图5-1 长6段储层岩性与物性关系简图

5.1.2 物性与含油性的关系

从长6段的物性与含油性相关图中可以看出(图5-2)，孔隙度与渗透率存在相关性，孔隙度越高，渗透率越高。另外，储层物性越好，含油饱和度越高，孔隙度与实验含油饱和度呈线性关系。同时，孔隙度与渗透率相关性较好，孔隙度在下限值7%以上，录井显示无法区分，整体上，物性与含油性存在正相关关系。

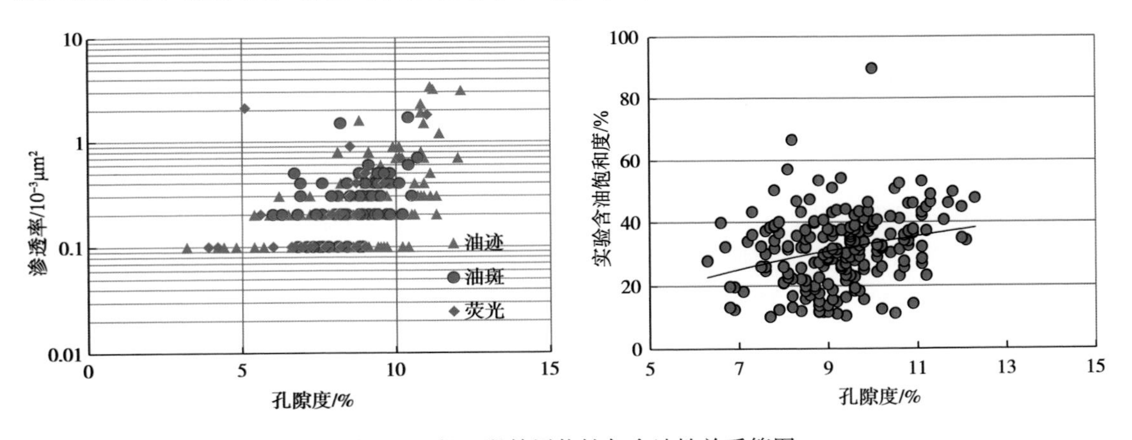

图5-2 长6段储层物性与含油性关系简图

5.1.3 含油性与电性的关系

含油性与电性相关图表明，含油饱和度越高，电阻率有增高趋势，含油饱和度一般为10%~60%，对应的电阻率主要分布在40~60Ω·m。含油饱和度比常规油层的含油饱和度值要低一些，这是由于储层渗透率较低，束缚水饱和度相对较高所致，但整体上含油性与电性存在正相关关系。但声波与含油饱和度的关系并不明显，声波时差值介于220~240μs/m(图5-3)。

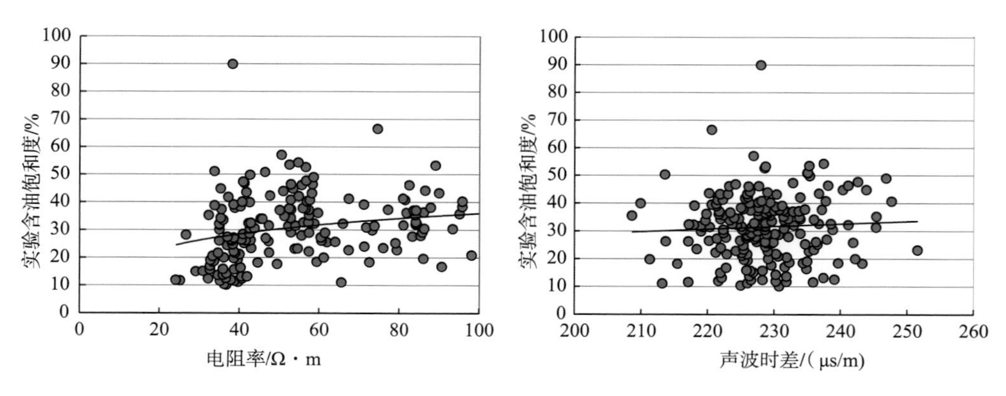

图 5-3　长 6 段储层含油性与电性关系简图

5.2　储层测井模型建立

储层测井解释模型是以岩石物理体积模型为基础，利用测井曲线来计算岩石成分、孔隙度、渗透率、含水饱和度等储层基本参数，不同的测井曲线可以有效反映储层参数，但必须与岩石物理实验相结合，来刻度测井曲线，才能使储层参数计算更为准确。

5.2.1　测井曲线预处理

常用的标准化方法有以下 4 种：直方图法、重叠图法、均值校正法和趋势面分析法。直方图法是根据在研究区内的具有标志性的测井响应特征的泥岩或特殊岩性，建立测井响应标准，如建立自然伽马、电阻率、声波等测井曲线参数的标准值。通过各井测井曲线的标志层对比，对不符合统计规律的井曲线进行校正，以使得储层测井响应特征一致，并给出合理的测井曲线校正值。唐 23 井作为研究区化验分析资料较全的探井，本书将其作为标准井。考虑到研究区构造简单，且长 6^2 层分布较稳定，故利用长 6^2 层数据，采用直方图法进行校正，校正结果如图 5-4 所示。

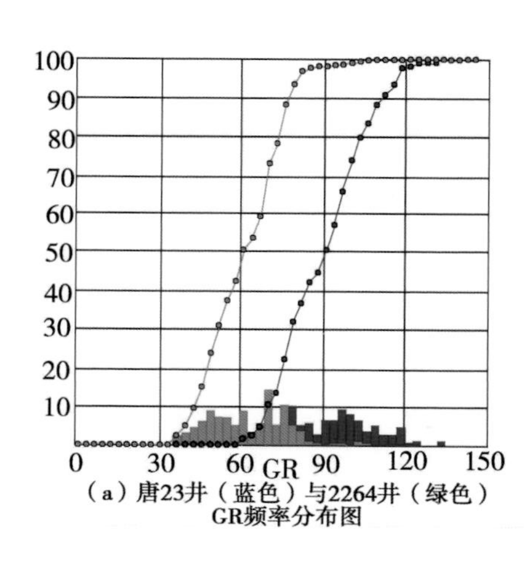

（a）唐23井（蓝色）与2264井（绿色）GR频率分布图

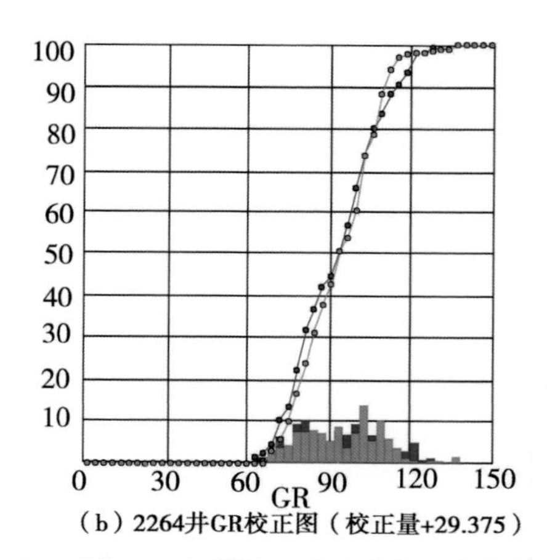

（b）2264井GR校正图（校正量+29.375）

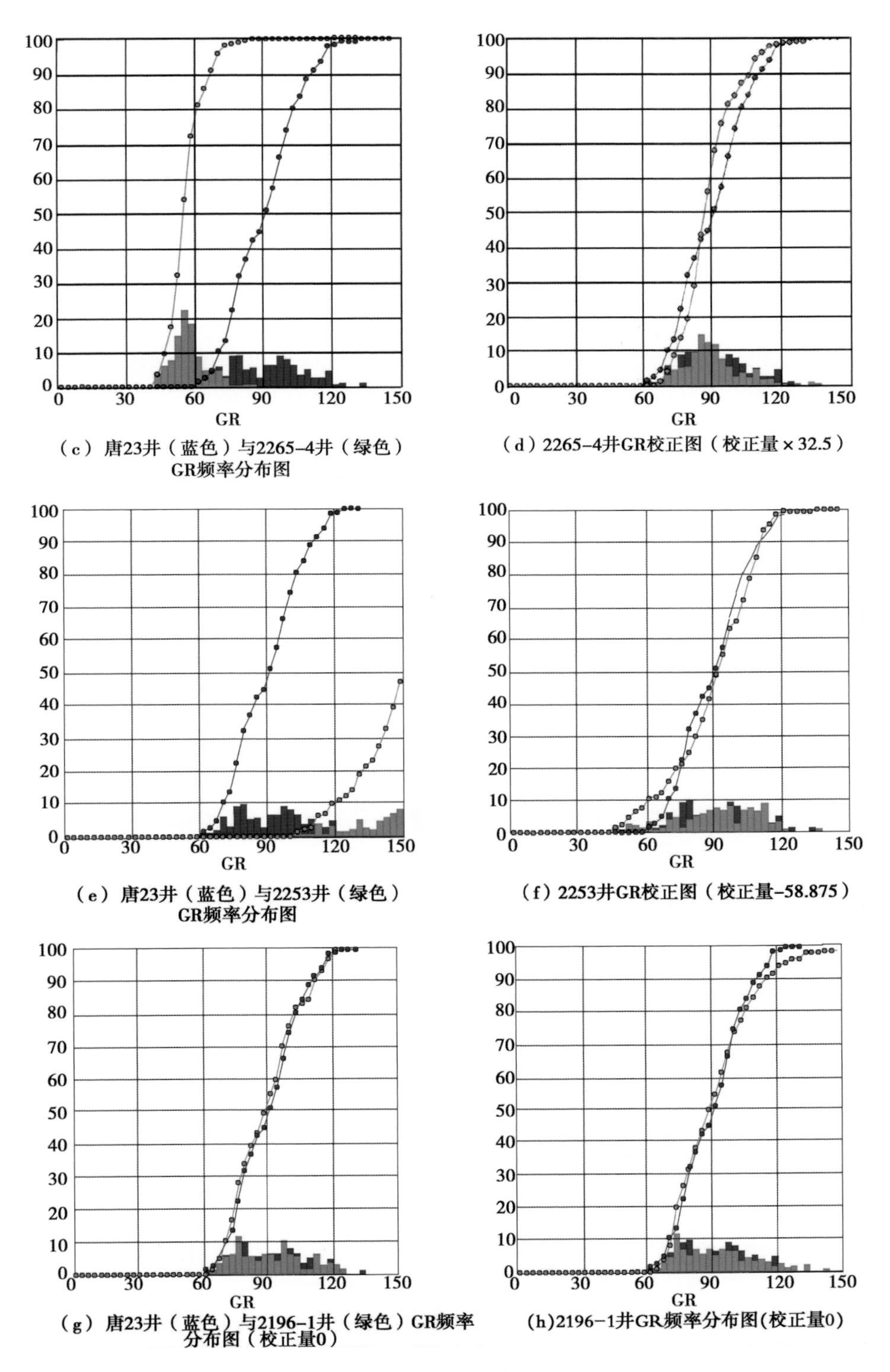

（c）唐23井（蓝色）与2265-4井（绿色）GR频率分布图

（d）2265-4井GR校正图（校正量×32.5）

（e）唐23井（蓝色）与2253井（绿色）GR频率分布图

（f）2253井GR校正图（校正量-58.875）

（g）唐23井（蓝色）与2196-1井（绿色）GR频率分布图（校正量0）

(h)2196-1井GR频率分布图(校正量0)

图 5-4　自然伽马频率分布及校正图

5.2.2 岩心归位

钻井取心时，岩心筒中可能有上次取心残留下来的岩心，而且岩心收获率一般达不到100%，以及钻具长度测量上产生的误差，使得岩心深度不准。因此，在整理岩心时，必须对照电测资料，加上地质人员的判断，同时要校正钻具长度和测井深度上的系统误差，要将岩心的不同岩性与电测曲线解释的岩性仔细对应，恢复岩心所在真实深度。

通过岩石物理实验数据与测井计算结果对比，使得岩石分析化验数据能够与测井计算结果一致，如果存在不一致的情况，可调整岩心取样点的深度来进行归位，使得岩石分析化验深度与储层测井深度一致起来，为后期的储层评价提供可靠的资料。唐23井长6取心段的岩心归位后，岩心分析孔隙度与测井曲线配置关系良好(图5-5)。

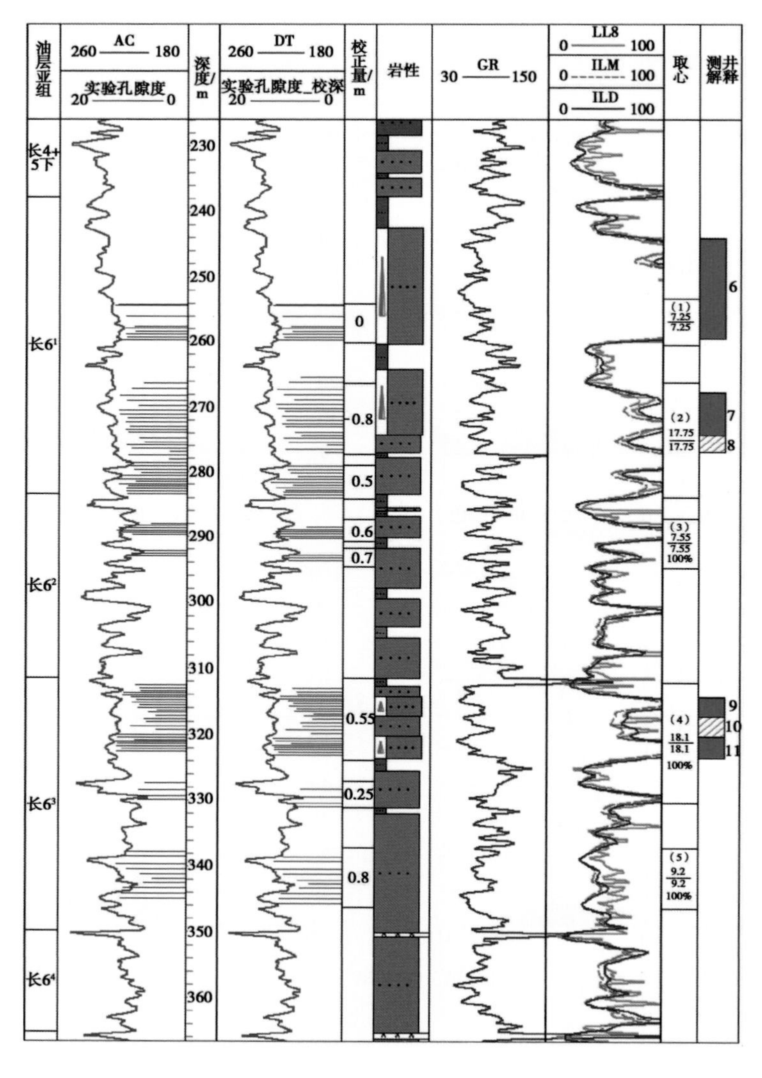

图5-5　唐23井岩心归位图

5.2.3 储层泥质含量计算方法

泥质含量是储层最为基本的参数之一，泥质含量高低直接影响到储层物性条件。储层的测井响应表明，自然伽马曲线反映泥岩含量较为明显，可采用自然伽马曲线计算储层泥质含量，计算公式为式(5-1)和式(5-2)。

$$SH = \Delta GR = \frac{GR - GR_{min}}{GR_{max} - GR_{min}} \tag{5-1}$$

$$V_{SH} = \frac{2^{GC \times SH} - 1}{2^{GR} - 1} \tag{5-2}$$

式中 GC——与地质年代有关的经验系数，取2；

GR——自然伽马测量值；

GR_{max}——纯泥岩层的自然伽马响应值；

GR_{min}——纯砂岩层的自然伽马响应值；

V_{SH}——泥质含量；

SH——砂泥质含量。

5.2.4 储层孔隙度计算方法

通过唐23井、唐25井、唐38井等共9口井孔隙度数据与声波关系表明，声波时差曲线可以有效反映储层的孔隙度，通过声波时差曲线可以计算储层孔隙度大小。可利用泥质砂岩的单孔隙的岩石物理模型，骨架声波时差为180μs/m，流体声波时差为620μs/m，如式(5-3)：

$$\phi = \frac{\Delta t - \Delta t_{ma}}{\Delta t_f - \Delta t_{ma}} \times 100\% - SH \times \frac{\Delta t - \Delta t_{ma}}{\Delta t_f - \Delta t_{ma}} \times 100\% \tag{5-3}$$

式中 ϕ——孔隙度,%；

Δt——测井声波时差，μs/m；

Δt_{ma}——骨架声波时差，μs/m；

Δt_f——流体声波时差，μs/m。

通过声波时差计算孔隙度与实验孔隙度对比，结果显示误差在10%以内(图5-6)。

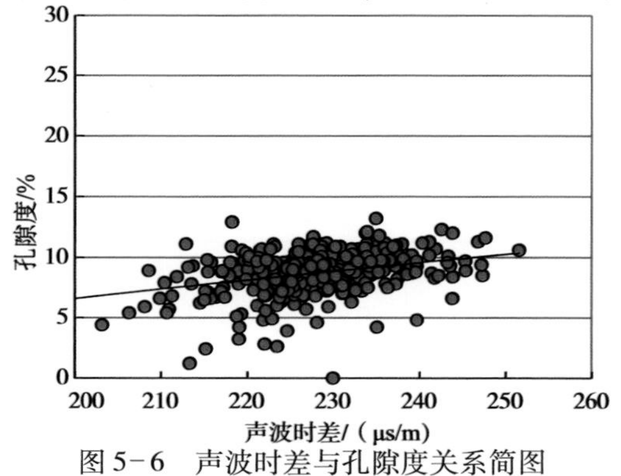

图5-6 声波时差与孔隙度关系简图

5.2.5 储层含水饱和度计算方法

含油饱和度可以直接反映储层的含油性，目前含油饱和度的计算方法较多，主要采用经典的阿尔奇公式来计算，阿尔奇公式中有 4 个重要的参数，a、b、m、n 值需要采用岩电实验来获取。从唐 81 井及唐 89 井的岩电资料建立了地层因素与孔隙度、电阻率增大系数与饱和度的关系式(图 5-7)，可以得到 a 值为 1.28，m 值为 1.70，b 值为 0.84，n 值为 1.31。另外，阿尔奇公式还有一个重要参数地层水电阻率值，通过地层水矿化度的分析(表 5-1)，可以得到 R_w 地层水电阻率值为 0.10 ~0.14Ω · m(表 5-2)。从计算的含水饱和度与实验值对比可知，解释参数及模型较为可靠，误差较小(图 5-8 ~图 5-11)。

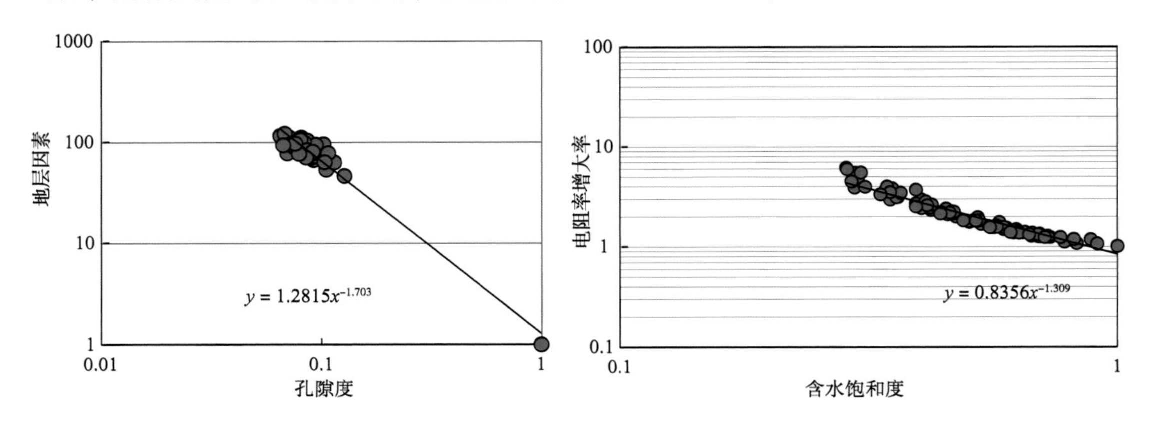

图 5-7 地层因素与孔隙度、含水饱和度和电阻率增大系数图版

$$F = \frac{1.28}{\phi^{1.70}} \tag{5-4}$$

$$I = \frac{0.84}{S_w^{1.31}} \tag{5-5}$$

$$S_w = \left(\frac{abR_w}{\phi^m R_t}\right)^{1/n} \tag{5-6}$$

式中 a、b、m、n——岩电参数；

S_w——含水饱和度；

ϕ——孔隙度；

R_t——地层电阻率，Ω · m；

R_w——地层水电阻率值，Ω · m。

表 5-1 长 6 段储层岩石实验分析结果

井 号	孔隙度/%	气体渗透率/$10^{-3}\mu m^2$	R_w/Ω · m	R_o/Ω · m	地层因子(F)	胶结系数(m)	岩性系数(a)	饱和度指数(n)	岩性系数(b)
唐 213	9.2	0.11	0.22	16.41	74.83	1.49	2.12	1.88	1.16

续表

井　号	孔隙度/%	气体渗透率/$10^{-3}\mu m^2$	R_w/Ω·m	R_o/Ω·m	地层因子(F)	胶结系数(m)	岩性系数(a)	饱和度指数(n)	岩性系数(b)
唐213	8.5	0.12	0.22	27.55	125.64	1.66	2.12	1.63	1.10
唐214	9.4	0.35	0.22	26.78	122.12	1.71	2.12	1.43	1.08
唐214	9.8	0.88	0.22	15.61	71.19	1.51	2.12	1.34	1.26
唐214	8.3	0.38	0.22	17.72	80.80	1.46	2.12	2.32	1.13
唐214	8.3	0.40	0.22	12.91	58.87	1.33	2.12	2.36	1.15
唐214	8	0.21	0.22	17.67	80.59	1.44	2.12	2.06	1.07
唐214	7.7	0.17	0.22	39.60	180.57	1.73	2.12	1.38	1.00
唐214	8.2	0.21	0.22	22.28	101.61	1.55	2.12	1.53	1.08
唐214	9.1	0.35	0.22	19.48	88.81	1.56	2.12	1.95	1.05
唐229	10	0.06	0.22	27.44	125.11	1.77	2.12	1.50	1.03
唐229	8.1	0.08	0.22	29.47	134.40	1.65	2.12	1.30	1.00
唐229	10.4	0.04	0.22	18.79	85.69	1.63	2.12	2.00	1.22
唐229	9.8	0.29	0.22	20.45	93.25	1.63	2.12	1.53	1.13
唐230	6.8	0.10	0.22	25.49	116.23	1.49	2.12	1.72	1.01
唐231	5.8	0.18	0.22	35.75	163.04	1.52	2.12	1.30	1.14
唐231	7.4	0.08	0.22	14.16	64.59	1.31	2.12	1.96	1.49
唐231	7.4	0.09	0.22	19.73	89.98	1.44	2.12	1.63	1.01
唐231	7.3	0.10	0.22	22.46	102.43	1.48	2.12	1.27	1.06
唐231	7.5	0.05	0.22	39.32	179.29	1.71	2.12	1.58	1.12
唐231	6.3	0.10	0.22	23.84	108.69	1.42	2.12	1.05	1.07
唐231	7.4	0.06	0.22	25.12	114.53	1.53	2.12	1.29	1.06
唐231	7.2	0.12	0.22	27.31	124.54	1.55	2.12	1.70	1.00
唐232	8.8	0.20	0.22	8.98	40.95	1.22	2.12	2.60	1.28
唐232	8.4	0.15	0.22	9.95	45.37	1.24	2.12	2.42	1.33

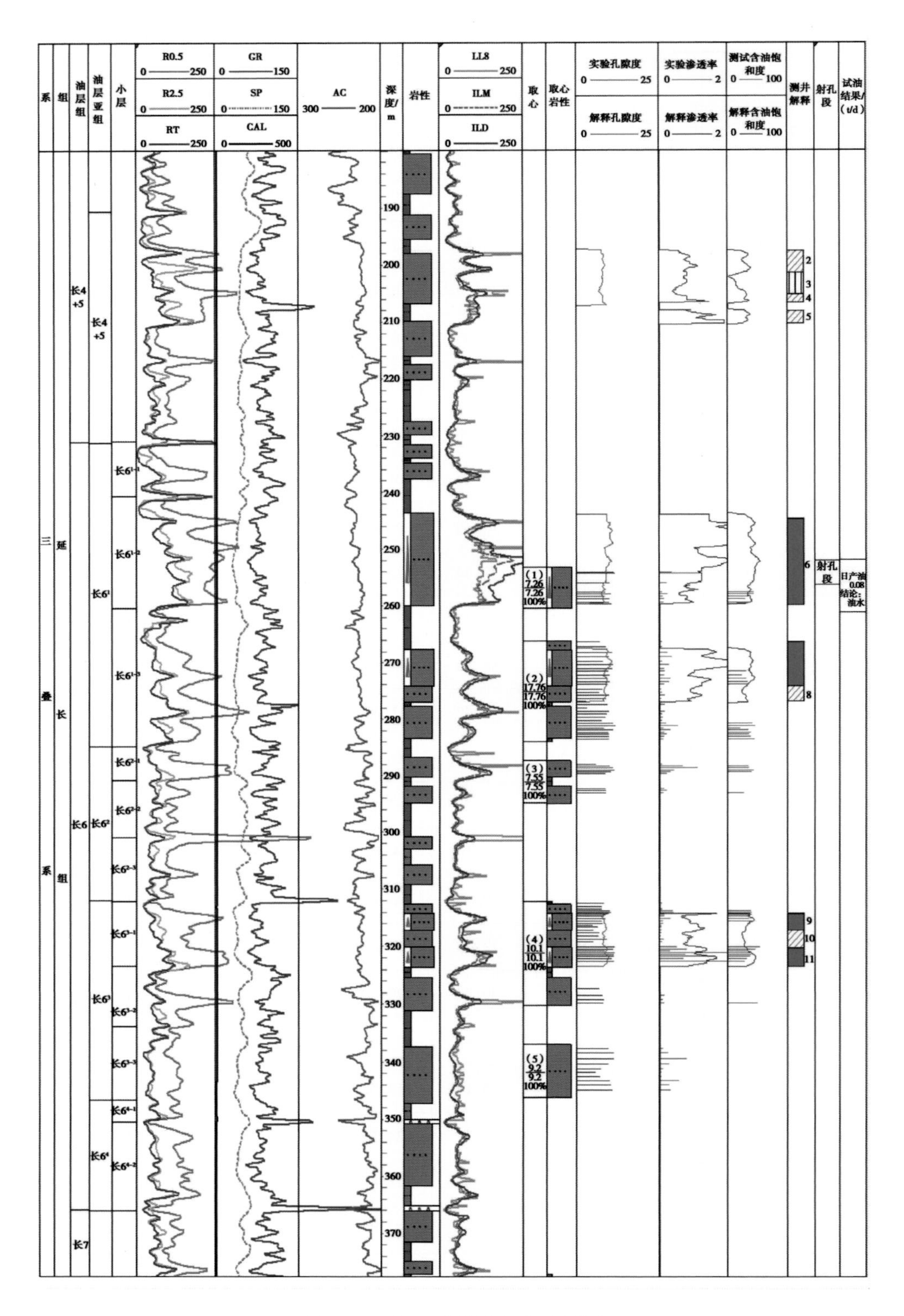

图 5-8 唐 23 井测井解释成果图

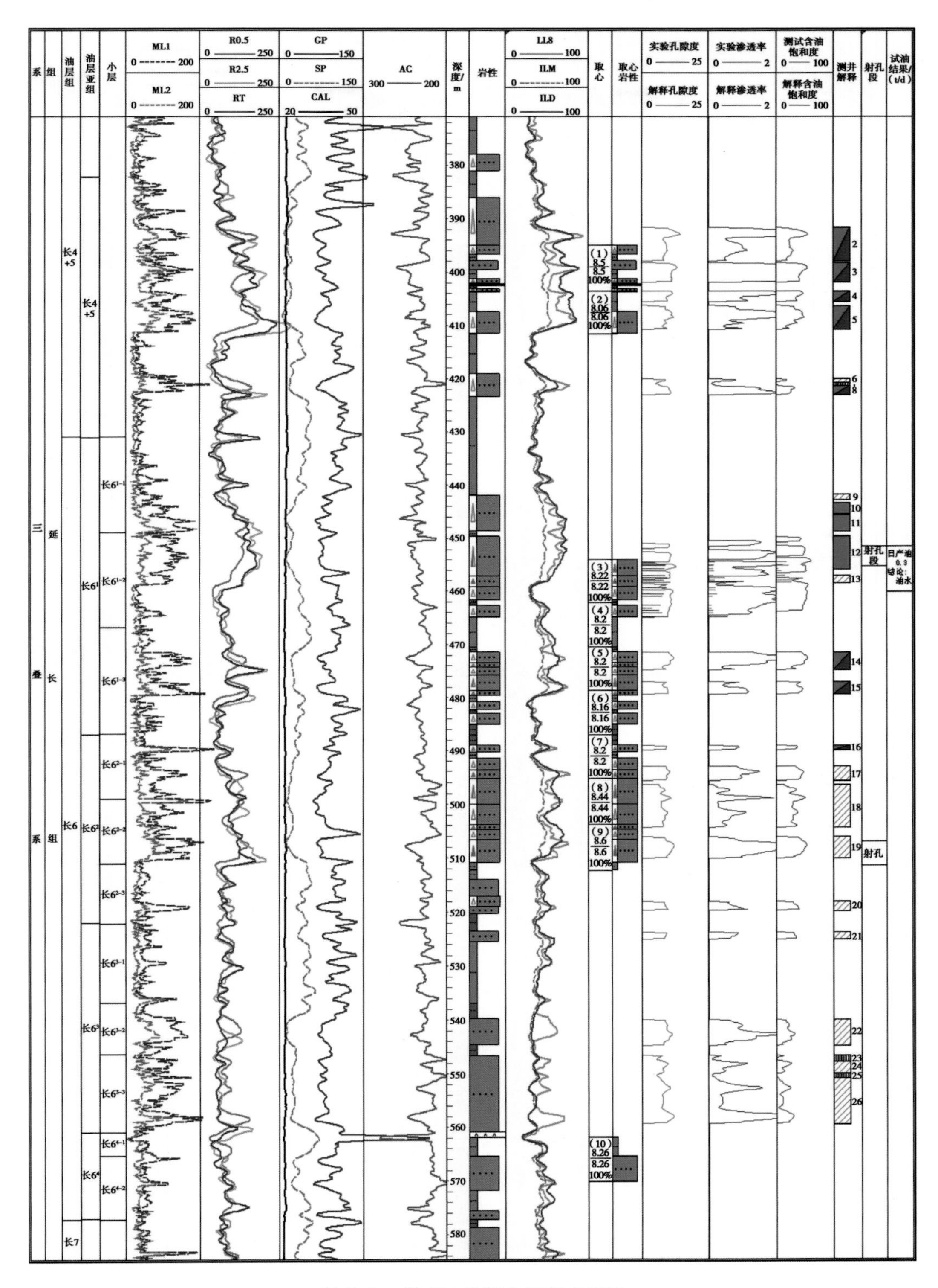

图 5-9 唐 174 井测井解释成果图

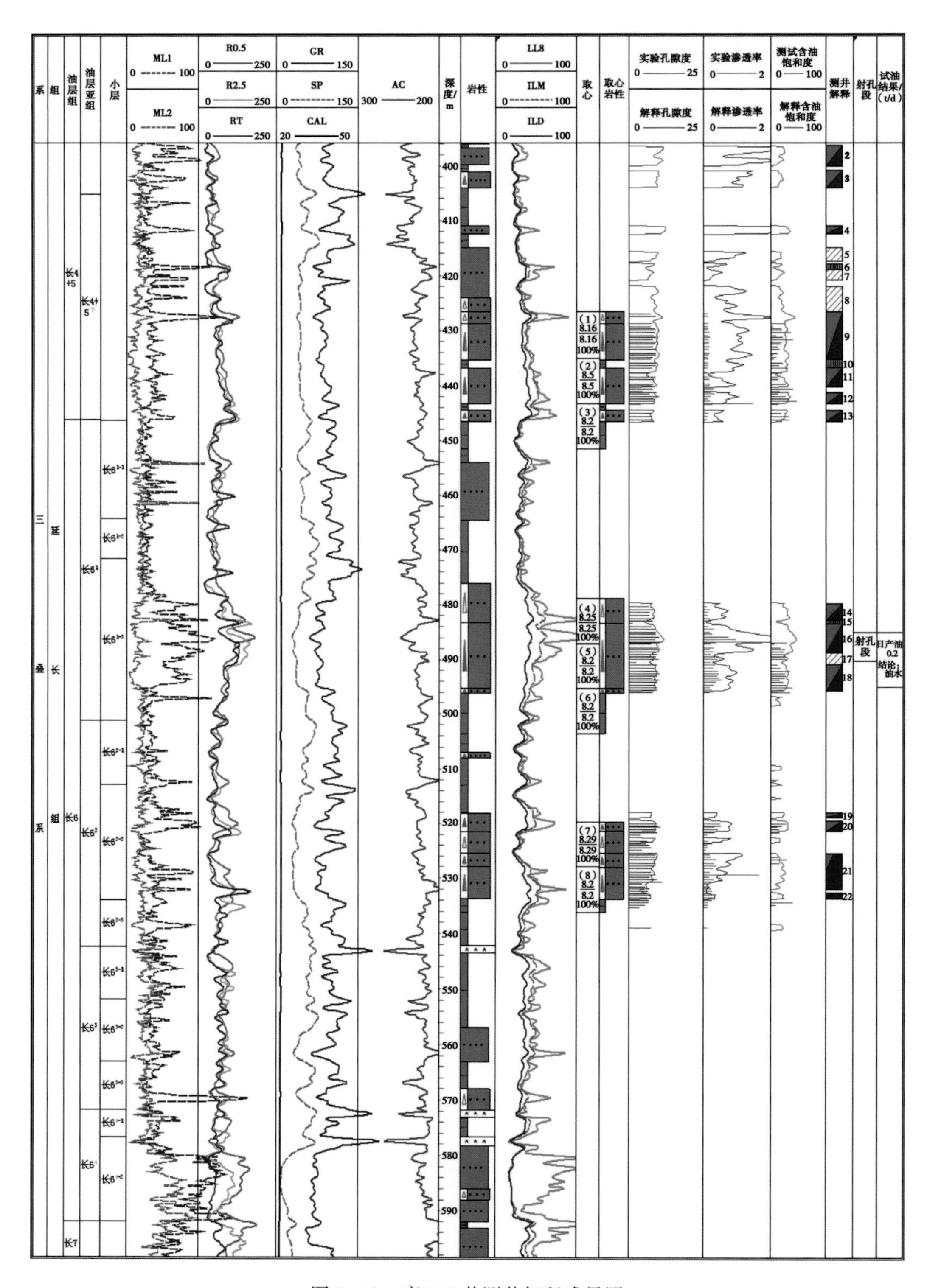

图 5-10　唐 175 井测井解释成果图

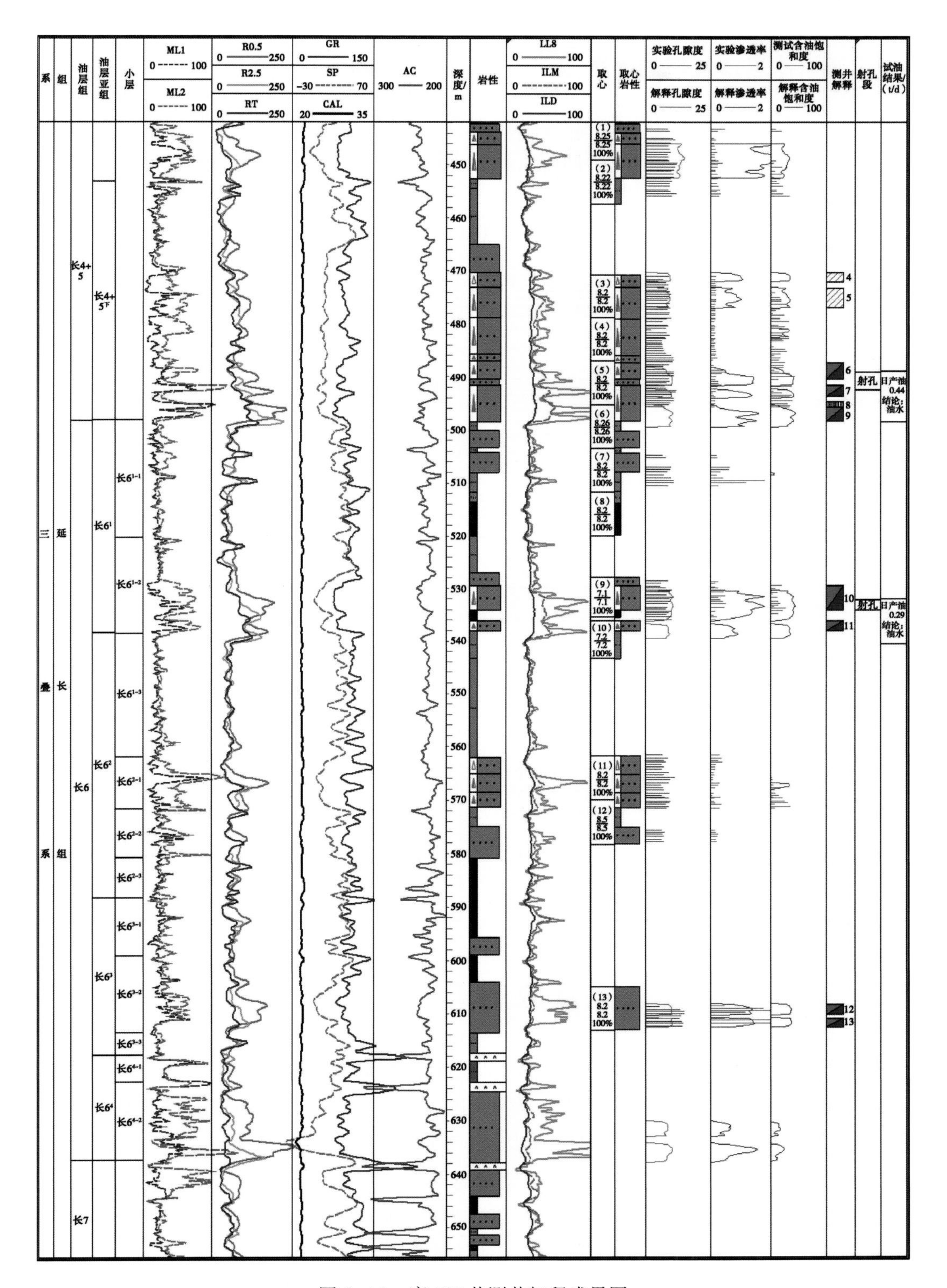

图 5-11 唐 176 井测井解释成果图

5.2.6 储层渗透率的计算方法

岳口地区长 6 段储层的渗透率较低，一般在 $1\times10^{-3}\mu m^2$ 以下，而孔隙度与渗透率相关性较高，可通过孔隙度与渗透率回归公式来求取，求取的结果显示，渗透率计算值与分析化验值在一个数量级别内(图 5-12)。

$$PERM = 0.0002 \times e^{0.7627\phi}$$

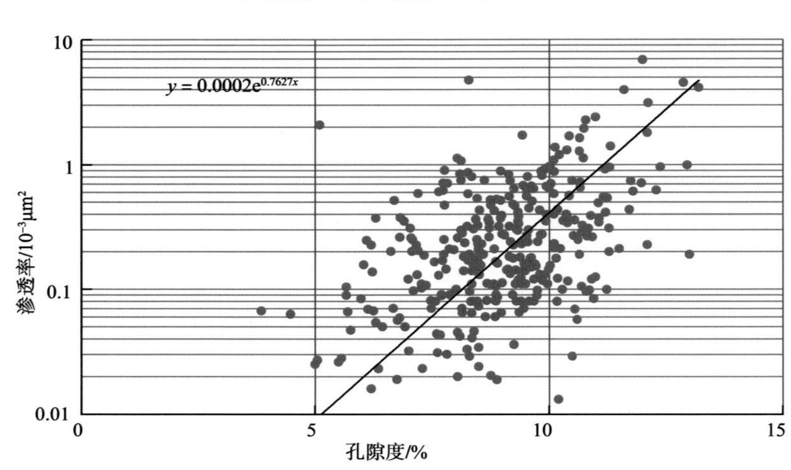

图 5-12 孔隙度与渗透率相关图版

表 5-2 长 6 段储层地层水电阻率分布表

井 号	阳离子/(mg/L)			阴离子/(mg/L)			总矿化度/(mg/L)	地层水电阻率/Ω·m
	$K^+ + Na^+$	Ca^{2+}	Mg^{2+}	Cl^-	SO_4^{2-}	HCO_3^-		
唐 89	4741.22	8717.4	546.98	23392.75	0	1602.39	39000.73	0.14
唐 90	6223.57	9118.2	60.77	25383.62	0	887.84	41674.00	0.13
唐 23	6617.47	16138.93	273.29	38822	883.56	123.26	62858.52	0.10

5.3 解释标准建立及应用

利用甘谷驿油田 20 口井长 6 油层组的 239 个单层试油、测井以及取心等资料，建立了储层电阻率与声波时差、孔隙度及含水饱和度流体识别图版。电阻率与声波时差图版表明(图 5-13)，油层的电阻率在 40Ω·m 以上，声波时差值在 220μs/m 以上，孔隙度值在 7% 以上，含水饱和度低于 65%。另外，通过对新井的解释进行了方法的验证，2012 年钻探唐 231 井，利用标准在 480.5～483.5m 解释为油水同层，射孔后，此井日产原油 3.43t，产水 1.41t，含水率为 28%，并达到了工业油流的标准(图 5-14)。

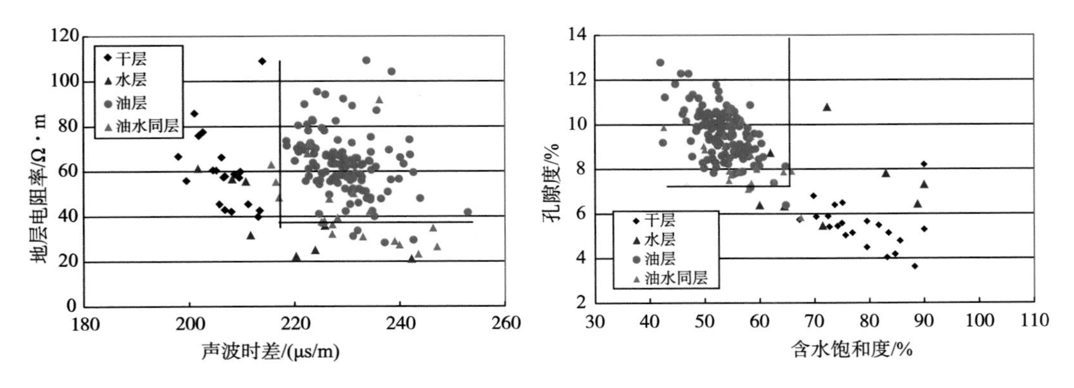

图 5-13 储层油水识别标准

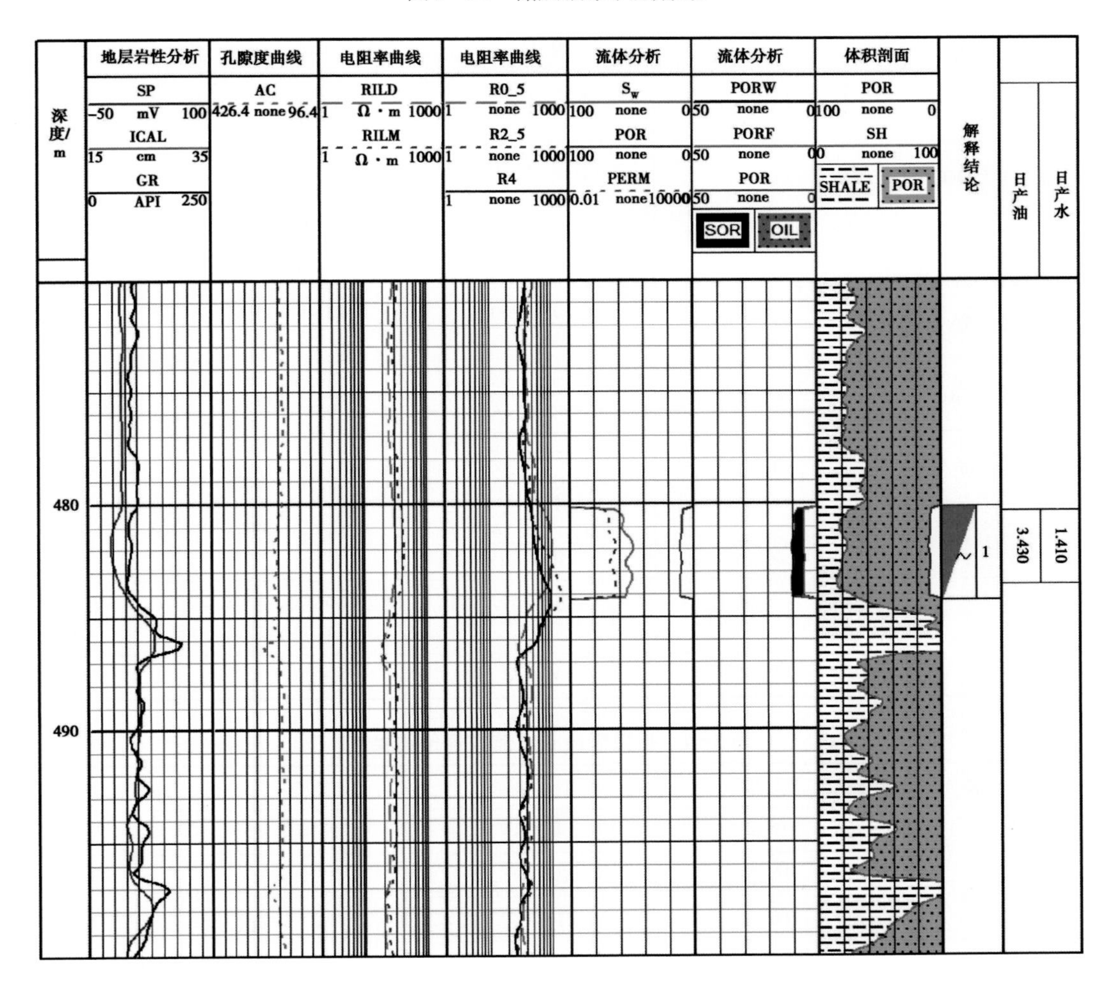

图 5-14 唐 231 井测井解释成果图

5.4　储层分类标准

借鉴安塞油田、靖安油田对长6低渗透储层研究成果，根据储层物性、微观孔隙结构特征、毛管压力曲线特征以及储层非均质性特征进行综合分析，结合鄂尔多斯盆地低渗储层类别划分方法，依据岩性和含油性分析，本书将研究区长6储层分为好(Ⅰ类)、中等(Ⅱ类)、差(Ⅲ类)和非(Ⅳ类)储层四大类。各类储层的特征和评价标准见表5-3、表5-4。

表5-3　甘谷驿油田长6储层分类及评价指标

评价参数	Ⅰ	Ⅱ	Ⅲ	Ⅳ
渗透率/$10^{-3}\mu m^2$	>1.0	$\frac{0.5 \sim 1.0}{0.72}$	$\frac{0.15 \sim 0.5}{0.27}$	<0.15
孔隙度/%	>10.0	$\frac{8.0 \sim 10.0}{8.7}$	$\frac{7.0 \sim 10.0}{8.0}$	<7.0
排驱压力/MPa	<0.20	$\frac{0.50 \sim 0.20}{0.39}$	$\frac{0.17 \sim 1.30}{0.65}$	>0.5
中值压力/MPa	<0.95	$\frac{2.27 \sim 1.33}{1.86}$	$\frac{1.76 \sim 7.25}{4.04}$	>3.5
最大孔喉半径/μm	>3.7	$\frac{1.50 \sim 2.50}{1.99}$	$\frac{0.10 \sim 4.41}{1.42}$	<1.4
中值半径/μm	>0.78	$\frac{0.33 \sim 0.56}{0.42}$	$\frac{0.10 \sim 0.43}{0.21}$	<0.20
均值/μm	>1.30	$\frac{0.57 \sim 0.85}{0.73}$	$\frac{0.91 \sim 0.18}{0.46}$	<0.35
分选系数	>1.20	$\frac{0.41 \sim 0.74}{0.59}$	$\frac{0.16 \sim 4.37}{0.64}$	<0.40
孔隙组合类型	溶蚀孔—粒间孔	粒间孔—溶蚀孔	以残余粒间孔为主的复合孔	微孔隙
评　价	好储层	中等储层	差储层	非储层

表5-4　岳口区域长6储层评价结果

储　层	Ⅰ类/%	Ⅱ类/%	Ⅲ类/%	Ⅳ类/%
长6^1	27.8	40.1	23.4	8.7
长6^2	15.7	26.0	35.0	22.8
长6^3	14.0	18.9	39.9	27.2
长6^4	24.0	34.9	27.7	13.4

(1) Ⅰ类(好)储层：此类储层岩性为细粒和中粒长石砂岩，溶孔发育，主要储集空间为溶孔-粒间孔组合，以溶蚀孔隙为主或二者均较重要。孔隙度一般大于10%，渗透率大于$1.0\times10^{-3}\mu m^2$。毛管压力曲线为窄平台型，排驱压力较低，一般小于0.20MPa，中值

压力小于0.95MPa。最大孔喉半径大于3.7μm，中值半径大于0.78μm，孔喉半径均值大于1.3μm，分选系数大于1.30，孔喉分选较差，粗歪度。此类储层主要分布于长6^1、长6^2油层。

(2)Ⅱ类(中等)储层：此类储层岩性以细粒长石砂岩为主，其次为中－细粒长石砂岩。溶孔较发育，主要储集空间为粒间孔－溶孔的组合，以残余粒间孔为主，溶蚀孔隙也占重要比例。孔隙度一般为8%～10%，平均为8.7%，渗透率为$(0.5 \sim 1.0) \times 10^{-3} \mu m^2$，平均为$0.72 \times 10^{-3} \mu m^2$。毛管压力曲线为缓斜坡型，排驱压力为0.2～0.5MPa，平均为0.39MPa，中值压力为1.33～2.27MPa，平均为1.86MPa。最大孔喉半径为1.5～2.5μm，平均为1.99μm。中值半径为0.33～0.56μm，平均为0.42μm。孔喉半径均值为0.57～0.85μm，平均为0.73μm。分选系数为0.41～0.74，平均为0.59，孔喉分选较好，粗歪度。此类储层主要分布于长6^1、长6^2和长6^3油层，是本区分布最广的一类储层。

(3)Ⅲ类(差)储层：岩性主要为细粒长石砂岩，溶孔较不发育，主要储集空间为由残余粒间孔、溶蚀孔和微孔隙组成的复合孔，以残余粒间孔为主，有少量溶蚀扩大孔和微孔隙。孔隙度为8%～10%，平均为8.7%，渗透率为$(0.5 \sim 1.0) \times 10^{-3} \mu m^2$，平均为$0.72 \times 10^{-3} \mu m^2$。该类储层的一个显著特点是各种孔隙结构参数变化较大，反映储层的非均质性较强。其毛管压力曲线为陡斜坡型，排驱压力为0.17～1.30MPa，平均为0.65MPa，中值压力为1.76～7.25MPa，平均为4.04MPa。最大孔喉半径为0.10～4.41μm，平均为1.42μm。中值半径为0.10～0.43μm，平均为0.21μm。孔喉半径均值为0.18～0.91μm，平均为0.46μm。分选系数为0.16～4.37，孔喉分布比较分散。此类储层主要分布于长6^3和长6^4油层，其次为长6^2油层，也是本区分布较广的一类储层。

(4)Ⅳ类(非)储层：岩性以粉－细粒长石砂岩和长石粉砂岩为主，微孔型孔隙相组合。孔隙度小于7%，渗透率小于$0.15 \times 10^{-3} \mu m^2$。此类砂岩多为储层中的致密段，无储集能力，为非储层。毛管压力曲线为高斜坡型，排驱压力大于0.5MPa，中值压力大于3.5MPa。最大孔喉半径小于1.4μm，中值半径小于0.20μm，孔喉半径均值小于0.35μm，分选系数小于0.40，孔喉分选较好，细歪度。此类储层主要分布于长6^4油层。

第6章 储层渗流及非均质性特征

甘谷驿油田长6段储层的渗流特征受孔隙结构的影响明显，较为复杂。另外，由于储层的非均质性较强，对储层连通性及孔隙之间的渗流起到阻碍作用。同时，不同类型孔隙结构的储层的渗流能力，也存在明显差异，无论从微观的渗流特征，还是从宏观的井与井之间的渗流能力，明显受到储层砂体分布及其内在的储层参数的影响。因此，储层渗流及非均质性的表征显得尤为重要，对后期油层的开发及井网部署都有重要的指导意义。

6.1 储层渗流特征

6.1.1 油水相渗实验曲线特征

油水相渗实验可以有效地反映储层的渗流能力，岩石的相对渗透率不仅是储层饱和度的函数，还受到储层的物性、孔隙结构、岩石成分及润湿性的影响。相渗实验结果是综合所有储层参数的结果，最能直接反映储层的渗流能力。在储层岩石物理特征分析基础上，对长6段部分样品进行了相渗实验及驱替实验，以研究储层渗流能力及机理。实验结果分析表明，不同的储层物性相渗曲线存在明显差异，按照相渗的束缚水饱和度、实验压差、残余油饱和度、端点饱和度、交汇处饱和度及油水相对渗透率，可以将相渗曲线划分为三种类型。

(1)第一类相渗曲线，渗流能力较好，等渗点的含水饱和度在40%以下，等渗点的渗透率在0.2×$10^{-3}\mu m^2$以上(图6-1、表6-1)，气测渗透率在0.40×$10^{-3}\mu m^2$以上，孔隙度在10%以上，束缚水饱和度在30%以下，残余油饱和度低于40%，无水期驱油效率为14%~32%，相似系数在0.025以下，驱油效率在含水95%时最大，达57.8%，含水98%时驱油效率达63%，最终期的驱油效率达63%，孔隙利用系数最大达0.5，从整体上看，I类相渗曲线表示渗流能力较强。

表6-1 I类渗流参数分布表

参数	井深/m	孔隙度/%	束缚水饱和度/%	残余油饱和度/%	实验压差/MPa	见水前平均采油速度/(mL/min)	无水期驱油效率/%	相似准数
2-56	812.81	10.7	24.8	35.9	12.05	0.058	13.8	0.025
2-64	1032.77	12.1	25.0	28.2	16.20	0.027	31.6	0.013

续表

参 数	气测渗透率/$10^{-3}\mu m^2$	含水95%时		含水98%时		最终期		孔隙利用系数
		驱油效率/%	注入倍数	驱油效率/%	注入倍数	驱油效率/%	注入倍数	
2-56	0.572	32.8	1.43	39.2	2.95	62.4	18.81	21.98
2-64	0.434	54.4	1.70	57.8	3.60	52.3	0.468	0.393

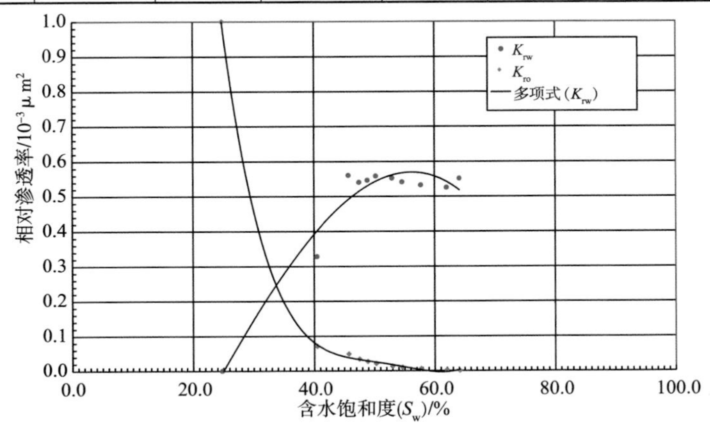

图6-1 Ⅰ类渗流曲线分布图

(2)第二类相渗曲线，渗流能力中等(图6-2、表6-2)，等渗点的含水饱和度为40%~60%，等渗点的饱和度孔隙度为8%~10%，残余油饱和度为13%~30%，气测渗透率为(0.2~0.45)×$10^{-3}\mu m^2$，束缚水饱和度为35%~40%，油水相对渗透率中等，驱替压力变化大。另外，无水采收率为30%~40%。

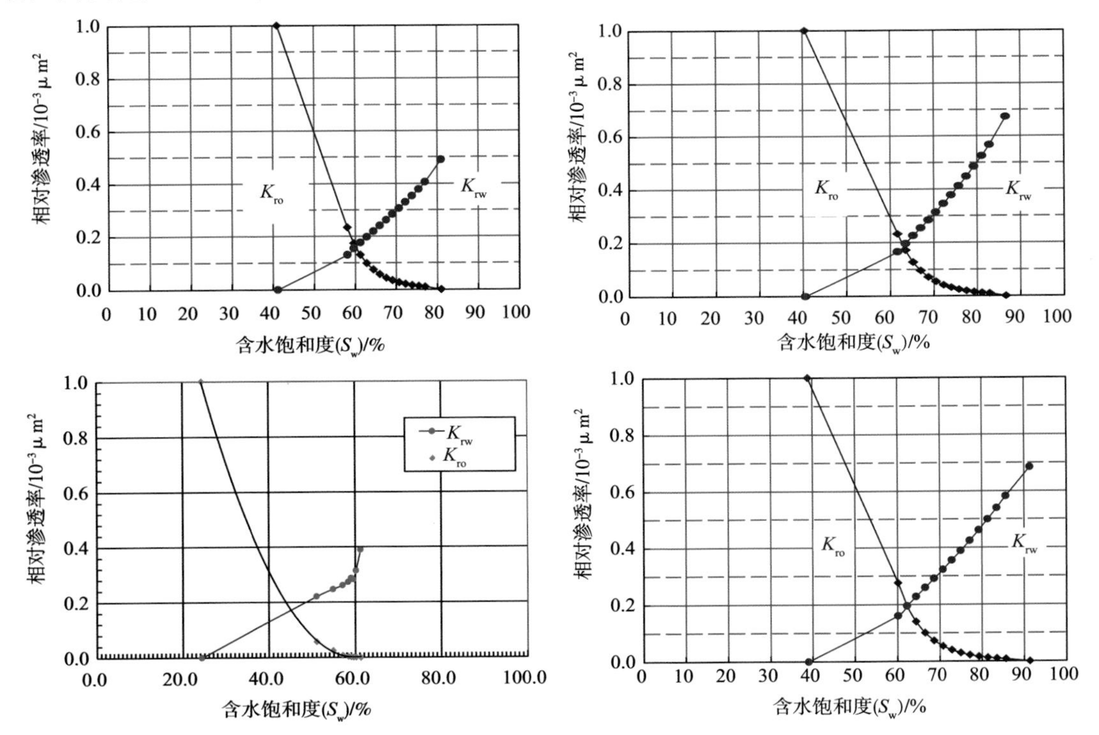

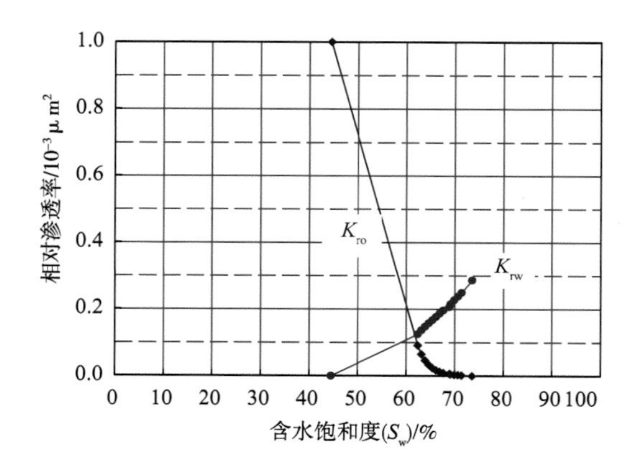

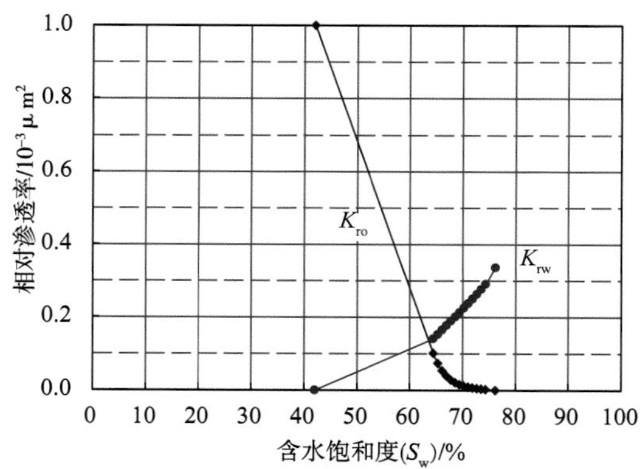

图 6-2　Ⅱ类渗流曲线分布图

表 6-2　Ⅱ类渗流参数分布表

井号	井深/m	气测渗透率/$10^{-3}\mu m^2$	油黏度/mPa·s	注入水矿化度/(mg/L)	实验温度/℃	孔隙度/%	水黏度/mPa·s	驱替压力/MPa	无水采收率/%	束缚水饱和度/%	油相渗透率/$10^{-3}\mu m^2$	最终采收率/%	残余油饱和度/%	水相渗透率/$10^{-3}\mu m^2$
唐213	353.24	0.26	7.68	69700	20	8.51	1.12	20	39.3	40.5	0.0375	77.6	13.3	0.0253
唐214	418.27	0.2	7.14	29100	20	8.6	1.06	3	31.6	35	0.004	62.4	28.2	0.18
唐232	597.5	0.45	7.68	69700	20	10	1.12	20	31.3	41.2	0.00718	67.7	19	0.00351

(3)第三类相渗曲线，渗流能力中等(图 6-3、表 6-3)，等渗点的含水饱和度在 60%以上，孔隙度为 8%～9.5%，残余油饱和度为 13%～40%，气测渗透率为(0.19～0.32)×$10^{-3}\mu m^2$，束缚水饱和度为 35%～50%，油水相对渗透率中等，驱替压力变化大。另外，无水采收率为 30%～45%。

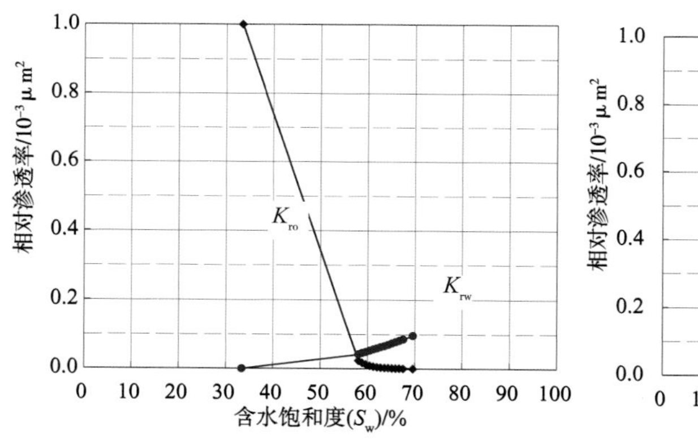

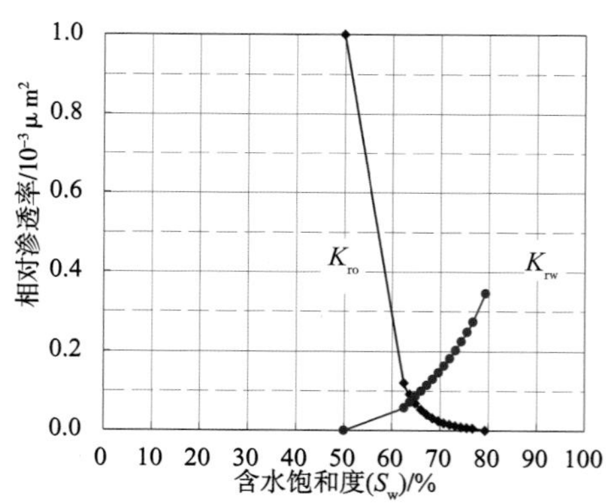

图 6-3　Ⅲ类相渗曲线

表6-3 Ⅲ类渗流参数分布表

井号	井深/m	气测渗透率/$10^{-3}\mu m^2$	油黏度/mPa·s	注入水矿化度/(mg/L)	实验温度/℃	孔隙度/%	水黏度/mPa·s	驱替压力/MPa	无水采收率/%	束缚水饱和度/%	油相渗透率/$10^{-3}\mu m^2$	最终采收率/%	残余油饱和度/%	水相渗透率/$10^{-3}\mu m^2$
唐213	353.24	0.26	7.68	69700	20	8.51	1.12	20	39.3	40.5	0.0375	77.6	13.3	0.0253
唐214	418.27	0.2	7.14	29100	20	8.6	1.06	3	31.6	35	0.004	62.4	28.2	0.18
唐214	428.65	0.19	6.42	34400	20	8	1.07	15.5	36.8	42	0.387	58.9	23.8	0.13
唐214	429.78	0.2	7.14	29100	20	8.5	1.06	3	41.9	24.8	0.04	48.7	38.8	0.8
唐214	517.97	0.2	7.14	29100	20	9.8	1.06	3	50	33.6	0.003	56.4	28.9	0.02
唐229	574.29	0.21	6.42	34400	20	9.4	1.07	16	32.9	44.5	0.211	52.4	26.4	0.0602
唐229	592.945	0.34	7.68	69700	20	9.62	1.12	30	23.8	49.9	0.00234	58.7	20.7	0.000807
唐231	593.545	0.27	7.68	69700	20	8.2	1.12	10	35	39	0.344	85.8	8.64	0.235
唐231	594.755	0.32	6.42	34400	20	8.3	1.07	17	37.5	33.4	0.565	54.4	30.4	0.0541

6.1.2 油水相渗参数变化

1)端点饱和度

端点处的饱和度反映了储层的束缚水饱和度，相渗曲线分析结果表明，束缚水饱和度多分布在40%左右，只有Ⅰ类的束缚水饱和度低一些，多数样品集中在40%左右，残余油饱和度为12%~40%，束缚水饱和度一般高于残油饱和度，长6段储层显示中亲水弱亲油的特征。总体上看，长6段储层的亲油性弱，亲水性要强一些。

2)等渗点饱和度

等渗点的饱和度在相渗曲线上有所变化，相对于Ⅰ类型等渗点的饱和度，Ⅱ类和Ⅲ类的等渗点饱和度要高一些，尤其是Ⅲ类的等渗点的饱和度在60%以上，等渗点饱和度大于50%时，地层水要占据更多的孔隙才能达到油相的渗流能力，储层的亲水性要强一些，另外Ⅰ类型弱亲油性要强一些。

3)等渗点渗透率

等渗点的渗透率反映了储层油水渗流能力，等渗点值越高，表明储层的渗流能力越强，由于两相流分享的通道相互受到干扰，油相与水相渗透率小于$1\times10^{-3}\mu m^2$。所做的样品分析表明，Ⅰ类的等渗点要高一些，在$0.2\times10^{-3}\mu m^2$，油水渗流能力强，相对应的储层物性较好，Ⅲ类储层的等渗点要低一些，在$0.1\times10^{-3}\mu m^2$，等渗点的渗透率与储层的孔隙结构等岩石物理参数密切相关。

4)端点相渗

端点相渗也是相渗曲线的重要参数之一，水相对渗透率的增加，表明水的渗透能力增强，岩石亲油性增强。样品分析结果表明，个别样品的水相对渗透率值较高，在$0.8\times10^{-3}\mu m^2$以上，多数样品的端点的水相对渗透率在$0.2\times10^{-3}\mu m^2$，表明储层的亲水性强一些，亲油性弱一些。

6.1.3 油水相渗与储层孔隙结构

油水的渗流能力与储层参数密切相关，是对储层综合岩石物理性质的反映。孔隙度与水相渗透率相关图表明，孔隙度升高，水相渗透率降低，亲水性增强，另外，渗透率升高，残余油饱和度降低，注水效率高。因此，油水的渗流能力更多地受到储层孔隙结构及孔隙类型的影响。

1)油水相渗与孔喉半径

油水渗流特征与孔喉半径密切相关，最大孔喉半径、平均孔喉半径及中值孔喉半径与储层的渗流参数，包括残余油饱和度、油水相对渗透率及无水采收率的关系表明，孔喉半径越大，储层的渗流能力越强，相应的储层渗流参数呈现出正相关关系，而残余油饱和度呈现出降低的趋势，因此，孔喉半径存在差异的储层，其渗流能力存在明显的差异(图6-4)。

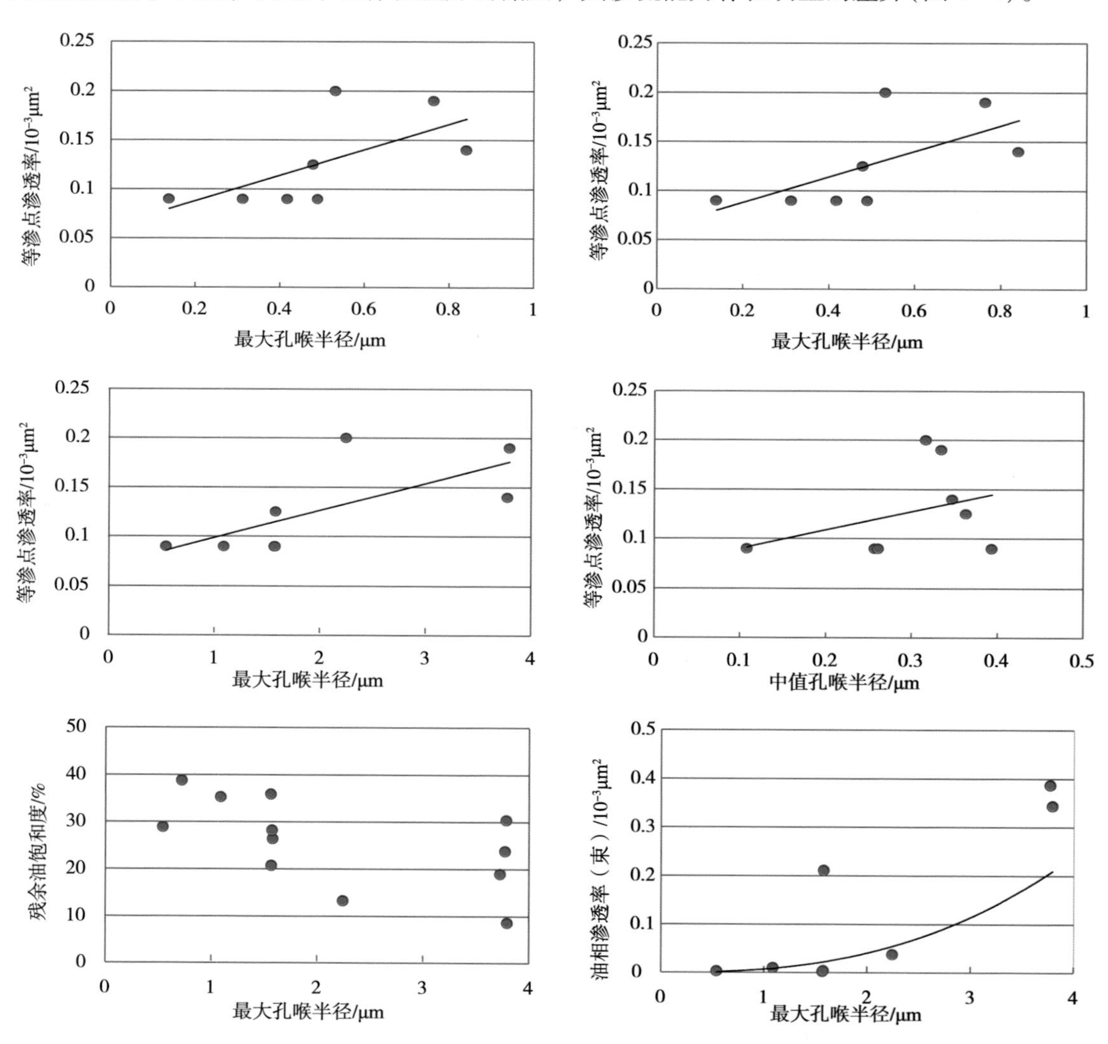

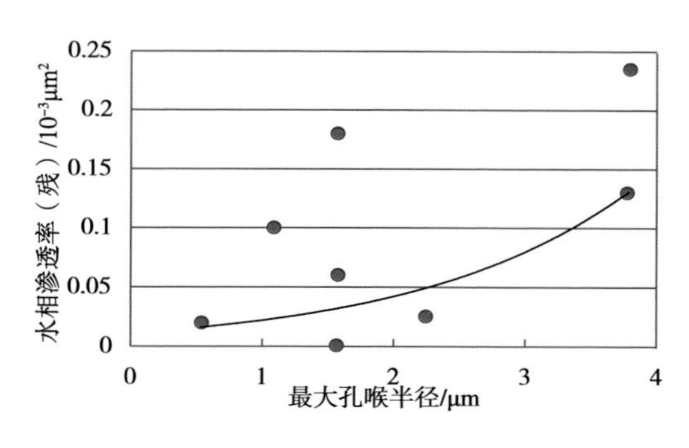

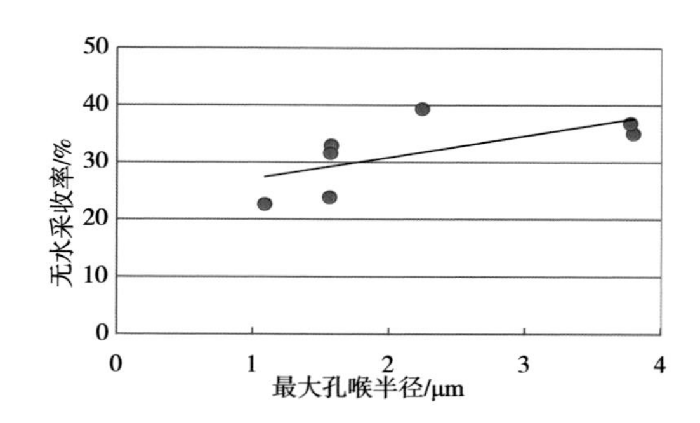

图 6-4　孔喉半径与渗流参数相关图

从渗流曲线上可以看出(图 6-5、图 6-6)，大孔喉半径的储层渗流能力较强，采收率较高，水驱油效果较好，而对于相对孔喉半径小的储层，其渗流能力明显较弱，采收率也要低一些，水驱油的效果差一些。

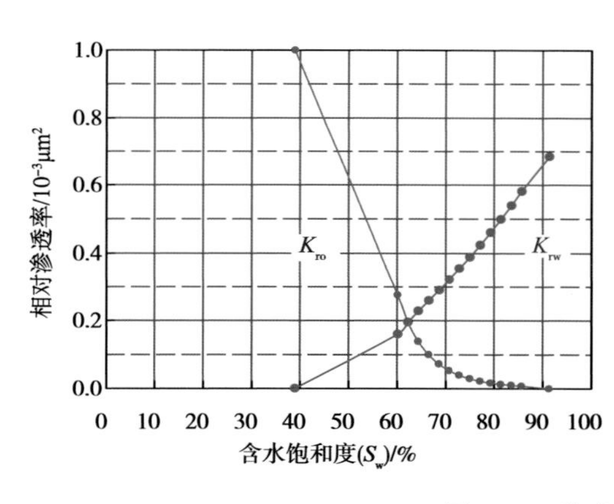

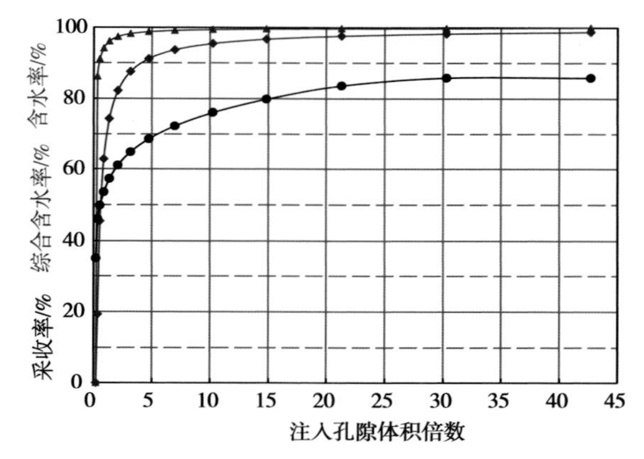

图 6-5　孔喉半径较大的渗流曲线

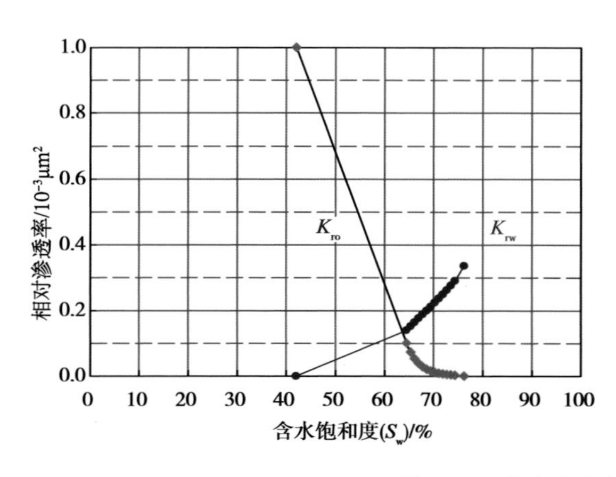

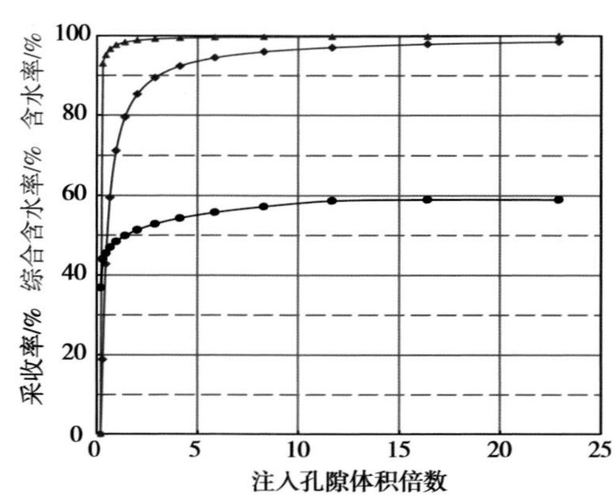

图 6-6　孔喉半径较小的渗流曲线

2）油水相渗与孔喉参数

孔喉结构参数与储层的渗流能力也有一定的相关性(图 6-7)，歪度、分选系数及结构系数与残油饱和度、端点处渗透率及采收率相关图表明，歪度越高，储层的渗流能力越差，端点处的渗透率越低，分选系数与结构系数越高，储层的渗流能力越好，残余油的饱和度越低，采收率更高一些，因此，储层的孔喉参数与储层的渗流能力的相关性较强，也就直接反映了储层渗透率的高低。

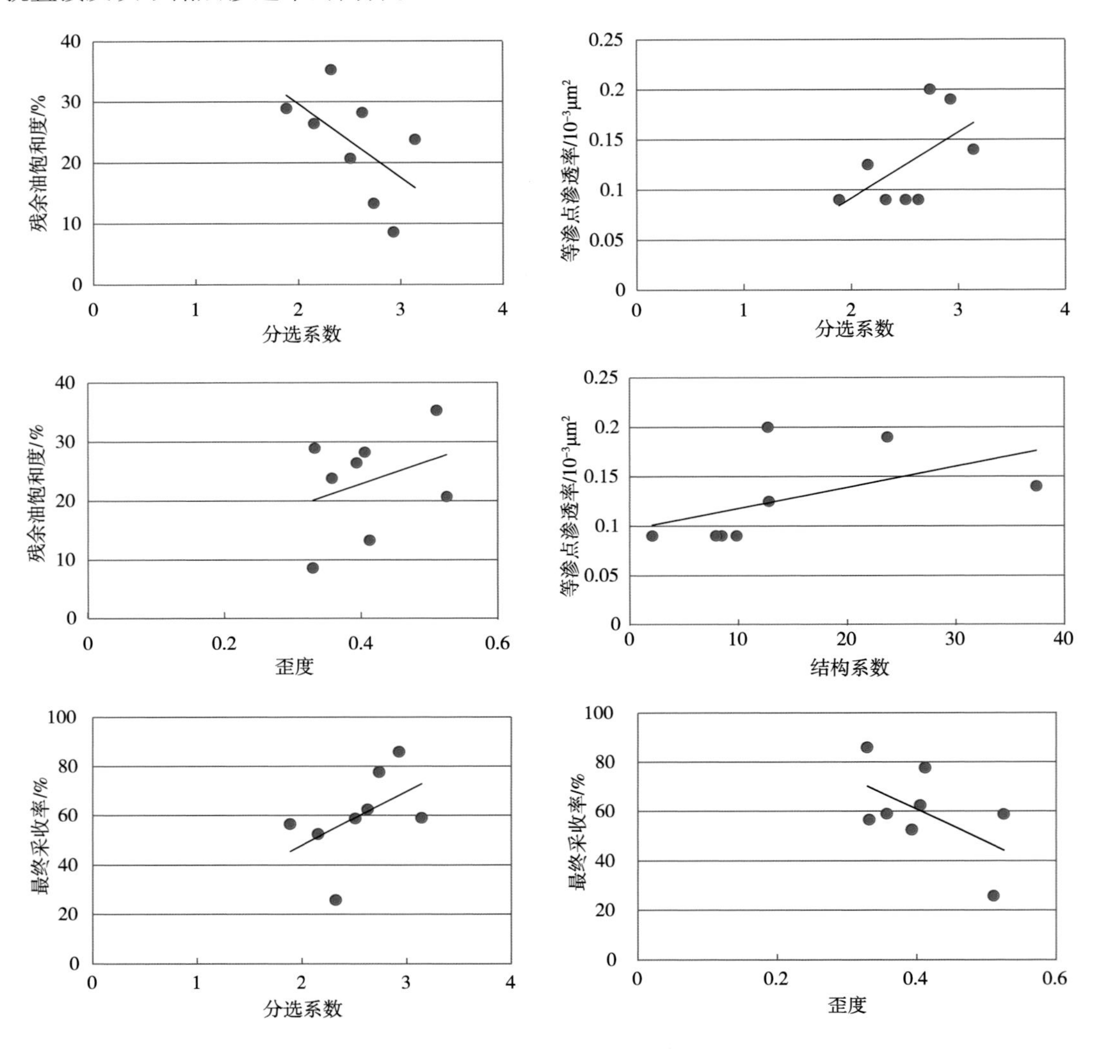

图 6-7　油水相渗与孔喉参数

3）不同储层孔隙结构类型的渗流特征

通过对储层的孔隙结构的分析，结合储层的岩石地质学特征，可以总结出，不同孔隙类型及成岩相的储层的渗流特征。储层成岩相研究显示，长石及浊沸石的溶蚀作用产生的次生孔隙溶蚀相，孔隙结构好，渗流能力强，而次生孔隙相对不发育，部分层段的残余粒间孔隙较大的区域，发育Ⅱ型孔隙结构。储层的渗流能力中等，而对于以残余粒间孔隙为主的绿泥石胶结溶蚀相及碳酸盐胶结相，孔隙结构较差，以Ⅲ型的孔隙结构为主，渗流能力较差，采收率也就较低。因此，对于长 6 段的致密砂岩储层，不同的孔隙结构及不同的溶蚀作用使其渗流能力存在明显的差异，势必对后期油田的开发产生重要的影响(表6-4)。

表6-4 不同类型成岩相与孔隙结构和渗流能力分布表

储层孔隙成岩相	孔隙类型	孔隙结构类型	渗流特征
浊沸石溶蚀相+粒间孔+绿泥石胶结相	溶蚀孔隙及残余粒间孔隙发育	Ⅰ类孔隙结构，孔喉半径大，细歪度	渗流特征较好，残余油饱和度低，油水相渗高，端点处渗透率高
长石溶蚀相+粒间孔+绿泥石胶结相	溶蚀孔隙及残余粒间孔隙发育	Ⅰ类孔隙结构，孔喉半径大，细歪度	渗流特征较好，残余油饱和度低，油水相渗高，端点处渗透率高，在$0.2\times10^{-3}\mu m^2$以上
石英颗粒次生加大+残余粒间孔隙+绿泥石胶结相	以粒间孔隙为主	Ⅱ类孔隙结构，孔喉半径发育中等，中歪度	渗流特征中等，残余油饱和度中等，端点处渗透率高，在$0.1\times10^{-3}\mu m^2$以上
残余粒间孔隙+绿泥石胶结相	以残余粒间孔隙为主	Ⅱ类孔隙结构，孔喉半径发育中等，中歪度	渗流特征差，残余油饱和度中等，端点处渗透率高，在$0.1\times10^{-3}\mu m^2$以下
碳酸盐胶结+绿泥石溶蚀相	以残余粒间孔隙为主	Ⅲ类孔隙结构，孔喉半径发育中等，中歪度	渗流特征差，残余油饱和度中等，端点处渗透率高，在$0.1\times10^{-3}\mu m^2$以下

6.2 储层层间与层内非均质性

储层非均质性是低渗油藏研究的重点和难点，在油藏开发过程中，采取注水、轮采以及选择合理的生产制度及压差、储层压裂改造等措施，均与储层的非均质性相关。储层非均质性的分类较多，目前主要集中在两个方面的研究，既宏观储层非均质性和微观储层非均质性。宏观非均质性主要包括平面上、层面上以及层内的非均质性，微观非均质性主要为储层孔隙结构、连通性等。吴胜和等(1999)提出采用储层非均质性的表征参数，比如储层密度、连通系数、均质系数、夹层厚度及频率、隔层厚度等来描述油藏的非均质性特征。储层非均质性是储层的岩性、物性和含油性的各向异性，研究储层的非均质性的目的是揭示砂体展布规律，以及连通程度在纵向和横向上的变化，为改善油田开发效果提供可靠的地质依据。

6.2.1 层间非均质特征描述

层间非均质性主要为砂体之间的储层岩石物理特征及分布的差异，包括层间渗透率以及隔夹层的分布等，受沉积相的控制较为明显。国内外油气勘探实践表明，层间非均质性控制着油气的充满度，并对油水界面以及油水特征均有重要影响。层间非均质性也是造成层间矛盾的根本因素，是注水油田开发中面临的最为突出的问题。

1)层间渗透率的非均质性特征

在评价层间非均质性时，往往引入渗透率岩石物理参数，主要运用渗透率变异系数、突进系数和渗透率级差三种参数(表6-5)。

表6-5 储层非均质性表征方法以及标准

评价参数		变异系数/V_k	突进系数/T_k	级差/J_k
计算公式		$V_k=\frac{\sqrt{\sum_{i=1}^{n}(k_i-\bar{k})^2/n}}{\bar{k}}$	$T_k=\frac{K_{max}}{\bar{k}}$	$J_k=\frac{K_{max}}{K_{min}}$
非均质程度	弱非均质性	<0.5	<2.0	<8
	中等非均质性	0.5~0.7	2.0~3.0	8~20
	强非均质性	>0.7	>3.0	>20

在储层非均质性评价标准中，变异系数、突进系数以及级差计算公式中参数的含义如下：

$\bar{k}$为渗透率平均值，$10^{-3}\mu m^2$；n为统计的砂层数；k_i为第i个砂层的渗透率值，$10^{-3}\mu m^2$；k_{max}为渗透率最大值，$10^{-3}\mu m^2$；k_{min}为渗透率最小值，$10^{-3}\mu m^2$。

利用上述计算方法，对在甘谷驿油田收集到的23口取心井，共计1552块岩心物性测试资料，进行层间非均质性计算和统计分析，计算和评价结果见表6-6。油层组统计情况表明，长6油层组各油层亚组的层间非均质性呈现出从下向上增强的趋势，从长6^4的均质，到长6^3的中等非均质性，再到长6^2和长6^1的强非均质性。根据评价结果，研究区目的层段单砂体砂层间的层间非均质性表现为有强有弱，尤其主采油层长6^1和长6^2，表现出较强的非均质性，此特征对生产和开发效果有明显的影响。

表6-6 长6段的层间渗透率非均质性参数统计表

油层组	油层亚组	渗透率/$10^{-3}\mu m^2$			变异系数/V_k	突进系数/T_k	级差/J_k	非均质程度	样品数
		K_{max}	K_{min}	K_{avg}					
长6	长6^1	14.960	0.013	0.703	1.62	21.28	1150.77	强	692
	长6^2	7.230	0.030	0.607	0.91	11.91	241.00	强	372
	长6^3	3.360	0.022	0.614	0.66	5.47	152.73	中等	244
	长6^4	0.840	0.042	0.586	0.40	1.43	20.00	均质	19

2)层间隔层

隔层是指单砂体之间起到分隔砂层、阻挡流体垂向流动作用的非渗透层，是非均质多油层油田划分层系以及实施分套开采面临的主要难题。隔层类型较多，多为砂层间发育较稳定的相对非渗透的泥岩、粉砂岩或膏岩层等，其厚度从几十厘米到几十米不等。成因类型也较为复杂，多是在河道、分流河道、砂坝发育过程中，由河道砂体侧向来回迁移而形成。厚度上分布较稳定，隔层上、下砂层相对独立，往往不属于同一个流动单元。隔层在各井区发育的情况不同，从而导致各井非均质性存在差异。

(1)隔层类型及特征。

甘谷驿油田长 6 段储层中隔层发育，主要以泥岩隔层为主，夹粉砂质泥岩、凝灰岩(长 6^4 顶部、底部；长 6^4 两个小层之间，以及长 6^{3-1} 顶部)等其他类型的隔层(图 6-8 ~ 图 6-10)。

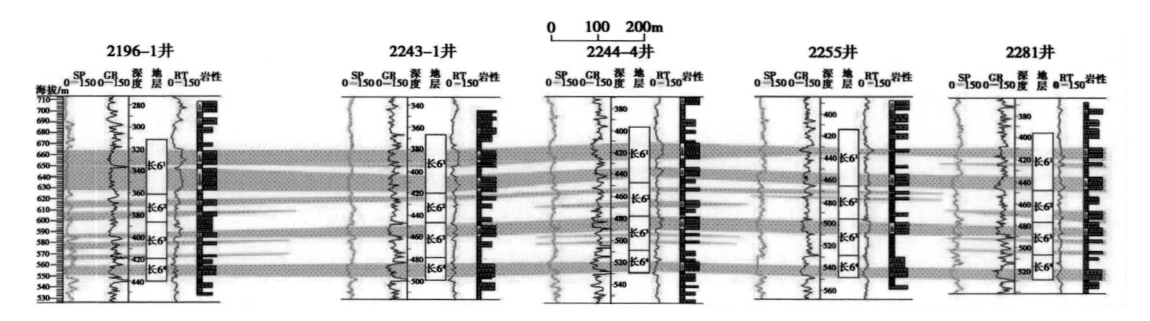

图 6-8　2196—1 井到 2281 井长 6 段隔层发育特征(黄色为砂层)

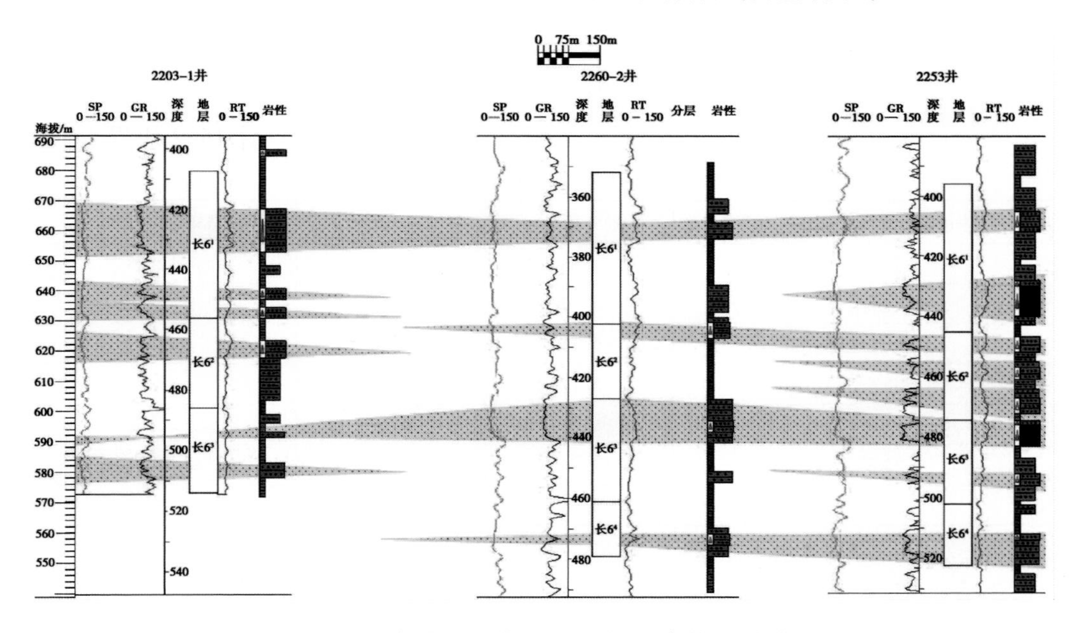

图 6-9　2203—1 井到 2253 井长 6 段隔层发育特征(黄色为砂层)

(2)隔层的垂向分布特征。

长 6 段储层隔层垂向上分布较广，各油层亚组之间及小层之间的隔层厚度见表 6-7 和表 6-8。长 6 油层组各亚组之间的隔层，以及油层亚组中各小层之间的隔层厚度平均在 2 ~2. 88m。结合砂体对比剖面来看，岳口区域的隔层总体上分布稳定，延伸广，厚度略有变化，说明在岳口区域内各级别隔层在垂向的分布均较稳定，对多油层同时开发的效果影响不是很大。

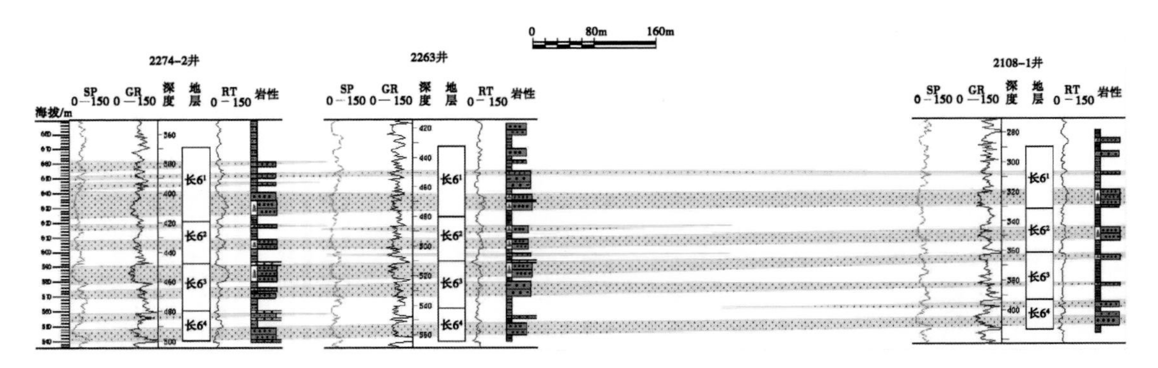

图 6-10 2274—2 井到 2108 - 1 井长 6 段隔层发育特征(黄色为砂层)

表 6-7 长 6 段亚组之间隔层厚度统计表

厚 度	最大值/m	最小值/m	平均值/m
长 6^{1} 与长 6^{2}	6.23	0.59	2.47
长 6^{2} 与长 6^{3}	4.47	0.58	2.01
长 6^{3} 与长 6^{4}	4.71	0.82	2.23
长 6^{4} 与长 7	6.24	0.82	2.86

表 6-8 小层之间隔层厚度统计表

厚度油层亚组、小层		最大值/m	最小值/m	平均值/m
长 6^{1}	长 6^{1-2} 与长 6^{1-1}	7.88	0.47	2.34
	长 6^{1-3} 与长 6^{1-2}	7.52	0.59	2.64
长 6^{2}	长 6^{2-2} 与长 6^{2-1}	6.11	0.82	2.39
	长 6^{2-3} 与长 6^{2-2}	5.17	0.71	2.29
长 6^{3}	长 6^{3-2} 与长 6^{3-1}	6.35	0.70	2.88
	长 6^{3-3} 与长 6^{3-2}	6.94	0.3	2.51
长 6^{4}	长 6^{4-2} 与长 6^{4-1}	4.94	0.82	2.00

6.2.2 层内非均质特征描述

层内非均质性是单砂体内的储层参数在垂向的变化，这些参数直接影响和控制单个砂体内的水淹程度以及波及系数等，是生产中引起层内矛盾的内在原因。

1)层内渗透率非均质性

层内的渗透率非均质性是指单个砂体内渗透率在垂向上的变化程度，主要采用渗透率的变异系数、突进系数和级差等指标来评价。计算公式和层间非均质性渗透率的非均质性公式相同，如式(6-1)~式(6-3)所示，但是输入参数的物理意义存在差别。

$$V_{k} = \frac{\sqrt{\sum_{i=1}^{n} (k_{i} - \bar{k})^{2} / n}}{\bar{k}} \tag{6-1}$$

$$T_k = \frac{K_{max}}{\bar{k}} \tag{6-2}$$

$$J_k = \frac{K_{max}}{K_{min}} \tag{6-3}$$

式中 $\bar{k}$——层内所有样品渗透率平均值，$10^{-3}\mu m^2$；

n——层内样品的个数；

k_i——层内某样品的渗透率值，$10^{-3}\mu m^2$；

k_{max}——层内最大渗透率 $10^{-3}\mu m^2$，一般以单砂体内渗透率最高的相对均质层段的渗透率值表示；

k_{min}——层内最小渗透率值，$10^{-3}\mu m^2$，一般以单砂体内渗透率最低的相对均质层段的渗透率值表示。

利用上述公式，分别计算了长6油层组11个小层的渗透率变异系数、突进系数和级差，以此来表征层内非均质程度(表6-9)。长6^4两个小层表现为不同的非均质性，长6^{4-1}非均质性明显强于长6^{4-2}；长6^3三个小层呈现均质－中等非均质性；长6^2三个小层呈现强－中等非均质性，从下向上表现为减弱趋势；长6^1三个小层非均质性均较强，特别是长6^{1-3}非均质性最强。长6油层组非均质性总趋势与各小层非均质性表现为不同的特点。

表6-9 层内渗透率非均质性参数统计表

油层组	油层亚组	小层	渗透率/$\times10^{-3}\mu m^2$			变异系数(V_k)	突进系数(T_k)	级差(J_k)	非均质程度	样品数
			K_{max}	K_{min}	K_{avg}					
长6	长6^1	长6^{1-1}	1.540	0.013	0.248	1.17	6.21	118.46	强	130
		长6^{1-2}	8.740	0.030	0.735	0.98	11.89	291.33	强	221
		长6^{1-3}	14.960	0.014	0.857	1.72	17.46	1068.57	强	341
	长6^2	长6^{2-1}	1.730	0.030	0.506	0.58	3.42	57.67	中等	150
		长6^{2-2}	2.265	0.060	0.483	0.73	4.69	37.75	强	112
		长6^{2-3}	7.230	0.110	0.870	0.96	8.31	65.73	强	110
	长6^3	长6^{3-1}	3.360	0.022	0.622	0.21	5.40	152.73	均质	94
		长6^{3-2}	1.710	0.027	0.615	0.62	2.78	63.33	中等	104
		长6^{3-3}	0.900	0.075	0.592	0.38	1.52	12.00	均质	46
	长6^4	长6^{4-1}	0.542	0.042	0.239	0.78	2.27	12.90	强	5
		长6^{4-2}	0.840	0.650	0.709	0.08	1.18	1.29	均质	14

2)层内渗透率韵律变化

通过对甘谷驿油田取心井的渗透率资料进行分析表明，长6油层组各小层单砂体内部渗透率的变化比较复杂，有正韵律型、反韵律型以及由正、反韵律共同叠加组成的复合韵律型三种类型，而以正律型最为普遍(图6-11)。

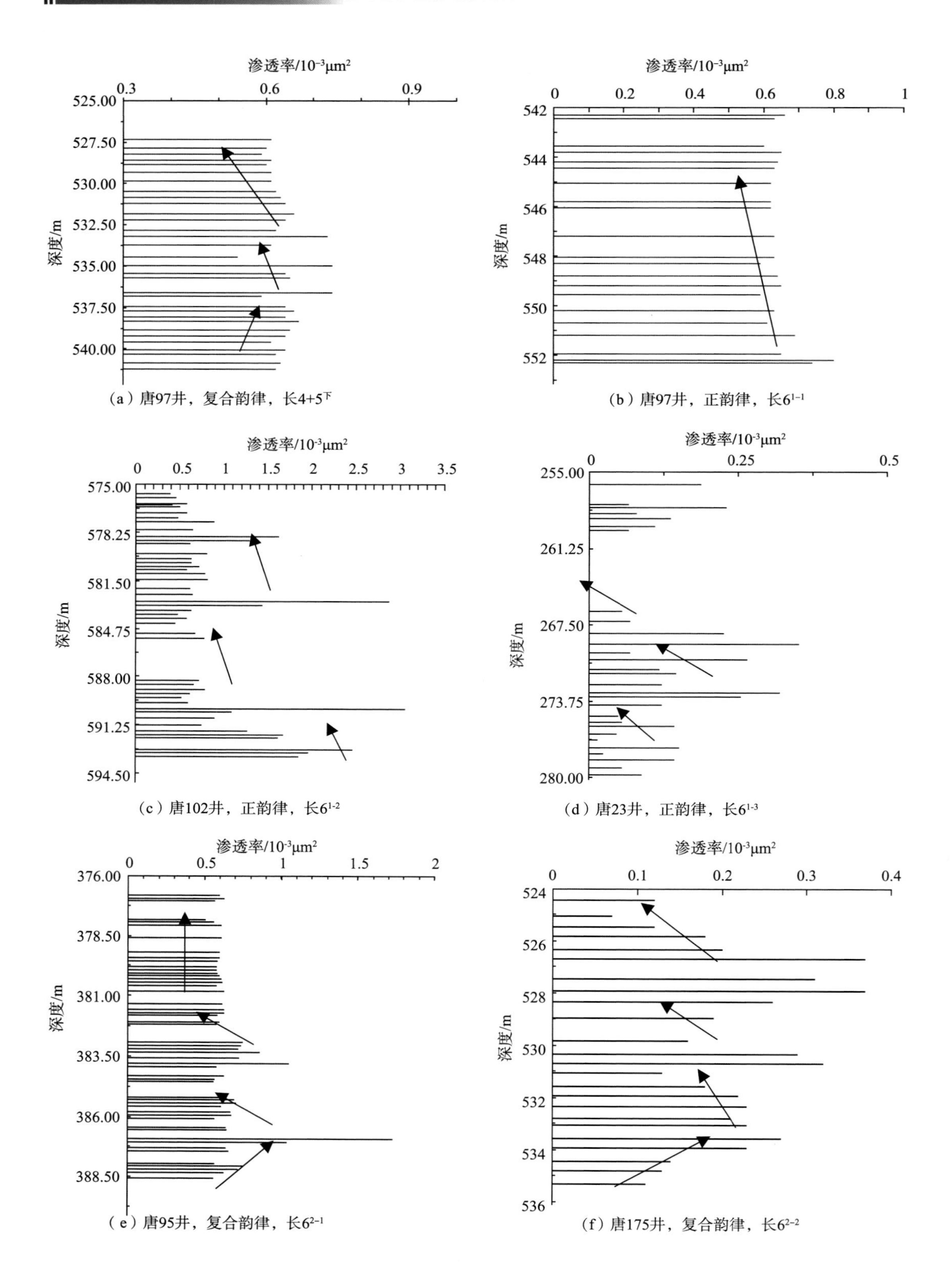

渗透率/10⁻³μm²
深度/m
(a) 唐97井，复合韵律，长4+5下
(b) 唐97井，正韵律，长6¹⁻¹
(c) 唐102井，正韵律，长6¹⁻²
(d) 唐23井，正韵律，长6¹⁻³
(e) 唐95井，复合韵律，长6²⁻¹
(f) 唐175井，复合韵律，长6²⁻²

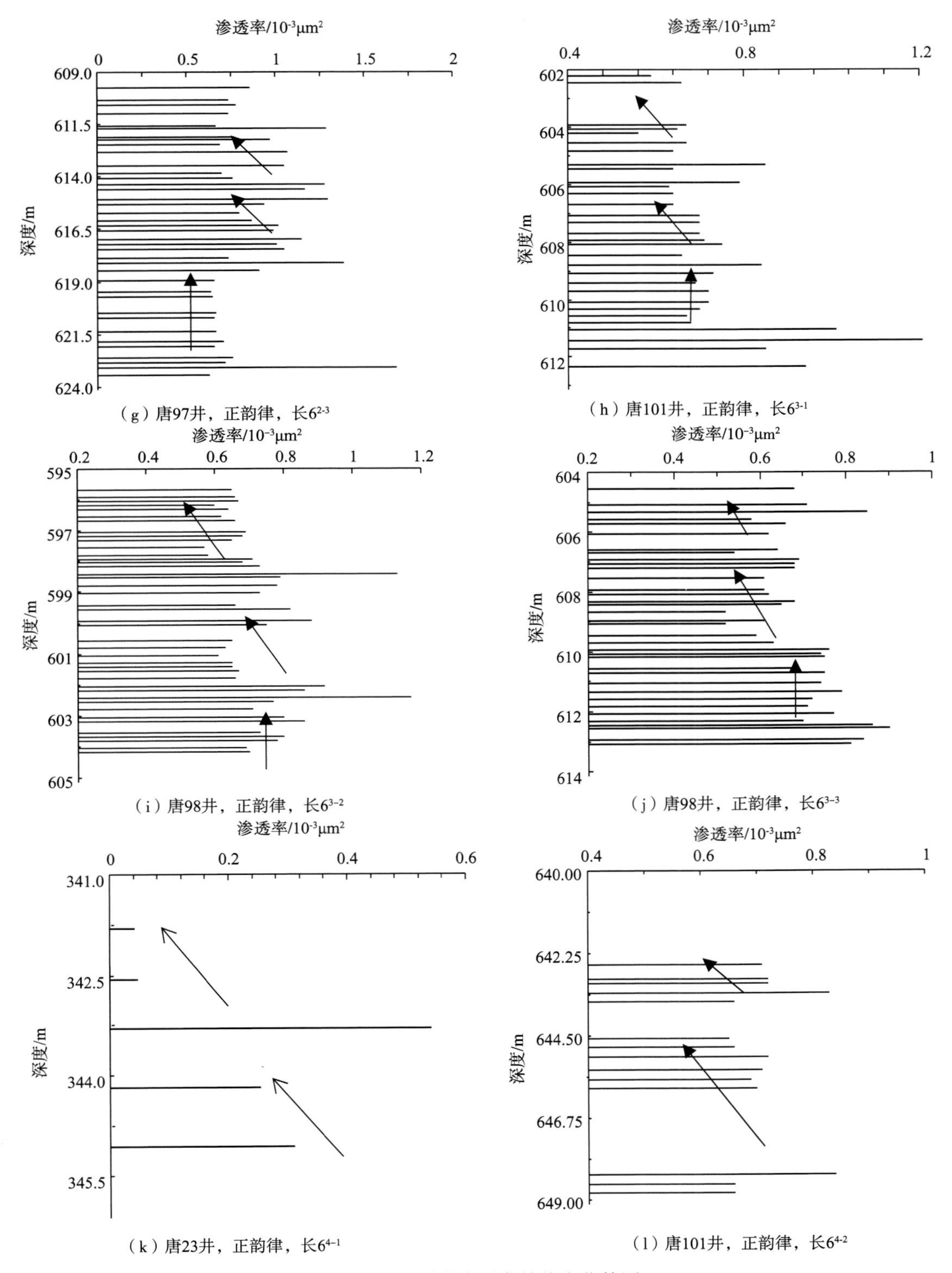

图 6－11　层内渗透率韵律变化简图

(1)正韵律型。

正韵律型表现为储层的高孔渗段位于储层的底部砂体，并向上渗透率开始降低，因此，正韵律型又可分为简单正韵律型和叠加式正韵律型两种。单一的正韵律型主要为一个正韵律，底部砂岩岩性较粗，向上逐渐变细。因此，还可细分为完全式正韵律和不完全式正韵律。完全的正韵律样式为颗粒粒度的渐变，为主要的正韵律的类型，不完全的正韵律主要为颗粒粒度的变化。叠加型正韵律是由多个正韵律叠加形成的，中间往往会有泥质隔层或者是物性隔层，层内冲刷明显，主要为分流河道沉积而成。

(2)反韵律型。

反韵律型表现为砂体的渗透率值向上为增加趋势，高孔高渗区域往往分布于砂体顶部，主要由河口砂坝及远砂坝等沉积作用形成。反韵律层多与正韵律组合形成复合韵律。

(3)复合韵律型。

复合韵律型具有砂体厚度大、韵律性复杂多变的特征，主要为次级韵律并未按照一定的顺序复合出现，或者有时单砂体在垂向上由高、低渗透层的正韵律或者反韵律交替形成。此类韵律成因较为复杂，多为各类叠加的分流河道多期砂体叠置而成，层间冲刷发育，新月型及透镜状泥质夹层及钙质结核较为多见。

3)层内夹层特征

层内的夹层对流体流动会产生阻挡作用，或者有时为极低的渗透层，对储层具有阻挡作用。因此，层内夹层对驱油过程影响较大，会直接影响储层的开发措施。国内外储层夹层成因以及测井响应分析表明，层内夹层主要为三大类，包括钙质夹层、泥质夹层、低渗透隔夹层。对甘谷驿油田长6段取心井单砂层内夹层进行统计分析认为，研究区层内夹层主要以泥质夹层为主，夹层分布不均匀，连续性差，另外，长6分流河道砂体内夹层频率相对较高，反映出非均质性较强的特征。

6.3 储层空间非均质性特征

平面非均质性是分析砂体空间展布特征、形态及砂体之间的连通性及储层分布等的非均质性。空间非均质性特征以甘谷驿油田岳口区域为例加以阐述，主要采用三维地质建模技术，以准确地反映出储层的三维地质特征。根据岳口区域分布范围和资料录取情况，本次三维地质建模工区目的层段多数井距为200m左右，为了保证一定的精度，考虑将平面网格间距定为(50×50)m；垂向上(Z轴方向)平均每层至少包含10个以上网格，可分辨出较薄的夹层，且可以控制有效储层的最小厚度，本次建模的模拟网格为206×288×130=7712640(图6-12)。

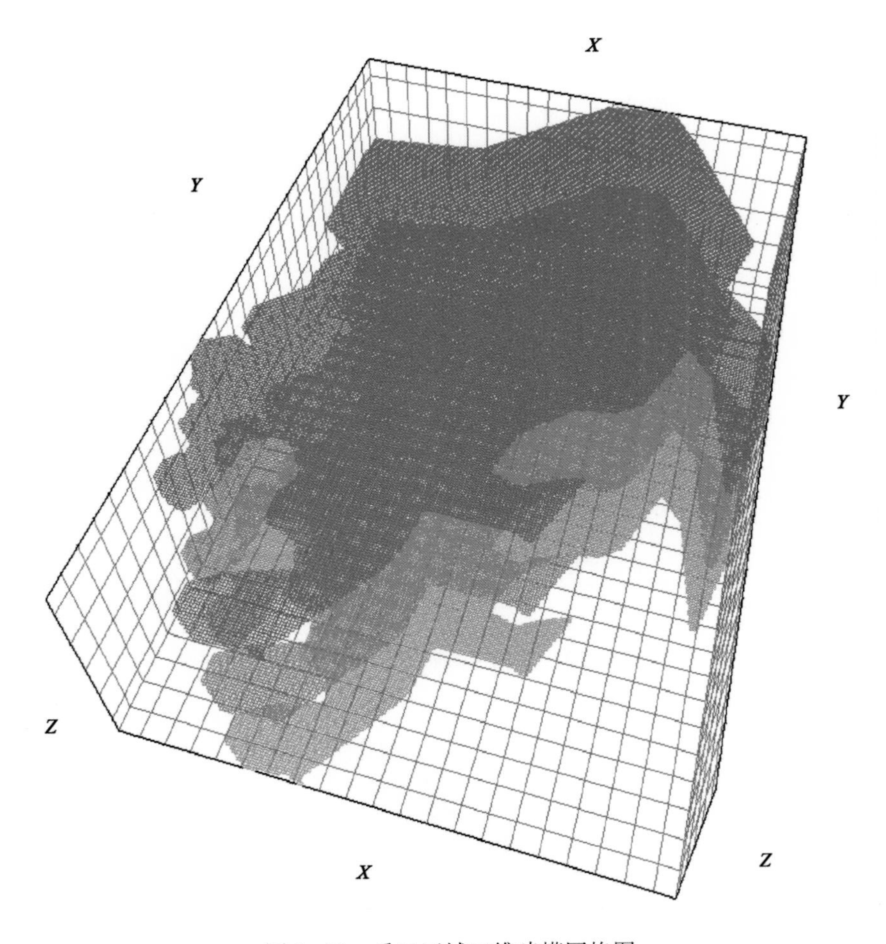

图 6-12 岳口区域三维建模网格图

6.3.1 三维构造建模

三维构造建模是对储层地质形态的三维可视化描述，依据长 6 段储层的小层划分结果，依据单砂体的的顶、底界面的构造图，通过对单砂体的框架建构，采用地层精细插值技术，实现各个小层的三维模型。在三维构造模型中，必须要使储层三维模型特征与实际井的分层相吻合，如果是三维插值存在一些奇点，就需要对三维网格采用三维可视化的网格编辑功能进行平滑编辑，因此，三维模型必须经过反复的校正才能符合地质特征。本书依据 PETREL 建模软件的构造模型模块建立岳口区域长 6 油层组油藏构造模型，共分为 10 个砂层组的储层三维构造模型(图 6-13)。从三维构造模型以及顶面构造图可以看出(图 6-14)，岳口区域长 6 油层组油藏整体上为在平缓的西倾单斜构造背景下，发育向西北向的缓倾斜构造以及差异压实作用形成的近东西向低缓鼻褶，构造幅度小于 10m，鼻状构造具有一定的继承性。

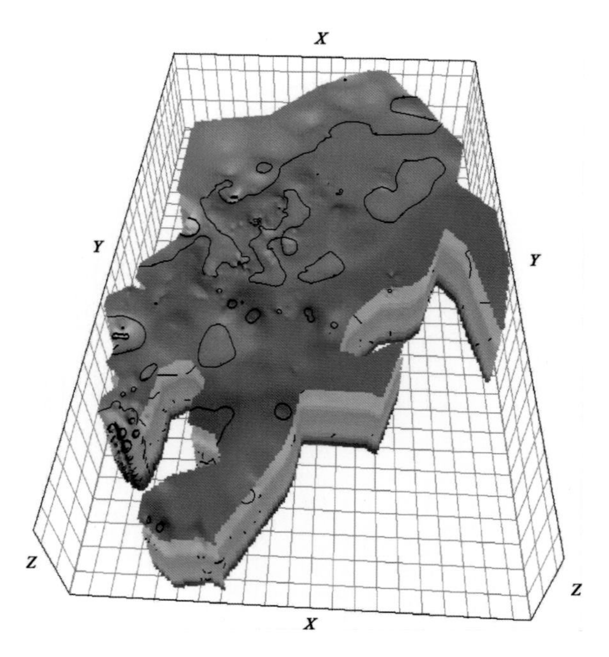

图 6-13　岳口区域长 6 段三维构造图

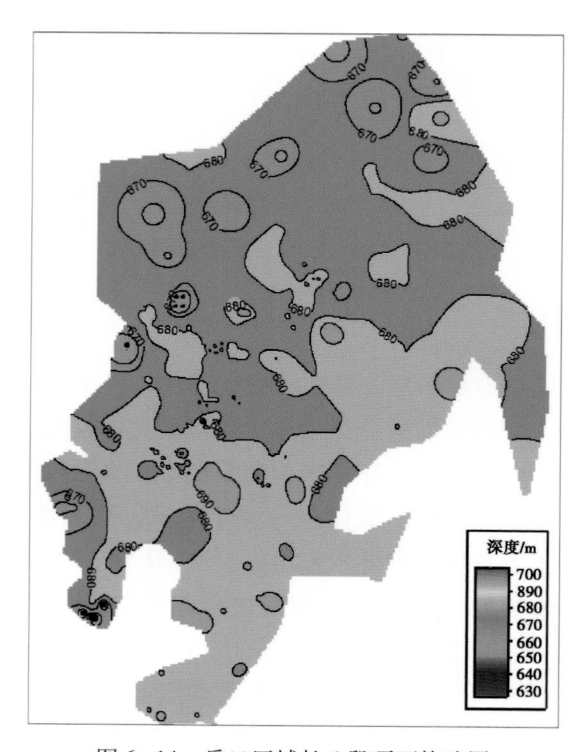

图 6-14　岳口区域长 6 段顶面构造图

6.3.2　储层三维相控建模

储层三维相控建模是在构造模型基础上，依据测井岩石物理相划分，并结合储层区域的沉积相特征，通过利用单井资料对三维网格赋值，实现井间的三维岩石物理属性的三维模型建立。目前，相控建模包括确定性建模和随机建模，对于甘谷驿油田开发程度较高的区域，应选用确定性建模技术，以更加符合实际的地质特征。针对长 6 段油藏地质认识程度和开发现状，选用沉积微相建模，采用确定性方法实现，甘谷驿油田岳口区域主要含油层系长 6^{1-2}、长 6^{1-3}、长 6^{2-2}以及 6^{3-1}沉积微相模型如图 6-15 ~ 图 6-19 所示，整体上河道砂体占主导地位，分布广泛，自下而上河道大体表现为一个稳定沉积的过程，储层发育良好。

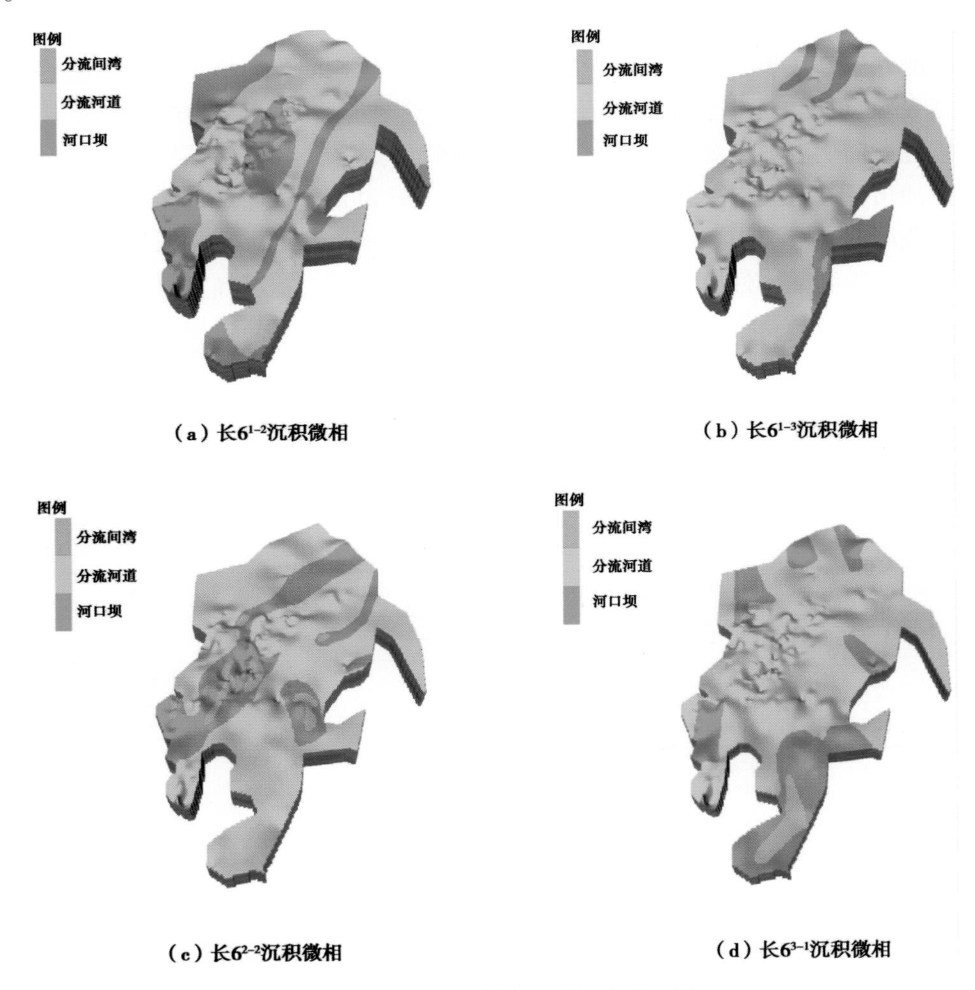

图 6-15　岳口区域长 6 段沉积微相图

6.3.3 储层流动单元建模

以取心井资料为基础，依据孔隙几何学原理，采用概率统计法进行流动单元类型的划分，应用工区内测井资料对岳口区域长6段流动单元分布特征进行研究，得到单井流动单元划分资料。在此基础上，以沉积微相模型作为约束采用序贯指示模拟的方法进行储层流动单元建模研究。具体做法是，首先通过数据分析，求得变差函数。然后按照随机模拟的思路，应用序贯指示模拟方法，并以沉积微相作为约束建立整个油藏的流动单元模型。

6.3.4 属性参数模拟

储层的属性参数直接反映储层的空间非均质性特征，也是油藏建模的核心所在，主要是依据测井解释成果，建立表征储层属性参数的三维空间分布模型，常用的储层属性参数包括孔隙度、渗透率、泥质以及砂质含量、含油饱和度等。通过三维测井属性建模，可以建立储层参数三维空间展布模型，能够更为直观地观察储层空间的属性特征，为后期的油田开发方案以及井网的部署提供依据。针对长6段储层空间非均质性研究的需要，综合测井解释成果，利用三维建模的统计学技术，基于沉积相及层序划分，实现了研究区的三维测井属性模型。在建模方法上，根据储层参数差异，分别以相控和第二属性参数协同模拟为条件，采用变差函数分析结果，应用序贯高斯模拟的方法进行随机模拟(表6-10)。

表6-10 岳口区域长6油层组部分储层参数变差函数分析表

类 型	单砂体	主方向/(°)	次方向/(°)	主变程/m	次变程/m	垂向变程/m	数学模型
孔隙度	长6^{1-2}	45	315	712	280	8.2	球型模型
	长6^{1-3}	45	315	745	295	7.5	球型模型
	长6^{2-2}	45	315	791	335	6.3	球型模型
	长6^{3-1}	45	315	840	334	5.2	球型模型
渗透率	长6^{1-2}	45	315	712	189	5.2	球型模型
	长6^{1-3}	45	315	745	195	5.5	球型模型
	长6^{2-2}	45	315	963	378	5.5	球型模型
	长6^{3-1}	45	315	540	234	5.2	球型模型
饱和度	长6^{1-2}	45	315	712	280	8.2	球型模型
	长6^{1-3}	45	315	745	295	7.5	球型模型
	长6^{2-2}	45	315	691	335	6.3	球型模型
	长6^{3-1}	45	315	626	269	9.2	球型模型

1)储层物性参数及饱和度模拟

储层孔隙度分布与泥质含量呈现负相关特征，因此，孔隙度参数模拟可采用泥质含量模型为第二变量，并采用确定性的序贯高斯模拟的方法进行。一般情况下，渗透率与孔隙度相关性较好，但渗透率在空间上敏感性增强，因此在渗透率模拟时采用孔隙度约束，对数变换的办法，效果较好。

2)孔隙度、渗透率、饱和度参数分布规律

在地质统计分析基础上，通过随机模拟得到储层孔隙度、渗透率、含油饱和度等参数场的空间分布模型(图 6-16 ~ 图 6-18)。沿层水平方向切剖面和栅状图分析表明，长 6 段储层底部的洪积扇沉积相的储层物性参数较好，而上部湖相受泥质含量的影响，孔隙度和渗透率略差，因此，储层物性受沉积相控制明显，储层孔隙度与渗透率特征分布与测井解释结果误差较小。另外，饱和度与孔隙度有较好的正相关关系，因此，模拟时以测井解释的饱和度为输入参数，以孔隙度模型为第二协同变量，应用序贯高斯模拟方法最终得到分布合理的饱和度模型。

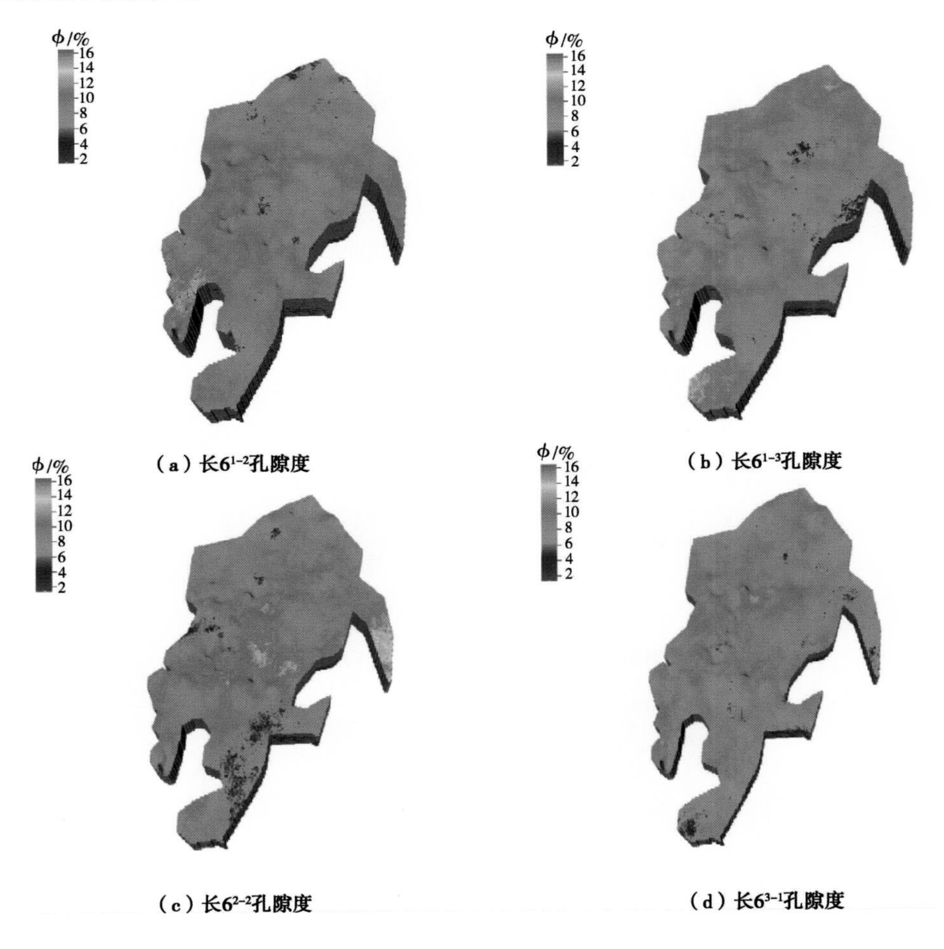

图 6-16 长 6 段孔隙度属性特征图

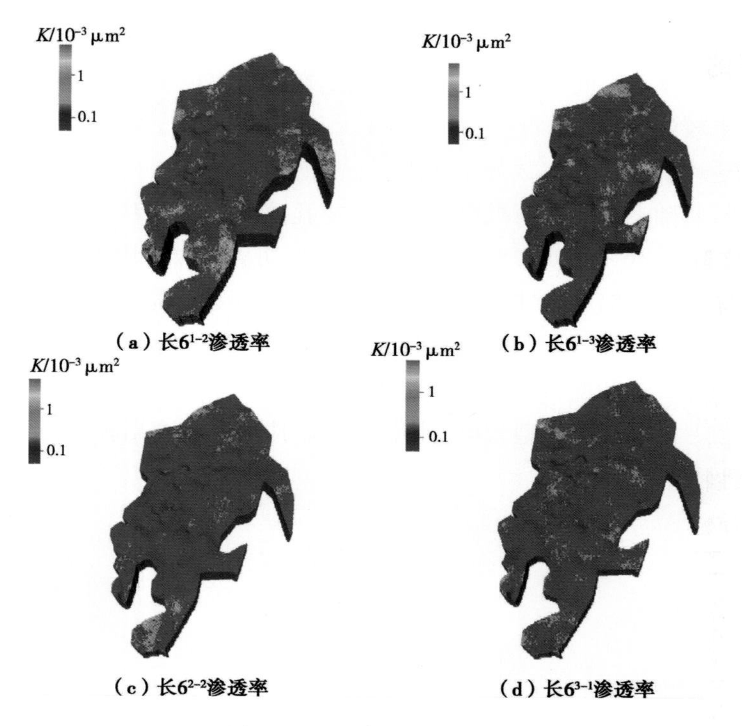

图 6-17　长 6 段渗透率属性特征图

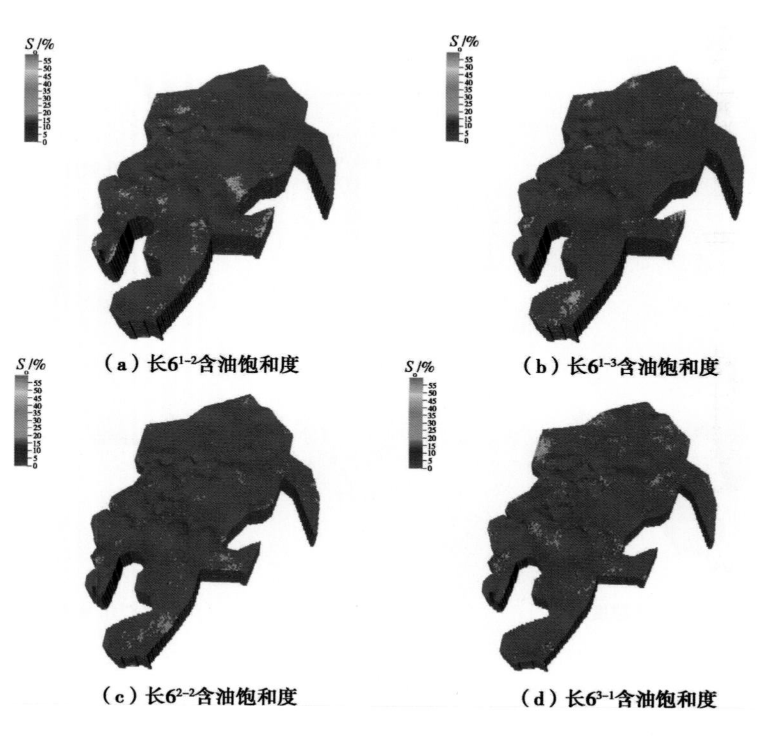

图 6-18　长 6 段含油饱和度属性特征图

6.3.5 模型的检验与储量拟合

储层的三维模型特征必须能够反映真实的地质特征，单井以及空间地层信息能够充分结合起来，因此，三维模型必须要经过实际的检验，岳口区域的长 6 段储层建模结果显示，储层的砂体分布范围和沉积特征基本覆盖了本研究区域，并且从单井的建模所统计属性参数的直方图与实际的分析化验所得到的孔隙度、渗透率、含油饱和度分析直方图对比中可知，三维模型与实际井资料的分析差异较小，能够反映储层的真实特征，验证了模型的可靠性(图 6-19)。

综合三维地质建模结果，再结合储层计算的厚度变异系数、储层钻遇率、连通性指数、有效厚度系数、分布系数以及平面上的渗透率变异系数、突进系数、级差来表征各个小层的空间非均质性特征，总体上分析认为，储层的孔隙度在空间上非均质性较弱，而渗透率在空间上非均质性较强(表 6-11)。

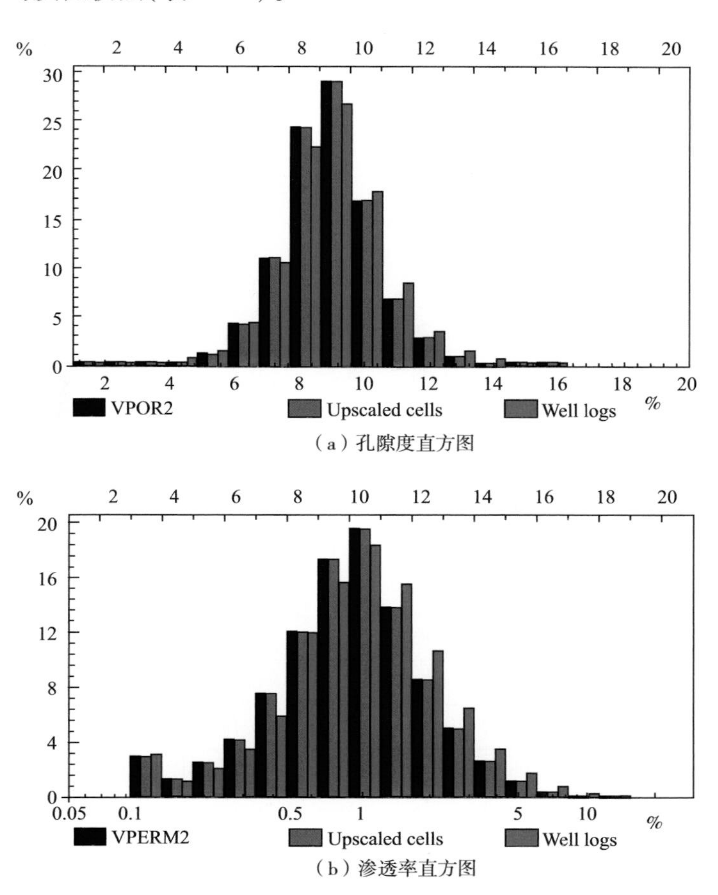

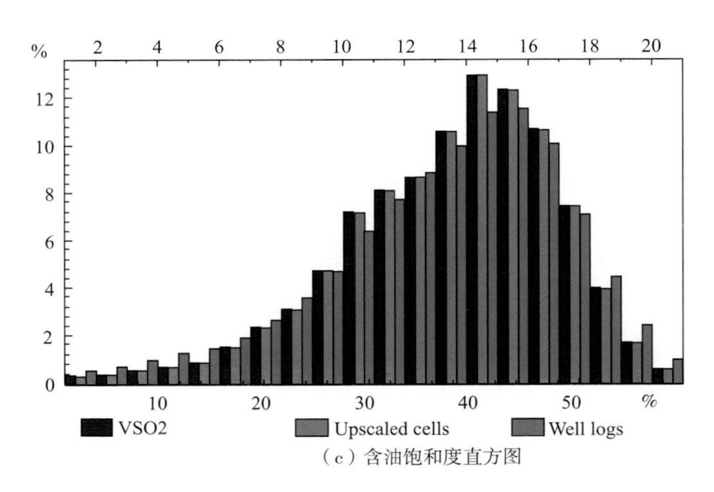

（c）含油饱和度直方图

图 6-19　测井统计与模型模拟参数对比直方图

表 6-11　甘谷驿油田平面非均质性参数表

砂　层	渗透率平面非均质性			孔隙度平面非均质性			厚度变异系数	分布系数	连通系数	砂层钻遇率
	突进系数	级差	变异系数	突进系数	级差	变异系数				
长 6^3 上 1	6.20	219.60	0.45	1.18	1.74	0.23	0.45	3.28	0.49	43.72
长 6^3 上 2	6.80	188.84	0.47	1.31	1.70	0.21	0.44	5.46	0.43	50.82
长 6^3 中 1	6.67	239.86	0.56	1.36	2.53	0.21	0.39	8.20	0.68	43.17
长 6^3 中 2	6.57	298.23	0.50	1.69	3.08	0.26	0.47	17.49	0.44	73.22
长 6^3 下 1	7.67	128.59	0.57	1.26	4.25	0.23	0.57	74.32	0.69	95.08
长 6^3 下 2	7.56	199.83	0.60	1.44	3.71	0.24	0.66	91.26	0.66	97.81
长 6^2 上	7.54	160.50	0.46	1.34	3.37	0.24	0.26	42.08	0.56	68.85
长 6^3 中 1	7.50	189.45	0.44	1.24	2.03	0.23	0.16	21.31	0.36	49.18
长 6^3 中 2	7.61	155.73	0.47	1.15	3.68	0.13	0.16	32.79	0.26	59.56
长 6^3 下 1	7.70	118.74	0.53	1.05	3.66	0.15	0.56	76.50	0.87	97.27
长 6^3 下 2	7.50	164.31	0.56	1.95	3.48	0.13	0.47	50.82	0.87	85.79
长 6^3 上 1	4.71	100.81	0.34	1.86	2.30	0.11	0.38	73.22	0.77	90.71
长 6^3 上 2	4.67	123.17	0.31	1.76	2.11	0.20	0.49	44.81	0.68	66.12
长 6^3 中 1	4.23	110.29	0.29	1.66	2.93	0.18	0.40	15.30	0.48	56.28
长 6^3 中 2	4.54	102.25	0.31	1.56	2.75	0.17	0.21	25.68	0.58	78.14
长 6^3 下 1	5.21	133.94	0.29	1.47	2.57	0.14	0.22	10.38	0.29	46.99
长 6^3 下 2	5.23	219.00	0.39	1.37	2.38	0.12	0.23	13.11	0.29	47.54

第7章 低渗透储层开发参数优化

7.1 低渗透储层开发方式优选

鄂尔多斯盆地储层孔隙度与渗透率均较低，并且岩性致密，物性复杂，孔隙度、渗透率、含油饱和度在不同砂带的不同部位变化较大，黏土矿物等胶结物的成分和含量变化也较大，致使储层具有较强的非均质性，加上储层喉道半径小，孔喉比大、敏感性效应突出等特征，储层开发过程中暴露出几大问题，严重制约了其生产潜力的发挥。虽然目前有许多创新性开发方式，如井网调整、超前注水、注气及空气泡沫等。但一般认为低渗透油田属于经济“边际”油田，降低开发成本是开发低渗储层的关键，这限制了部分尖端技术的应用。以甘谷驿油田为例，井网布局和地面建设已基本成型，在保证低成本原则的前提下，如何利用好现有井网，将开发方式“用好、用活”，是改善开发效果的关键，因此有必要结合地质研究成果，对低渗透储层的开发参数进行优化研究。

7.1.1 低渗透油田开发特征

(1)储层自然产能较低。储层的低压和特低渗条件，使得单井自然产能极低，一般完井后单井没有自然产量。即使使用低伤害钻井液，采用泡沫负压钻井，经测试油井初始产量也只有0.4~0.6t/d，因此一般油井都需要经过压裂改造才能获得工业油气流。

(2)天然能量开发阶段采收率低。长6段储层压力系数为0.7~0.8，地饱压差仅有3~4MPa，是低压未饱和岩性油藏，由于储层缺乏天然能量的补充，当依靠天然能量开发时，以弹性溶解气驱方式为主，油层供液能力不足，脱气严重，油井产能低且递减严重。如甘谷驿油田部分井区地层压力由8.5MPa降至5.9MPa，采出程度仅为0.82%，采出1%地质储量的原油地层压力下降3.88MPa，年递减率大于30%。经计算，长6油层弹性采收率仅为0.8%~2%，采用经验公式法、物质平衡法、岩心压降实验法、数值模拟等多种方式测算，溶解气驱采收率一般为10%，其经济采收率仅为7%左右，需要进行注水开发等以提高开发效益。

(3)储层中天然微裂缝发育。储层中存在大量的天然微裂缝，在地层条件下呈闭合状态，但油层经压裂改造、注水开发后，局部井区注水压力超过裂缝开启压力，易沿砂体轴向形成裂缝水窜，造成平面矛盾及纵向上注采剖面的不均衡。裂缝线上的采油井表现为见效快、见水快，极易暴性水淹；裂缝侧向的油井见效缓慢，甚至长期不见效，水驱动用程度极差，加剧了注水开发的平面矛盾。开发的主要技术措施之一是裂缝不要开启，尽可能地使孔隙发挥渗流作用。实际上，这种微裂缝在某种程度上起到了沟通油流通道的作用。

(4)启动压差及驱替压力梯度大。长6段油层室内实验、矿场测试资料均表明，油层启动压差为0.5~4MPa。油层物性差，导致渗流阻力大，驱替压力梯度大。根据现场生产动态及测压资料计算，即使在天然微裂缝不发育、非均质性不强的井区，启动压力梯度也较大；对于储层物性更差、天然微裂缝发育的井区，侧向启动压力梯度可达2~3MPa/100m。这充分说明了非达西渗流的特征。

(5)见水后采液，采油指数下降。由于特低渗透油层中性-弱亲水的润湿性，加之水驱过程中局部地区出现水敏、水锁、速敏以及注水滞后等问题，地层压力下降，使油层产生渗透率下降的不可逆转性，因而油水相对渗透率缓慢上升，水的相对渗透率最大不到0.6，最终导致了随含水上升，采液、采油指数下降的结果。采液、采油指数的下降，增大了油田中后期提液、稳产的难度。

7.1.2 低渗透油田成熟开发方式

1. 合理井网设计

建立高效的驱动体系和较大的压力梯度是油田开发最重要的工作之一。对于低渗透油田，应该在经济条件允许的基础上，加大井网密度，缩小井距。这样可以使得低渗透油田在以较快速度开采的同时提高采油效率。目前，在低渗透油藏井网设计方面，已经具有较为完备的体系，但是针对具体油藏的井网调整的研究还很缺乏。

2. 超前注水

超前注水能够有效地维持地层压力，触决低渗透油藏能量不足的情况。在油田投产初期及时注水，使生产井始终保持较高的驱替能量。对于裂缝发育不足的低渗储层，可以适当地提高注采比来保持地层压力；对于弹性能量较大的储层，可以先利用天然能量衰竭开发一段时间后再注水，这样既节约了成本，又有利于地面注水工程的建设。

3. 注气开发

20世纪初，美国首先开始注气开采技术的室内研究。近一个世纪以来，注气开采技术广泛应用于油田开发中，并且取得了较好的开发效果。具体来讲，注气开发又可分为注二氧化碳、注轻烃气体、注空气或氮气等方式。研究结果表明，二氧化碳驱采收率最高，其次为天然气驱，氮气(空气)驱效果最差。随着注气压力的升高，注入能力增强，原油物性得到很好地改善，从而增加了地层原油采出程度。

4. 水气交替

由于气驱在非均质严重的储层中容易发生气窜，使得开发效果不理想。因此，水、气交替或气、水混合驱替方式成为研究的热点之一，空气泡沫驱就属于其中的典型代表。空气泡沫驱油结合了气驱和泡沫驱两方面的优势，起泡剂本身作为一种表面活性剂能降低注入溶剂及原油的界面张力，降低原油黏度，提高流度和洗油效率，从而提高驱替效率和单井产油量。泡沫的调剖、封堵作用又提高了注入流体的波及体积，从而提高驱替效率，并且还克服了单纯空气驱气窜的缺点。

7.1.3 甘谷驿油田低成本开发之路及面临的问题

低渗透油田在几十年前是被认为没有开发价值的边际油田，所以降低开发成本是开发低渗透油田的关键。因此，虽然有很多成熟的提高采收率技术，但必须从成本角度考虑不同开发方式产生的经济效益。

井网调整开发方式投入大，对地面建设工程要求高，并且对低渗储层难以产生持续作用，且甘谷驿油田大部分区块井网已相对完善，所以井网调整不宜作为主要的提高采收率方式。甘谷驿油田油藏埋深浅，地层能量小，衰竭开发地层能量递减快，在目前井网形式下选择注水开发，不仅能保持地层能量，还能较大幅度地提高采收率。甘谷驿油田在注水开发过程中一般经历产量增产、产量递减以及含水快速上升阶段。增产阶段主要是通过加大注水和加密井网，完善油水井注采关系，提高水驱控制程度，实现产量上升，该阶段含水呈波动变化，主要微裂缝较发育，水线推进速度快，含水稳定时间短，注水井投注一段时间后含水上升，随着新井投产含水下降。在产量缓慢递减阶段，为了提高注水利用率，该阶段个别井因水淹而关井，产液量、产油量呈下降趋势，含水平稳。含水快速上升阶段，年上升速度为十几个百分点。

为了进一步探索提高采收率方法，控制产量递减，结合国内外同类油田类似的开发方式，选择了空气泡沫驱作为水驱后的接替开发方式。2007 年 9 月，唐 80 井区开展了 2 个井组的空气泡沫驱油实验。在注空气泡沫初期，采出端表现为产液量上升，产油量上升，含水上升。这是由于空气泡沫初期进入高渗透、高含水层，并对高渗透、高含水层起着封堵、调剖的作用。随着空气泡沫段塞的注入，产液量下降，产油量上升，含水下降，此时由于高含水层封堵，空气泡沫段塞开始进入低渗透层，扩大波及体积，采出端进入受效高峰期。注空气泡沫结束后含水仍处于较低水平，说明空气泡沫对高含水层有较好的封堵作用。但由于注入量降低，采出端供液不足，产量递减较快。唐 80 井区空气 - 泡沫驱尽管取得了明显的效果，但也暴露出一些潜在的问题：当前的空气 - 泡沫驱注采参数(注入周期、注入量、段塞设计、生产压差等)多基于室内实验结果及矿场实践经验，考虑到室内条件和矿场环境的差异性，需要对室内实验结果进行改造，同时由矿场经验确定的注采参数很难复制应用到另一个油藏，因此急需对注采参数进行合理科学地优化。

实践证明，注水和注空气泡沫对甘谷驿油田都是可行且有效的，为了提高效益，需要结合矿场实际对注采参数进行优化。因此，以唐 114 井区为例，分析注水开发特征，研究影响注水开发效果的因素，改善注水开发效果的配注方案；以唐 80 井区为例，评价空气-泡沫驱生产动态，揭示空气-泡沫驱的驱油机理，利用数值模拟手段优化开发参数。争取实现甘谷驿油田的高效、持续性开发。

7.2 注水开发区块(唐114井区)

唐114井区位于甘谷驿油田西北部(图7-1)。唐114井区于2006年3月开始试采，在工区模拟范围内的有效开发井为533口，其中油井380口，水井为153口，该区开发井井位分布如图7-2所示。

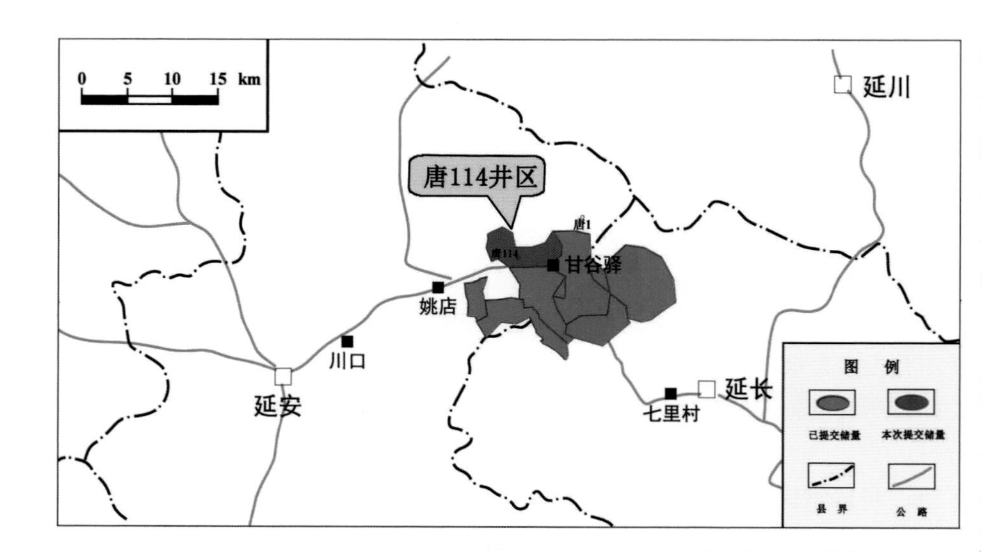

图7-1 唐114井区位置示意图

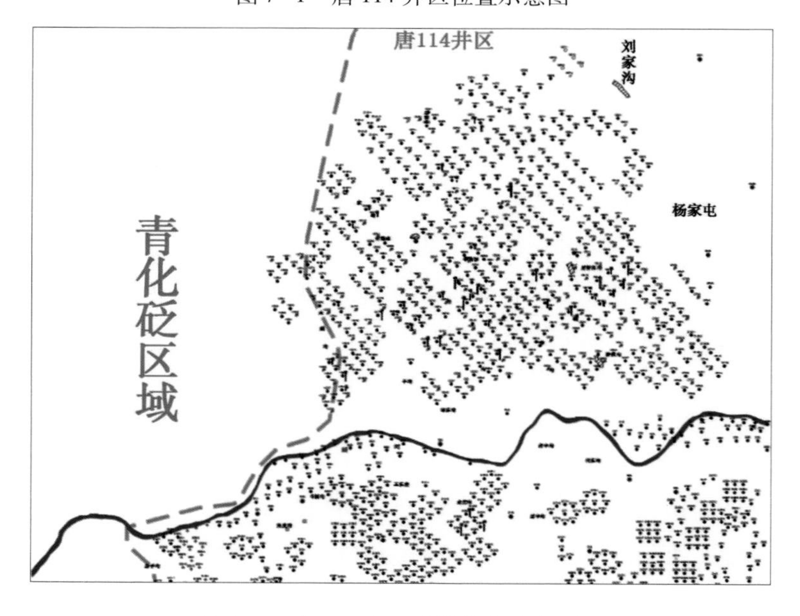

图7-2 唐114井区开发井井位分布图

7.2.1　注水开发特征分析

2006～2012 年，唐 114 井区油井和注水井井数不断增加，井网密度和注采井数比明显增大，形成了反九点矩形开采井网，井距为 195m，排距为 95m。

截至 2012 年 6 月，研究工区内油井开井数 372 口，注水井开井数 124 口，注采井数比约为 1∶3，井网密度达到每平方千米 34 口。由于部分水井吸水能力差或注入水发生水窜等，导致含水上升过快，目前多数油井含水率达到 60% 左右。

1）存水率分析

地下存水率是指地下存水量与累计注入量之比，是衡量注入水利用率的指标，存水率越高，注入水的利用率越高，其计算公式为：

$$C_p = \frac{W_i - W_p}{W_i} = 1 - \frac{W_p}{W_i} \tag{7-1}$$

式中　C_p——存水率，小数；

W_i——累计注水量，$10^4 m^3$；

W_p——累计产水量，$10^4 m^3$。

根据注采比和含水率定义可进一步推出综合阶段存水率与含水率的关系，理论计算公式如下：

$$C_p = 1 - \frac{1}{Z(1 + \frac{B_o}{\rho_o}\frac{1 - f_w}{f_w})} \tag{7-2}$$

式中　B_o——原油体积系数，m^3/m^3；

ρ_o——地面原油密度，g/cm^3；

Z——阶段注采比，无因次；

f_w——综合含水率，%。

根据理论公式可计算出唐 114 井区含水率与存水率理论关系图版，如图 7-3 所示。

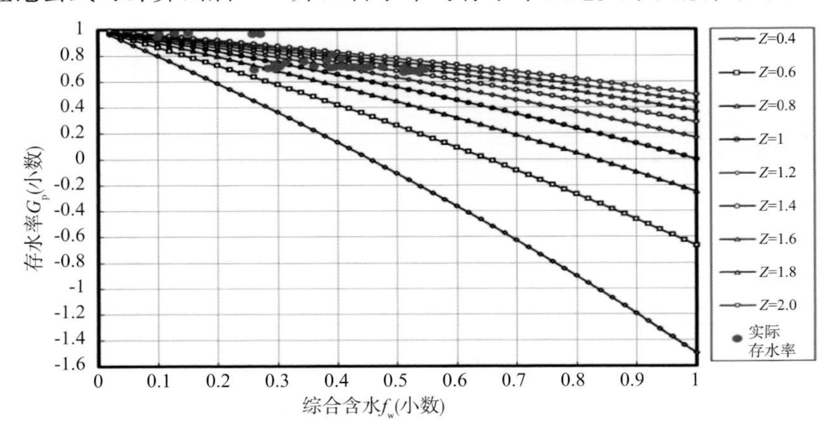

图 7-3　唐 114 井区存水率和含水率实际变化与理论对比

将唐114井区实际的存水率和相应的含水率置入存水率理论图版进行对比分析，该区初期进行超前注水，处于试采阶段，井网未完善，存水率较高，达2.0以上，属于超强注水阶段；随井区进行整体开发，井网加密调整，注水量不断增大，产液量也在增加，存水率下降幅度大，即“注入水”存留在地层中的比率减小幅度大。从目前来看，注采比在1.4～1.6曲线间波动，还处于强注阶段。目前，存水率偏低(存水率为0.67)，开发效果较差。

2)水驱指数分析

水驱指数是存入地下水量与采出地下原油体积之比，即阶段水驱指数=(阶段累计注水量+阶段累计水侵量－阶段累计产水量)/阶段累计采出地下原油体积。它是衡量驱油效果的指标，即每采出地下1t原油消耗的水量。阶段水驱指数的理论计算公式为：

$$E_{wi}=\frac{\Delta Q_i-\Delta Q_w}{B_o\Delta Q_o/\rho_o}=\frac{Z(\Delta Q_w+B_o\Delta Q_o/\rho_o)-\Delta Q_w}{B_o\Delta Q_o/\rho_o}=(Z-1)\left(\frac{\rho_o}{B_o}\frac{f_w}{1-f_w}\right)+Z \tag{7-3}$$

式中 Z——注采比；

ΔQ_i——阶段累计注水量，m^3；

ΔQ_w——阶段累计产水量，m^3；

ΔQ_o——阶段累计产油量，t；

ρ_o——原油地面密度，t/m^3；

B_o——原油体积系数，m^3/m^3；

E_{wi}——水驱指数。

根据理论公式可计算唐114井区含水率与水驱指数理论关系图版，如图7-4所示。由图分析，理论上对应同一个注采比，水驱指数随着含水率的变化有不同规律，当注采比$Z=1.0$时，水驱指数为1.0，与含水率变化无关；当注采比$Z>1.0$时，水驱指数随着含水率增加而增大；当注采比$Z<1.0$时，水驱指数随着含水率增加而减小。

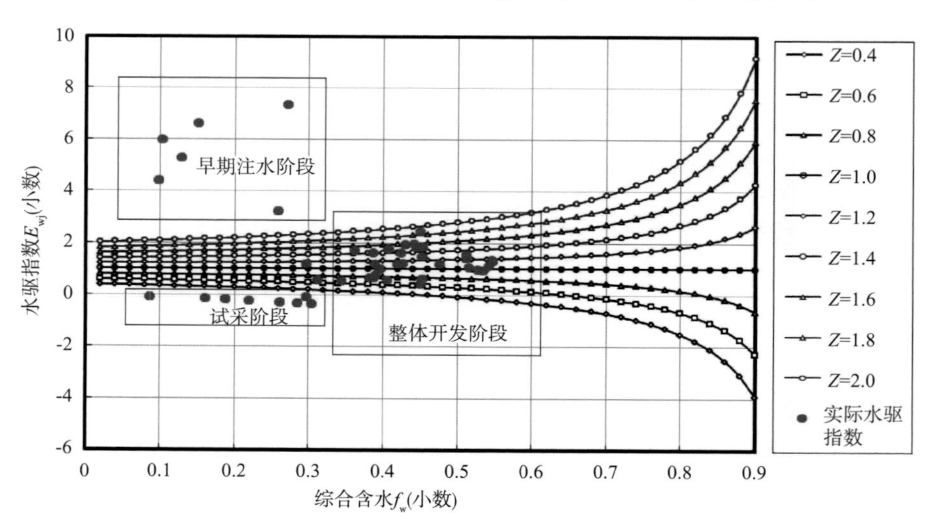

图7-4 唐114井区水驱指数和含水率实际变化与理论对比示意图

从图7-4可以看出，试采阶段水驱指数小于0，含水率较低，期间主要依靠地层能量进行开采，早期注水阶段水驱指数较高，地层能量充足。随着井网加密，水驱指数降低幅度大，水驱指数在1.2～1.4范围内波动，说明无边水、底水油藏的产液量只靠消耗注水能量及消耗油藏自身弹性能量开采的特点。

3)采出程度比

低渗透油田的采出程度R不但与油藏的水驱开发效果和地质条件有关，还与油藏的开发阶段有关。为了能够更好地反映这一特征，可以用式(7-4)分析计算：

$$R_{\mathrm{T}} = \frac{R_{\mathrm{t}}}{R_{\mathrm{gt}}} \tag{7-4}$$

式中，R_{t}为目前油藏含水率条件下的实际采出程度；R_{gt}为“由油藏地质特征参数评价得出的油藏最终采出程度”确定的，在含水率与采出程度关系曲线上，对应于目前油藏含水率条件下的理论采出程度。

理论上，目前油藏一般采出程度比$R_{\mathrm{T}}<1\%$，但由于多种原因使得油藏经过大的技术调整以及稳油控水的效果很好，可能会导致目前采出程度比$R_{\mathrm{T}}>100\%$。R_{T}值越高，说明目前开发现状以及最终开发效果越好。采出程度比的评价标准可以参考早期研究结果见表7-1。

表7-1 采出程度比指标标准

评　价	好	较　好	中　等	较　差	差
采出程度比R_{T}/%	>90	80～90	70～80	60～70	<60

油藏含水率与采出程度关系理论曲线可以由油水黏度比确定，而油藏含水率与采出程度关系实际曲线可以通过实际生产数据计算得到。

油水黏度比确定注水开发油田的理论含水率与采出程度关系，油水黏度比分析公式为：

$$\frac{f_{\mathrm{w}}}{1-f_{\mathrm{w}}} = \left(D\frac{R}{R_{\mathrm{m}}}+1\right)\mathrm{e}^{a+D\frac{R}{R_{\mathrm{m}}}} \tag{7-5}$$

式中 f_{w}——含水率，小数；

R——采出程度，小数；

R_{m}——最终采出程度，小数；

a、D——与油水黏度相关的统计常数，小数。

其取值见表7-2。

应用公式(7-5)，可以计算出不同最终采收率下的理论含水率和采出程度关系曲线，也可以根据已知具体油藏的实际生产动态数据(采出程度R和含水率f_{w})，计算油藏在目前开发模式下达到经济极限含水率f_{wL}时的最终采出程度R_{m}值。

表 7-2　统计常数 *a*、*D* 计算式

应用范围(油水黏度比)	计算公式
1.5～3.5	$a=19.16\ln\mu_r-31$　$D=30.37-18.46\ln\mu_r$
3.5～50	$a=-\dfrac{8.407}{\ln\mu_r+0.10464}$　$D=\dfrac{23.1729}{\ln\mu_r+2.2517}$
>50	$a=0.66\ln\mu_r-4.76$　$D=4.56-0.125\ln\mu_r$

研究区油水黏度比为4.29，标定最终采出程度为15%。截至2012年8月，实际含水率为60.7%，水驱控制储量采出程度为7.1%。

由公式(7-5)计算，目前含水条件下理论上能达到的最大采出程度为10%，则油藏目前采出程度比 R_T 为71%。参考表7-2的评价标准，说明唐114区块注水开发效果较差。这与唐114区块含水上升太快，注入水利用率偏低有关。

4)能量的保持和利用程度

能量的保持和利用程度可通过能量利用率 *B* 来表示。我们定义能量利用率为1减去当年的实际地层压力与合理地层压力的差值与合理地层压力的比值。数学表达式为：

$$B=1-|P-P_{合理}|/P_{合理} \tag{7-6}$$

式中　*P*——评价当年的地层压力，MPa；

$P_{合理}$——合理地层压力，MPa。

通常认为，当地层压力达到某一水平时，再增加地层压力对开发效果和最终采收率影响不大。若在一定压力水平下，既能满足注水量的需要，又能满足排液的需求，则认为该地层压力属于合理的压力保持水平。

能量的保持和利用程度是油藏合理压力与产油量相结合共同研究的结果，既要保证油田注得进，还要保证采得出。在合理压力保持水平下，水井的注入能力能够满足油藏中、高含水期稳产提液的需要。我国行业标准要求油田压力保持水平要达到静水柱压力的80%以上。据此，能量的保持和利用程度(能量利用率)的指标标准见表7-3。

表 7-3　能量的保持和利用程度指标标准

结　论	好	较好	中等	较差	差
能量利用率(*f*)	>0.85	0.75～0.85	0.65～0.75	0.55～0.65	<0.55

根据合理地层压力保持水平理论计算，唐114区块合理地层压力为3.9MPa，目前实际地层压力为2.17MPa，代入公式计算的研究区能量的保持和利用程度为0.55。参照低渗透油田地层能量的保持和利用程度标准，研究区目前地层能量保持水平属于差的范围。

5)产量综合递减率

唐114井区在2011年8月，老井基础产油 1.7645×10^4t。老井措施增油 0.0635×10^4t，2012年8月，老井基础产油 1.639×10^4t，无老井措施增油量，则研究区的老井综合递减率为10.3%(表7-4)，参照低渗透油田产量递减率指标标准(表7-5)，唐114区块

在 8.14% 的可采储量采出程度下递减较快，开发效果属于差的范围。

表 7-4　唐 114 井区产量数据

2011 年 8 月				2012 年 8 月					
老井基础产油/10^4t	老井措施产油/10^4t	新井产油/10^4t	总产油/10^4t	老井基础产油/10^4t	老井措施产油/10^4t	新井产油/10^4t	总产油/10^4t	老井自然递减/%	老井综合递减/%
1.764	0.063	0.199	2.026	1.639	0	0.384	2.0	7.6	10.3

表 7-5　低渗透油藏不同开发阶段的产量递减率指标行业标准

可采储量采出程度	好	较　好	中　等	较　差	差
<50%	≤5	5~5.5	5.5~6.5	6.5~7	>7
50%~80%	≤6	6~6.5	6.5~7.5	7.5~8	>8
>80%	≤7	7~7.5	7.5~8.5	8.5~9	>9

6)含水特征分析

油田常见的含水上升主要包括“凸型”“凹型”“S 型”三种模式。从研究区含水上升特征看(图 7-5)，研究区含水特征符合“凸型”模式，该模式具有油田见水早、无水采油期短、早期含水上升快、晚期含水上升慢的特点，油田主要产油量在中 - 高含水阶段产出，开发效益较差，存在着“见水早、含水率上升快、含水率高”的特点。

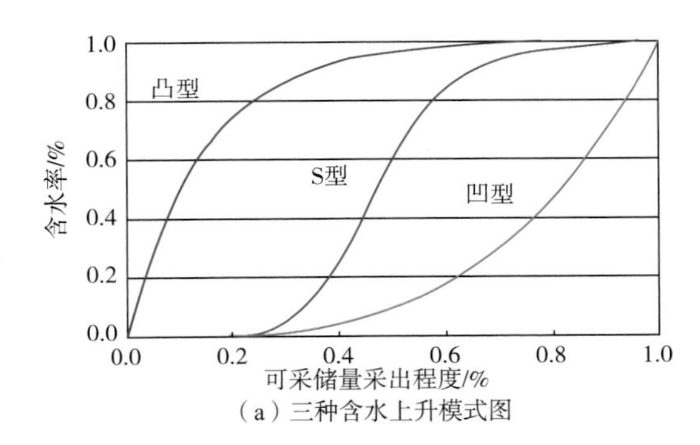

(a)三种含水上升模式图

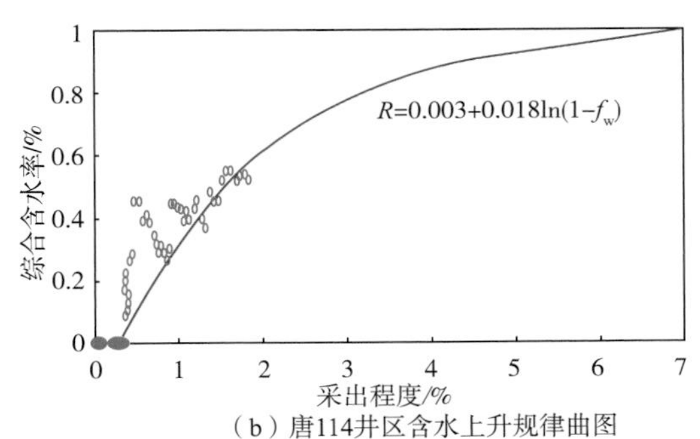

(b)唐114井区含水上升规律曲图

图 7-5　唐 114 井区含水上升规律曲线

通过对该井区单井生产动态分析，含水上升特征主要包括两种类型，即裂缝性出水和孔隙性出水。

(1)裂缝性见水特征表现。含水突升，产能下降幅度大，对应注水井反映为注水压力不高　(图 7-6)。分析原因为：油层微裂缝发育，注入水沿裂缝单向突进，见水油井主要分布于裂缝发育区(裂缝为天然微裂缝、水力压裂产生的裂缝)。

(2)孔隙性见水特征。主要分为两种情况：油井见水后含水缓慢上升，幅度小，产能下降幅度小，日产液、日产油下降并稳定在较低的水平，注水井日注入量变化不明显(图 7-7)。分析原因为：由于受储层非均质性影响，注水井小层间吸水不均匀突进，使油井见水。

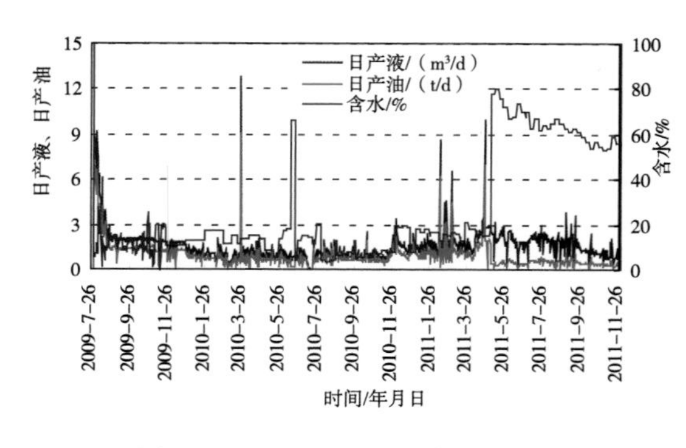

图 7-6　1333-2 井生产动态曲线图

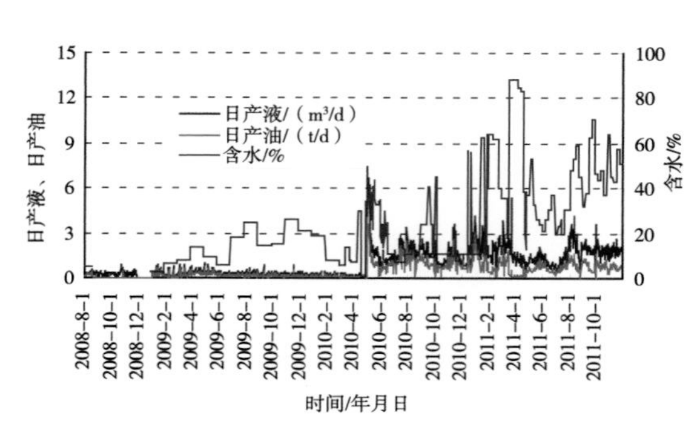

图 7-7　1287-5 井生产动态曲线图

统计分析结果表明：该井区大部分高含水井呈现出投产后不久含水就开始急剧上升的特征，总体含水上升特征以裂缝型为主(占 80%)，孔隙型次之。

根据地质特征、单井生产动态及高含水井见水特征等分析结果，对不同类型出水的高含水井和低产井采取相应的治水增油措施，见表 7-6。

表 7-6　唐 114 井区高含水井出水规律分析统计表

出水类型	见水原因	见水井主要生产特征	井数/口	见水原因比例/%	出水类型比例/%	初步建议措施
裂缝型	裂缝	产液急剧上升、产油急剧下降并保持低水平	14	20.90	76	调剖、补孔
	注水量大	产液后期略升或平衡、产油缓慢下降	9	13.43		降低配注
	超前注水	早期产液保持高水平、产油保持低水平	15	22.39		降低配注、补孔
	采液强度大	产液上升并保持高水平、产油保持平稳或缓慢下降	23	34.33		降低配产
	原始水饱和度高	初期产液波动上升，产油波动下降	6	8.96		降低配注、补孔
	合计		67	100.00		
孔隙型	储层非均质性	产液量下降，产油缓慢下降	15	71.43	24	调剖、温和配注、补孔
	措施液体返排	初期产液量急剧上升，随即急剧下降、产油平稳	6	28.57		监测为主
	合计		21	100.00		

7.2.2 影响注水开发效果的因素

通过对唐114井区长6油藏生产动态和层间地层压力分析可知，地层压力差异、渗透率、注水强度三个因素是影响油藏水驱效果的主要因素。本节通过数值模拟分析、研究压力、渗透率、注水强度三个因素分别对改善水驱效果产生的影响，给出各因素影响提液组合层位的合理技术界限。

1)层间压力结构差异影响

为了确定层间压力结构差异对提液的影响程度，在假定高含水层与低含水层组合不变的前提下，通过改变地层压力系数比来分析层间压力结构差异对提液的影响。研究中模拟出低渗透层压力在1.5~3.0MPa变化时，不同压力系数比(低含水层/高含水层)对提液改善水驱效果影响结果(表7-7)。研究表明：

(1)高含水层与低含水层组合提液时，随压力系数比变化，井组以及低含水层和高含水层的产油量和产液量增减的幅度发生不同程度的变化。

(2)当低含水层压力一定时，随高含水层压力上升，即压力系数比下降，井组产液、产油量和含水率上升；当高含水层压力上升到一定程度时，即压力系数比继续下降，井组产液量、产油量开始下降，此时低含水层被抑制。

(3)低含水层压力不同，压力系数比对井组产液和产油影响也不相同，这就说明改善水驱效果提液时，压力系数比需要在一个合理的范围之内。

表7-7 压力系数比对提液改善水驱效果影响技术界限统计表

低渗透层压力/MPa	压力系数比(低含水层/高含水层)	压力系数比(低含水层/高含水层)
1.50	>0.31，井组产液量、产油量高，上升快	<0.35，井组产液量、产油量下降，低含水层被抑制
1.80	>0.48，井组产液量、产油量高，上升快	<0.62，井组产液量、产油量下降，低含水层被抑制
2.00	>0.57，井组产液量、产油量高，上升快	<0.85，井组产液量、产油量下降，低含水层被抑制
2.20	>0.68，井组产液量、产油量高，上升快	<1.04，井组产液量、产油量下降，低含水层被抑制
2.40	>0.79，井组产液量、产油量高，上升快	<1.21，井组产液量、产油量下降，低含水层被抑制
2.60	>0.91，井组产液量、产油量高，上升快	<1.42，井组产液量、产油量下降，低含水层被抑制
2.80	>1.02，井组产液量、产油量高，上升快	<1.57，井组产液量、产油量下降，低含水层被抑制
3.00	>1.15，井组产液量、产油量高，上升快	<1.78，井组产液量、产油量下降，低含水层被抑制

对表7-7进行统计、归纳，回归出低出含水层压力(x)与压力系数比(y)技术界限，压力系数比与低含水层压力合理界限在两条曲线之间(图7-8)。

压力系数比与低含水层压力合理界限上限：$y=0.9512x-1.0709$，$R^2=0.9988$。

压力系数比与低含水层压力合理界限下限：$y=0.5544x-0.5295$，$R^2=0.9986$。

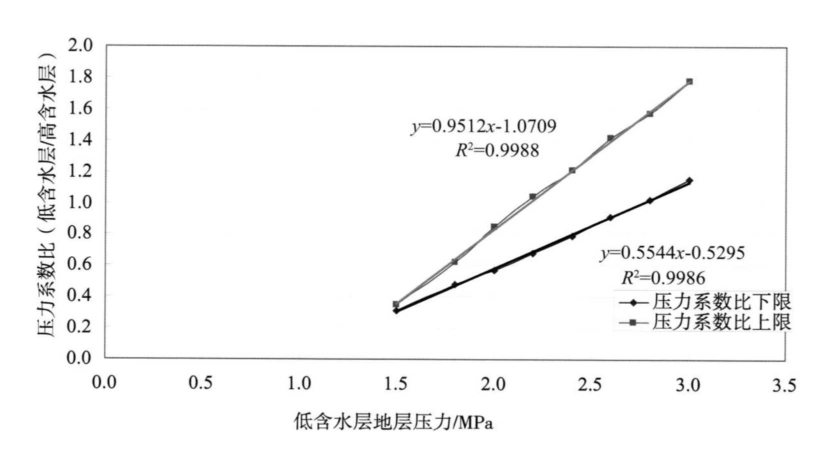

图 7-8　层间压力差异对提液影响的技术界限图版

2）渗透率的影响

对于高含水油田渗透率，为影响开发的主要储层物性参数之一。渗透率直接影响各层的出液能力，因此研究不同物性条件下的低含水层与高含水层层位组合对提液的影响意义重大。本节应用建立的分析模型，模拟高、低含水层渗透率倍比变化（共计算了 81 种组合）对各层产油量、产液量和含水率的影响，进而确定对提液增油的影响。

表 7-8 反映了不断提高含水层渗透率，即平面渗透率倍比（高含水层/低含水层）在 0.42～1.76 之间变化的情况下对提液的影响。研究表明：

（1）高含水层与低含水层组合提液时，随渗透率倍比的变化，井组以及低含水层和高含水层的产油量和产液量增减的幅度发生不同程度的变化。

（2）当低含水层渗透率一定，随高含水层渗透率增加，即渗透率倍比下降，井组产液量、产油量和含水率上升；当高含水层渗透率增加到一定程度时，即渗透率倍比继续下降，井组产液量、产油量开始下降，低含水层被抑制。

（3）低含水层渗透率不同，渗透率倍比对井组产液和产油影响也不相同，这就说明改善水驱效果提液时，两层渗透率倍比需要在一个合理的范围之内。

表 7-8　渗透率倍比对提液改善水驱效果影响技术界限统计表

渗透率/$10^{-3}\mu m^2$	渗透率倍比（低含水层/高含水层）	渗透率倍比（低含水层/高含水层）
0.3	>0.42，井组产液量、产油量高，上升快	<0.60，井组产液量、产油量下降，低含水层被抑制
0.6	>0.48，井组产液量、产油量高，上升快	<0.72，井组产液量、产油量下降，低含水层被抑制
0.9	>0.57，井组产液量、产油量高，上升快	<0.87，井组产液量、产油量下降，低含水层被抑制
1.2	>0.68，井组产液量、产油量高，上升快	<1.02，井组产液量、产油量下降，低含水层被抑制
1.6	>0.79，井组产液量、产油量高，上升快	<1.19，井组产液量、产油量下降，低含水层被抑制
2.0	>0.91，井组产液量、产油量高，上升快	<1.36，井组产液量、产油量下降，低含水层被抑制
2.4	>1.02，井组产液量、产油量高，上升快	<1.52，井组产液量、产油量下降，低含水层被抑制
3.0	>1.15，井组产液量、产油量高，上升快	<1.76，井组产液量、产油量下降，低含水层被抑制

对表7-8进行统计、归纳，回归出低含水层渗透率(x)与渗透率比(y)技术界限，渗透率比与低含水层渗透率合理界限在两条曲线之间(图7-9)。

渗透率倍比与低含水层渗透率合理界限上限：$y=0.4337x+0.4794$，$R^2=0.9985$。

渗透率倍比与低含水层渗透率合理界限下限：$y=0.2816x+0.3302$，$R^2=0.996$。

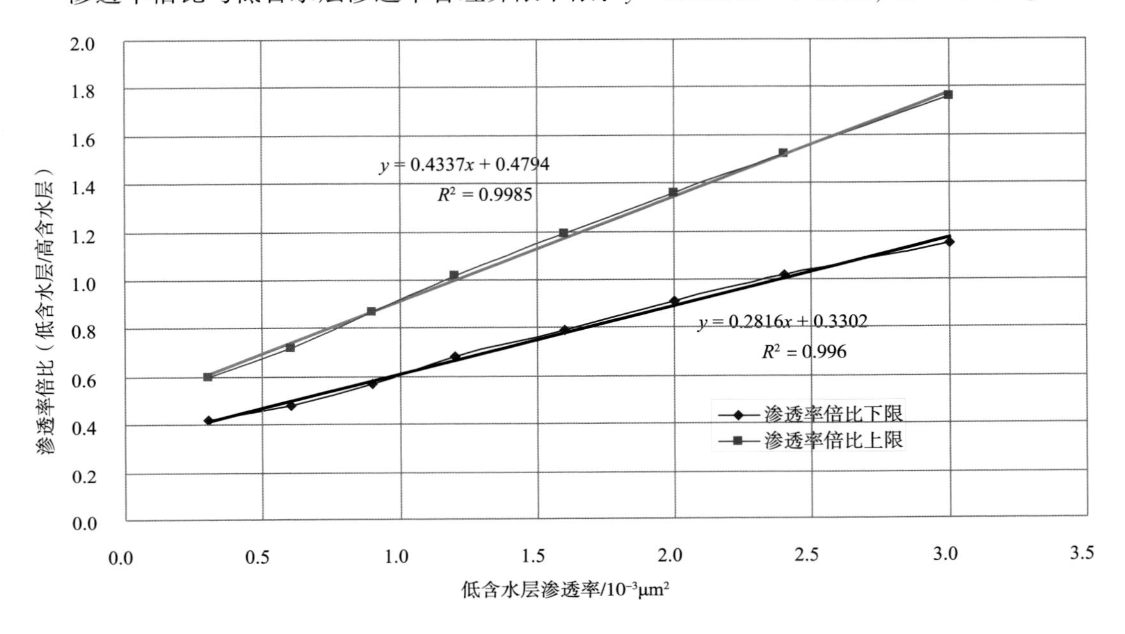

图7-9 渗透率倍比影响下的提液界限图版

3)注水强度的影响

注水不仅可以驱替原油向生产井流动，还可以补充油藏能量。注水强度的大小，直接影响着油层压力、各产层出油能力的变化。唐114井区的吸水剖面测试资料分析表明，在笼统注水情况下，由于各层物性存在差异，各小层的吸水能力不同，高渗层吸水能力强，就会造成高渗层不断吸水，导致水淹，低渗层位吸水能力差甚至不吸水，使得低渗层位得不到有效的能量补充，出液困难，提液时只能提到高渗层的液。为此，需要研究对各小层实施分层注水时，各层注水强度的变化对油井产能的影响。该分析基于保持生产井最小井底流压，固定高含水层注水强度，然后依次提高低含水层注水强度来分析对单井产能及含水率的影响。

表7-9反映的是高含水层在不同注水强度时，注水强度比(高含水层/低含水层)对高、低含水层产量及井组含水率的影响。由含水率曲线上两条回归直线，得到交点处的注水强度比(高含水层/低含水层)为0.604。当注水强度比小于0.604时，即低含水层注水强度小于2.0m³/(d·m)时，随低含水层注水强度的增加，即注水强度比减小，井组含水降低，低含水层出液能力较强，有利于提液增油。当注水强度比大于0.604时，井组含水率上升，井组和低含水层产液量、产油量下降，低含水层出液能力减弱，不利于提液增油。

综上分析，作出注水强度比影响下提液增油界限(表7-10、图7-10)。由图可知，随高含水层注水强度增加，低含水层注水强度急剧增加，它们的关系为 $y=1.51x-0.186$，合理注水强度比界限不低于直线所确定的界限。

表7-9　注水强度比对各层产量影响数据表

高含水层注水强度/[m³/(d·m)]	高含水层注水强度/[m³/(d·m)]	高含水层注水强度/[m³/(d·m)]	高含水层注水强度/[m³/(d·m)]	高含水层注水强度/[m³/(d·m)]	高含水层注水强度/[m³/(d·m)]	高含水层注水强度/[m³/(d·m)]	高含水层注水强度/[m³/(d·m)]
0.2	0.3	0.4	0.5	0.6	0.7	0.8	0.9
注水强度比(高含水层/低含水层)	注水强度比(高含水层/低含水层)	注水强度比(高含水层/低含水层)	注水强度比(高含水层/低含水层)	注水强度比(高含水层/低含水层)	注水强度比(高含水层/低含水层)	注水强度比(高含水层/低含水层)	注水强度比(高含水层/低含水层)
0.60	0.60	0.60	0.60	0.60	0.90	0.60	0.60
0.80	0.80	0.80	0.80	0.80	1.40	0.80	0.80
1.00	1.00	1.00	1.00	1.00	1.50	1.00	1.00
1.20	1.20	1.20	1.20	1.20	1.60	1.20	1.20
1.40	1.40	1.40	1.40	1.40	1.70	1.40	1.40
1.60	1.60	1.60	1.60	1.60	1.80	1.60	1.60
1.80	1.80	1.80	1.80	1.80	1.90	1.80	1.80
2.00	2.00	2.00	2.00	2.00	2.00	2.00	2.00

表7-10　有效提液对高、低含水层注水强度的需求统计表

高含水层注水强度/[m³/(d·m)]	低含水层注水强度增加幅度
0.2	0.00
0.4	0.57
0.6	0.82
0.8	1.15
1.0	1.31

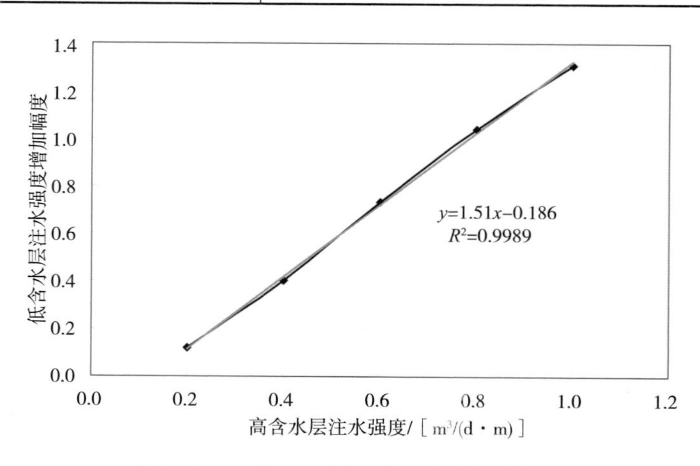

图7-10　有效提液增油对注水强度需求界限

4)压裂水平缝的影响

裂缝在油藏注水开发中具有双重作用，一方面可以提高油水渗流能力，使注水井达到配注，油井获得效益开发；另一方面容易形成水窜，使采油井过早见水或水淹。

由于唐 114 井区地层埋深浅，垂向地应力小于水平地应力，压裂往往形成水平裂缝。水平裂缝是受地层水平地应力控制的，以井轴为中心向外发展的不规则椭球体，从俯视图上看，呈圆饼状。在储层中，水平缝顶、底部储层中的流体线性流入水平缝，外围储层的流体径向流入水平裂缝。而垂直裂缝能在纵向上穿透整个储层，使原来储层中的径向流动变为储层与裂缝间的线性流动。与垂直裂缝相比，水平裂缝在储层平面空间上的占卜更大，所以，在进行注水开发时，水平裂缝既有助于注水前缘推进时更快地将原油驱替到裂缝中，也可能提前造成水窜，降低注入水的波及系数，影响水驱油效果。

如图 7-11 所示，如果注采井为同一层。假设压裂裂缝规模较小，则生产井无法及时得到注入井的能量补充，注入水无法达到驱替原油到生产井中的目的，导致生产井在生产初期无法及时得到满足经济需求的产量。如果裂缝规模较大，位于生产注水井排上的边井裂缝距注水井较近，边井和注水井间极易形成水线，一旦注入水流入到裂缝中，会使生产井迅速发生水淹，降低生产井的产油能力；与此同时，注入水大部分从边井流出，导致角井受效不明显，产量下降。由此可见，在正方形反九点井网中，要进行压裂水平缝的整体优化设计，需要同时考虑油井在井网中的位置和邻井的影响。

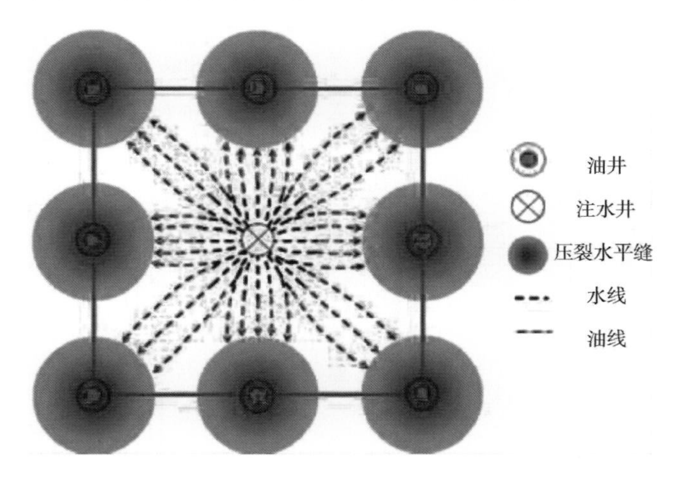

图 7-11　水平缝正方形反九点井网示意图

如图 7-12 所示，注采井不在同一平面。由于垂向渗透率比水平渗透率小很多，注入水趋向于沿水平方向流动，然后再垂向流动进入生产井压裂水平裂缝，增大流动阻力。但是，如果注采井不在同一流动单元，则注采井将很难建立流场，因此很难见效。

因而，相对于压裂垂直缝，压裂水平缝的流线形态差异很大，水窜会更严重，水驱效果会明显差于压裂垂直缝。

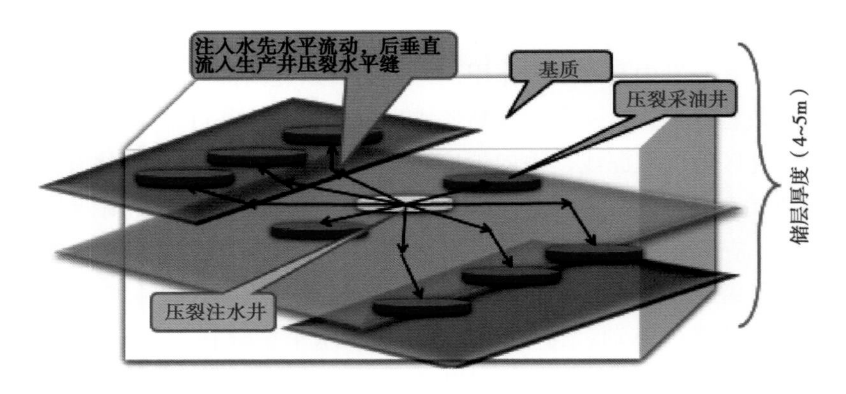

图 7-12　不在同一平面压裂水平缝注采井网示意图

5）储层非均质性的影响

储层的非均质性主要包括层内非均质性、层间非均质性和平面非均质性。对于低渗与特低渗储层，岩性非均质性往往更严重。

图 7-13 为唐 80 井区丛 64-1 井孔隙结构分布图。由图可以看出，孔喉半径分布较广泛。对于图中孔隙半径分布的频率，通常关注频率高的部分，认为分布频率高，会控制流体的流动。这种认识对于高渗、单相流体是正确的，但是对于低渗与特低渗、油气或油水两相流体则不然。

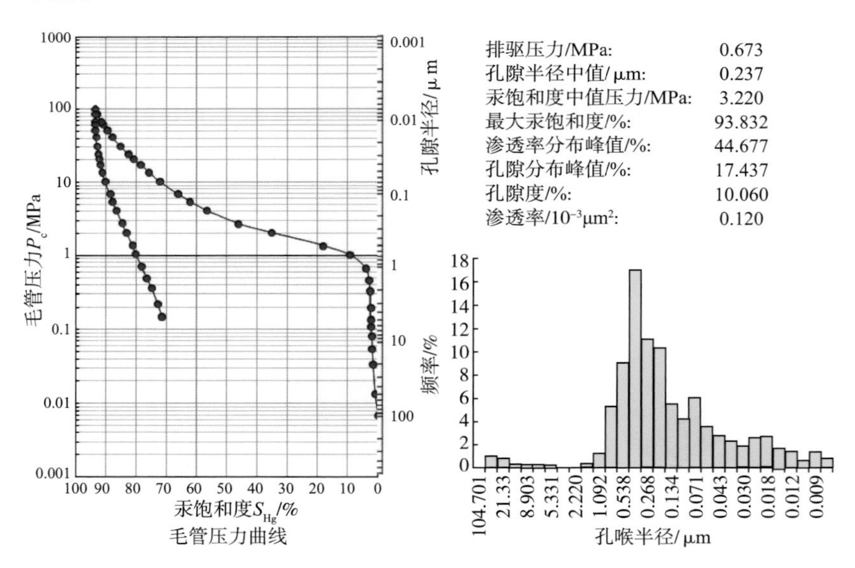

图 7-13　Ⅱ类孔隙结构分布图

为了说明不同孔喉半径对两相流体流动的影响，可以进行毛管力计算。图 7-14 为一块孔喉半径具有一定分布的理想模型，其孔喉半径分别为 R_1、R_2、R_3、R_4、R_5、R_6、R_7 和 R_8。

在注水开发过程中，岩石表面会形成一层水膜，水膜的存在会使毛管力发生变化，毛管力计算公式变形为：

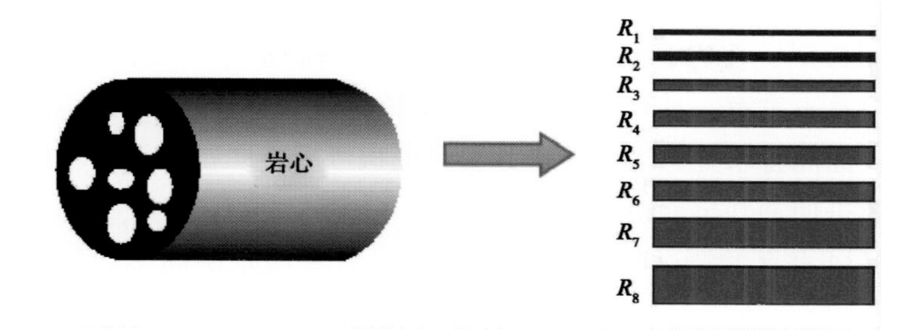

图7-14 岩心非均质性典型模型($R_1 < R_2 < R_3 < R_4 < R_5 < R_6 < R_7 < R_8$)

$$P_c = \frac{2\sigma\cos\theta}{r-h} = \frac{2\sigma}{r-h} \tag{7-7}$$

式中 h——水膜厚度；

r——毛管半径；

σ——表面张力。

水膜厚度的计算公式如下：

$$h \approx \left(\frac{1.18\times10^{-4}r}{\sigma}\right)^{1/3} \tag{7-8}$$

针对唐114井区注水开发过程中，压力保持在3MPa左右，此时毛管力约为20mN/m。根据公式计算可得到不同孔喉半径下毛管力分布特征(表7-11)。

表7-11 不同孔喉半径的毛管力分布特征

毛管半径/nm	水膜厚度/nm	毛管力/MPa
100	8.3872	0.4366
200	10.5672	0.2112
300	12.0964	0.1389
500	14.3419	0.0824
1000	18.0697	0.0407
1500	20.6846	0.0270
2000	22.5664	0.0202

本井区储层为特低渗储层，孔喉分布广泛。在水驱油过程中，根据上述计算，从不同孔喉半径的毛管力分布特征可以看出，毛管半径小，毛管力大，水驱油阻力越大。水可以驱动较大孔喉半径的油，而不能驱动较小孔喉半径的油。但当注水量足够大时，注入水优先在较大孔隙发生水窜，同时由于较小孔隙中只有单相水流动，无毛管力作用，水也可以在较小充满水的孔隙中流动，且流动速度较快。因此，认为一旦发生水窜，含水将迅速上升。

对于注水开发油藏，非均质性强的储层，在开发过程中矛盾比较突出，造成同一井网上不同位置油井见水程度不均，影响油井的产量，并对油水平面运动规律造成了较大的影响。

唐114井区长6^1砂体主要为分流河道沉积，砂体厚度较大，溶蚀作用相对较强，溶孔相对较发育；而长6^2、长6^3砂体为水下分流河道沉积，砂体厚度较薄，粒度较长6^1细，溶蚀作用较弱，溶孔不发育，长6^1储层物性优于长6^2、长6^3储层物性，使该油藏的平面及纵向非均质强，而高含水井大部分处于分流河沉积带上，即物性相对较好区域，该区域由于注入水快速窜进使油井早期快速见水。

2009年，唐114井区共测试吸水剖面井76口，其中吸水剖面不均匀、出现尖峰吸水特征的井有11口；2011年唐114井区共测试吸水剖面90口，其中吸水剖面不均匀、出现尖峰吸水特征的井有5口，其对应油井都有不同程度的含水上升、尖峰特征，如图7-15所示。

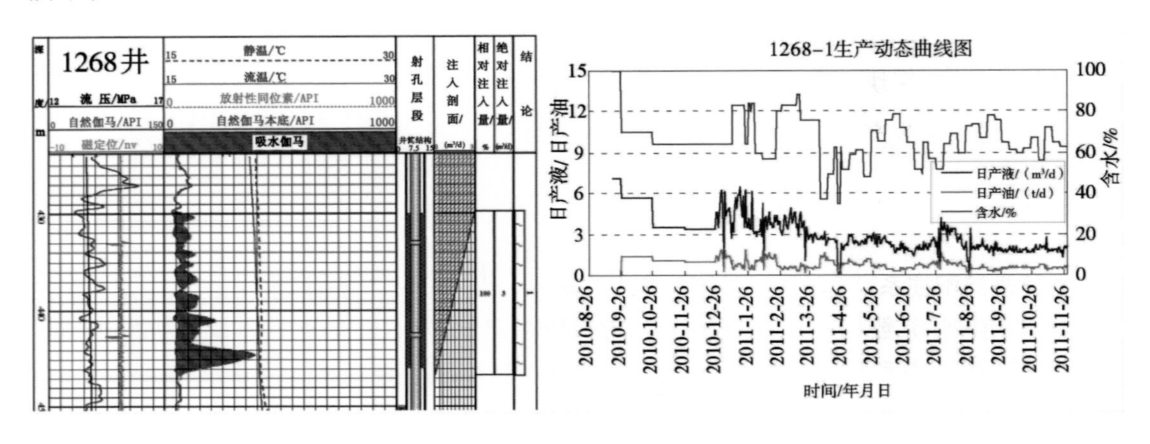

图7-15　1268注采井组吸水剖面及生产特征图

7.2.3　改善注水开发效果的配注方案设计

1)合理注水量确定方法

油田进入特高含水开发阶段以后，随着井网的加密，注水开发的层间矛盾和平面矛盾日益加重，地下情况越来越复杂。在保证产量的前提下，如何有效控制含水上升，扩大注水波及体积，协调井组间、层系间注采平衡，进行有效配注，是甘谷驿油田的一项重要工作。目前，油田现场大部分采用的是以生产经验为主的粗放型配注。根据油水井产量劈分公式推导出平面配注系数，按平面配注、垂向配注和综合配注对水井有效配注。根据注采平衡，建立了以油井为中心的注采井网，由油井的合理排液量可确定区块或井组的注水量，对水井进行配注。

(1)平面配注系数。

根据平面劈分系数公式：

$$r_i = \frac{\sum_{j=1}^{m} (\overline{KH})_{ij} M_{ij} G_{ij} Z_{ij} E_{ij} \alpha / (\ln D_{ij})}{\sum_{i=1}^{n} \sum_{j=1}^{m} (\overline{KH})_{ij} M_{ij} G_{ij} Z_{ij} E_{ij} \alpha / (\ln D_{ij})} \tag{7-9}$$

可以推导出平面配注系数，平面配注系数主要基于目前的油层物性以及井网结构，考虑油井多方向均匀受效进行配水，平面配注系数为：

$$r_i = \frac{\sum_{j=1}^{m} (\overline{KH})_{ij} Z_{ij} E_{ij} \alpha / (\ln D_{ij})}{\sum_{i=1}^{n} \sum_{j=1}^{m} (\overline{KH})_{ij} Z_{ij} E_{ij} \alpha / (\ln D_{ij})} \tag{7-10}$$

式中 m、n——井网中注水井总层数、注水井总井数；

$(\overline{KH})_{ij}$——连通油井的 i 注水井 j 层段各方向地层系数平均值；

M_{ij}——区块 i 注水井 j 层措施改造系数，无因次；

G_{ij}——区块 i 注水井 j 层层间干扰系数，无因次；

Z_{ij}——区块 i 注水井 j 层层间连通系数，无因次；

E_{ij}——区块 i 注水井 j 层层间开采厚度系数，无因次；

α——生产井与注水井之间的位置系数，$\alpha = \sqrt{n\theta/360}$，$\theta$ 为相邻两井组注采井主流线与该井组中注水井之间的夹角；

r_i——平面配注系数，$r_i = \sum_{i=1}^{n} r_i = 1$。

(2)垂向配注系数。

由平面配注系数可以得到每口水井的注水量，然后根据有效提液技术界限的研究结果，进行分层、分段配注。在分层、分段配注前，先对水井进行分段，然后根据提液界限配注。在对水井分段注水时主要考虑：①从井网上考虑水井分段的需要，保证油井每个方向上都能见到注水效果；②尽量让相邻的层组合成一段注水；③考虑层间的压力结构差异和物性差异，运用砂层物性和启动压力关系研究结果，让吸水能力相当、物性接近的层组合成一层段注水。

(3)综合配注。

由平面配注系数和垂向配注系数可以得到每口水井每个层段的注水量。但上述配注主要以静态参数为主进行配注，必须考虑井组动态变化和注水漏失等情况，主要考虑：①考虑区块数模结果和区块的动态分析，对于主渗流通道上注水量适当减小，非主渗流通道注水量适当增大，幅度一般在5%左右调整，直至达到各个方向注采平衡；②考虑在注水过程中注水漏失，必须增加一个修正系数，唐114井区长 6^1 层的配注量为 $3.4\text{m}^3/\text{d}$，长 6^2 层的配注量为 $2.9\text{m}^3/\text{d}$。

2)合理排液量确定方法

油井的排液量是指在目前技术经济条件允许的范围内所能达到的产液量，同时在一定产油量的要求下，排液量受到油层本身供液、强化开采设备、地面处理液量能力的限制，也受到井网密度、注水方式、增产增注工艺措施等方面的影响。

在保证目前含水不变的情况下，设计长 6^1 层每口油井比从目前0.25t/d增油0.07t/d(即达到0.32t/d)，长 6^2 层每口油井比从目前0.16t/d增油0.03t/d(即达到0.19t/d)。

3)注采配注方案

(1)方案原则。

均衡注采总的原则为分注合采。根据研究所确定的层间压力结构差异、注水强度差异和储层物性差异以及相互关联对提液改善水驱效果的影响和技术界限，结合井组的实际特征，调整层间压力结构差异，实现提液的技术方案。由于层间非均质性严重、各层各区域注水井的吸水能力不同，层间压力结构差异较大，合注不能满足调整层间压力结构差异以及对低压层提液的要求。因此，设计分层注水的调整方案。

配注的经济原则：从油田的经济效益出发，配注量不能太高，必须根据长 6 油藏的生产能力及产液量大小，以井组注采平衡为标准来确定配注量的大小。对于低产液的油井，可以采取相应措施来增加其生产能力。把各层的调整结果综合到整个油藏上，考虑经济界限，建立改善水驱效果提液方案。对含水率高、日产液量大的油井未射开的层不再射开，且还要减小日产液量。对低产液的油井未射开层进行补孔或压裂；继续保持目前水井注水，同时部分油井转注加强注水。

本书涉及地质研究范围内油井数为 383 口，水井数为 150 口。配注方案将以这些油水井进行配注配采。考虑到无效注水，配注量中增加了 20% 的注水量。

(2)配注方法。

根据注水井注入量、其周围油井的产液量、井组地层压力情况，依据注采平衡原则，对高产液高含水油井限产，对低产液低含水的油井提高产液量，井组加强注水。

(3)建议方案。

建议将长 6^1 层、长 6^2 层能动用的层位全部打开，进行如下两种方案设计(表 7-12、表 7-13)。

表 7-12　方案一　以现在反九点井网分注合采

层位	含水率	油井数/口	单井日产油/(t/d)	单井日产液/(m^3/d)	年产液量/(10^4m^3/d)	水井数/口	单井日注量/(m^3/d)	年注入量/(10^4m^3/d)
长 6^1	0.30	383	0.32	0.55	7.74	150	1.70	9.28
	0.40	383	0.32	0.65	9.03	150	1.98	10.83
	0.50	383	0.32	0.77	10.83	150	2.37	13.00
	0.60	383	0.32	0.97	13.54	150	2.97	16.25
	0.70	383	0.32	1.29	18.05	150	3.96	21.66
	0.80	383	0.32	1.94	27.08	150	5.94	32.49
	0.90	383	0.32	3.87	54.16	150	11.87	64.99

续表

层位	含水率	油井数/口	单井日产油/(t/d)	单井日产液/(m^3/d)	年产液量/(10^4m^3/d)	水井数/口	单井日注量/(m^3/d)	年注入量/(10^4m^3/d)
长6^2	0.30	383	0.18	0.31	4.35	150	0.95	5.22
	0.40	383	0.18	0.36	5.08	150	1.11	6.09
	0.50	383	0.18	0.44	6.09	150	1.34	7.31
	0.60	383	0.18	0.54	7.62	150	1.67	9.14
	0.70	383	0.18	0.73	10.15	150	2.23	12.19
	0.80	383	0.18	1.09	15.23	150	3.34	18.28
	0.90	383	0.18	2.18	30.46	150	6.68	36.56

方案一：以现有矩形反九点井网为依托，不实施大的井网调整。对长6^1层加大配注量，对长6^2层实施注水开发，提高平面和纵向动用程度。长6^1、长6^2储层采用分注合采。

方案二：将现有的矩形反九点井网调整为反五点井网实施分注合采。长6^1储层在原有383口油井基础上，转注53口角井，加大注水规模。长6^2储层实施注水开发的同时，提高射开程度。以下油井由于高含水(含水大于80%)，建议进行第一批次转注(表7-14)。具体调整方案的实施还需要通过数值模拟进行优化调整和验证。

表7-13 方案二：以现在的反九点井网变为反五点分注合采

层位	含水率	油井数/口	单井日产油/(t/d)	单井日产液/(m^3/d)	年产液量/(10^4m^3/d)	水井数/口	单井日注量/(m^3/d)	年注入量/(10^4m^3/d)
长6^1	0.50	263.00	0.32	0.85	8.14	270	0.98	9.76
	0.60	263.00	0.32	1.06	10.17	270	1.22	12.20
	0.70	263.00	0.32	1.41	13.56	270	1.63	16.27
	0.80	263.00	0.32	2.12	20.34	270	2.45	24.41
	0.90	263.00	0.32	4.24	40.68	270	4.90	48.81
长6^2	0.30	263.00	0.18	0.31	2.99	270	0.36	3.59
	0.40	263.00	0.18	0.36	3.49	270	0.42	4.18
	0.50	263.00	0.18	0.44	4.18	270	0.50	5.02
	0.60	263.00	0.18	0.54	5.23	270	0.63	6.28
	0.70	263.00	0.18	0.73	6.97	270	0.84	8.37
	0.80	263.00	0.18	1.09	10.46	270	1.26	12.55
	0.90	263.00	0.18	2.18	20.92	270	2.52	25.10

表 7-14　需转注的井号

当前转注	1290-2	1271-6	1295-5	1289-7	1289-3	1310-3	1380	1284-3
	1289-2	1284-1	1282-4	1304-3	1335-4	1324-5	1343-4	
后期转注	1293-2	T60-2	1277-2	T86	1366-4	1277-1	1277-3	1277-7
	1277-6	1270-6	1385-5	T60-5	1279-1	1277-5	1320-7	1319-1
	1320-6	1321-4	1321-5	1406-3				

配注方案、转注时机均有待数值模拟论证。

7.2.4　注水开发调整方案数值模拟研究

1)油藏数值模拟模型建立及历史拟合

利用唐 411 区块的三维地质模型粗化后获得了工区储层的、砂岩厚度、孔隙度、渗透率和有效厚度数值模拟的参数场。再结合压力系统、初始油水饱和度、相对渗透率曲线等，形成唐 114 井区长 6 段油藏数值模拟基础模型(图 7-16)。

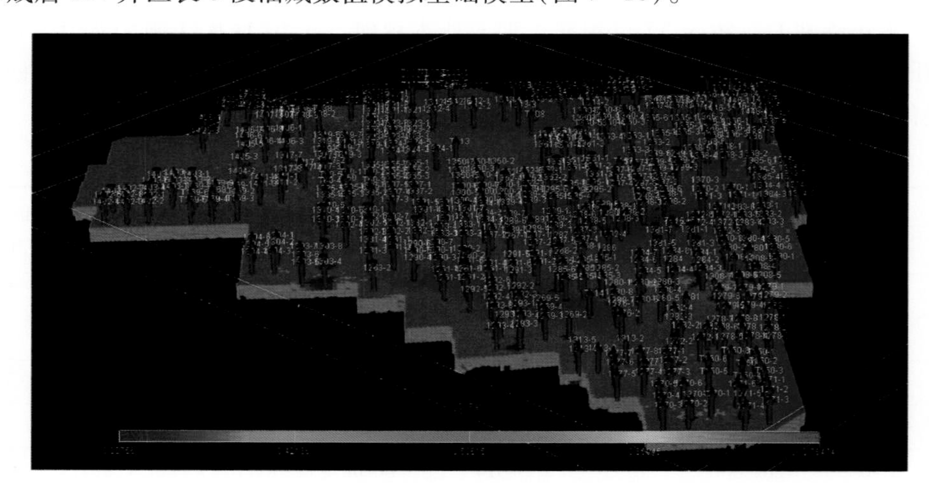

图 7-16　工区数值模拟三维网格系统和井位

通过储量拟合(表 7-15)，本次全区的地质储量拟合相对误差为 1.1%，误差较小；而各个小层的储量拟合相对误差都在 2% 以内，误差也较小，在允许的误差范围之内，由此可以确定所建模型静态参数基本合理，可以用于方案计算与预测。

表 7-15　唐 114 井区储量拟合汇总

小　层		长 6^1	长 6^2	长 6^3	全　区
原油储量/10^4t	储量复算	542.43	205.43	57.90	805.76
	本次拟合	543.09	205.59	57.97	806.66
误差/%		0.12	0.08	0.13	0.11

在单井定产液量的工作制度下，分别对工区的日产油量、日产水量、含水率、地层平

均压力及部分单井的井底流压进行了拟合。各项指标拟合程度良好，满足本次数值模拟预测方案的工程误差范围要求。工区整体指标拟合如图 7-17 和图 7-18 所示。

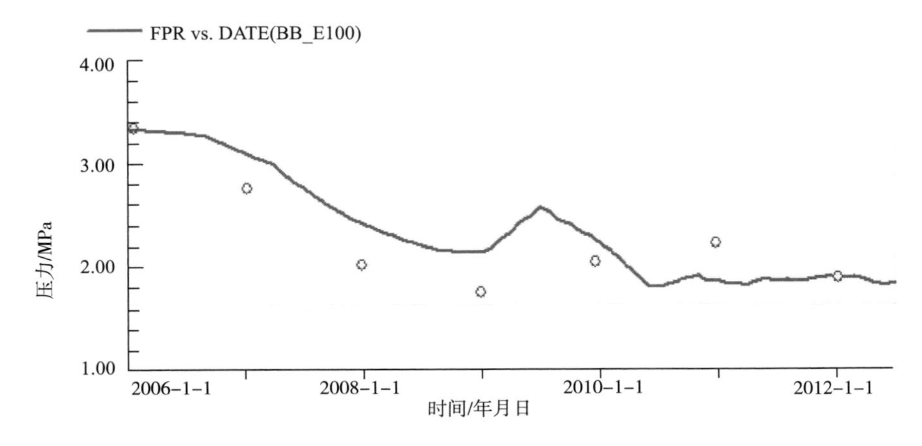

图 7-17　唐 114 井区地层平均压力拟合

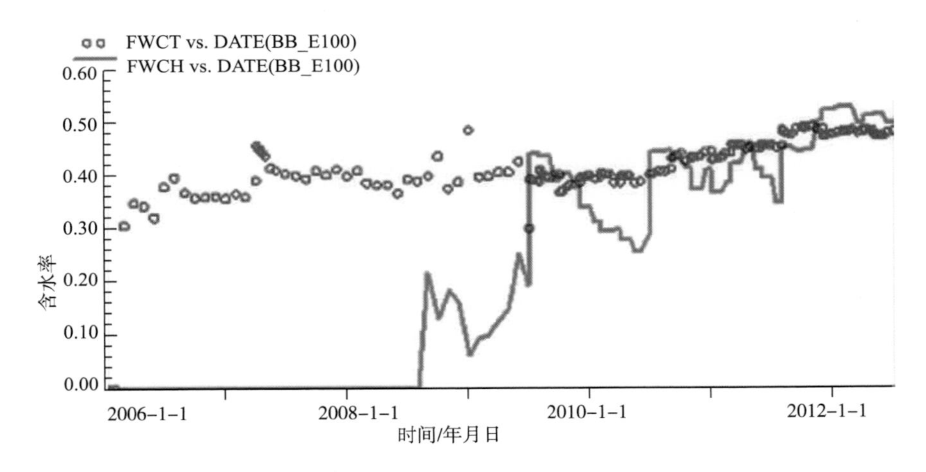

图 7-18　唐 114 井区含水率对比图

唐 114 井区日产水前期由于生产井的产油数据均没有统计产水量，因此没有含水，且 2008 年以前仅少数井进行了开采实验，前期含水率意义不大，2008 年后，才大量投入开发，此后含水率指标具有实际意义，含水率指标拟合良好。

对唐 114 井区的开发井定液量进行单井历史拟合，累计产油拟合误差为 -1.8%，累计产液拟合误差为 1.2%；含水率上升趋势、地层压力的变化规律拟合程度良好；单井日产油和含水率的拟合率都保持在 85% 以上，由此可知本次模拟前的历史拟合程度较好，符合工程误差范围要求，因此可以开展先导区后期的模拟方案研究。

2）合理注采比和压力保持水平

为初步了解区块的合理注采比和压力保持水平，在 2012 年 6 月现有注采井网、现射孔开发层位的基础上制定方案 F1 ~ F5（表 7-16），分别模拟了不同注采比和压力保持水平的情况。为了增加方案之间的可比性，油井采用相同的极限液量和井底流压下限控制，即油井采用了相同的工作制度，方案F1～F5逐步增加水井的注水量，同时为了达到目标地层压力，又采用井底流压限制单井注入量，达到均匀注入的目的。

表7－16　唐114井区定注采比开发方案

编号	生产井控制方式					注采比	地层平均压力/MPa
	油井控制			水井控制			
	油井日产液	井底流压/MPa	经济极限［油量/(t/d)，含水/%］	水井日注/(m^3/d)	流压控制/MPa		
F1	现产液水平	0.5	0.09，96	1.5	无	0.90	1.5
F2	现产液水平	0.5	0.09，96	2.0	8.0	1.00	2.0
F3	现产液水平	0.5	0.09，96	2.5	11.0	1.08	3.0
F4	现产液水平	0.5	0.09，96	2.7	13.0	1.12	3.5
F5	现产液水平	0.5	0.09，96	2.9	15.0	1.15	4.0

模拟结果如图7－19和图7－20所示。

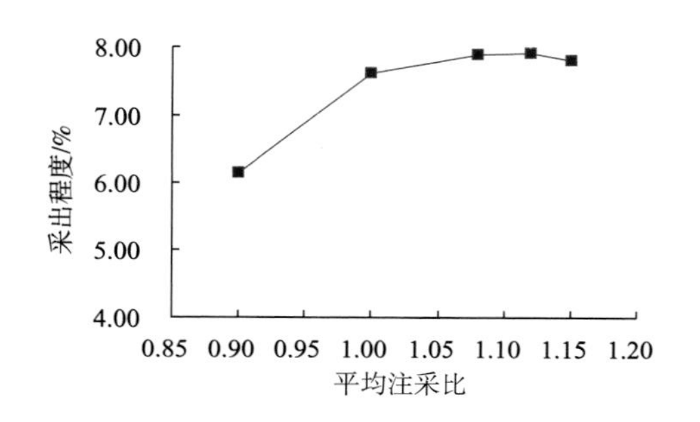

图7－19　不同平均注采比对应的采出程度

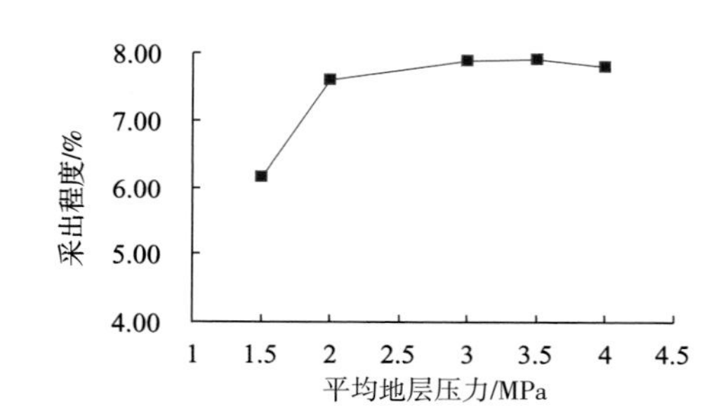

图7－20　不同平均地层压力下对应的采出程度

通过对比不同注采比下采出程度变化曲线可以看出，当注采比为0.9时，地层由于能量下降快，供液量不足，导致生产井液量下滑，采出程度低，当注采比大于1，且分布范围为1.0～1.12时，采出程度随注采比的增加逐步增加，其中注采比从1.0变化至1.08时，采出程度增幅大，而从1.08变化至1.12时，采出程度增幅很小。当注采比大于1.12后，采出程度反而降低，这是由于注采比过大，注水井注入水量过大，导致油井见水，含水上升快，甚至导致裂缝性水窜、水淹，从而影响油井的正常开井生产，因此此后注采比越大，开发效果越差，且从不同注采比对应的累计产水和累计注水对比图上也可看出，当注采比大于1.12以后，由于受水淹关井经济条件96%含水限制，生产井数目逐步减少，能增加的注水量也逐步减小，同样产水量增幅也逐步放缓。综合分析，认为唐114井区的平均有效注采比控制在1.12附近较为合理。考虑工区目前无效注采比为60%，折算后唐114井区合理的实际注采比为1.87。

从不同平均地层压力对应的采出程度变化曲线可以看出，当平均地层压力从1.5MPa上升至2.0MPa时，采出程度大幅增加，由于当地层压力为1.5MPa时，地层压力远远低于油藏初始压力，对于低渗透油藏而言，地层能量不足，会导致一系列的启动压力梯度、应力敏感等，导致油井发生严重的供液不足，甚至停产。当压力恢复后，解决生产井供液问题，维持油井正常开井生产，能显著提高采油速度，提高一定时间内的采出程度。

当平均地层压力范围从 2.0MPa 提升至 3.5MPa 时，采出程度随平均地层压力的增加逐步缓慢增加，其中平均地层压力从 2.0MPa 变化至 3.0MPa 时，采出程度增幅较大，而从 3.0MPa 变化至 3.5MPa 时，采出程度增幅很小。当平均地层压力大于 4.0 后，采出程度反而降低，这是由于平均地层压力过大，注采井间压差过大，且注水量大，导致油井见水，含水上升快，甚至导致裂缝开启性水窜、水淹，从而影响油井的正常开井生产，因此此后平均地层压力越大，开发效果越差。从不同平均地层压力对应的累计产水和累计注水对比图上也可看出，当平均地层压力大于 3.0 后，累计注水与采出水量的差别基本稳定，此后增加的注水对维持地层平均压力水平的贡献逐步变小，综合分析工区的平均地层压力，以控制在 3.0～3.5MPa 之间较为合理。

3）剩余油分布情况

截至 2012 年 6 月，依据现有的注采井网和产液水平，由于有效注采比略小于 1，且部分油井投注历史短，导致区块注水不均衡，大部分区域由于缺乏完善的注采井网等，油井面临供液不足的情况。少数井组由于初期配注高，部分注水井水驱前缘沿着裂缝快速向油井推进，导致部分油井裂缝性见水，造成暴性水淹，进而导致该类油井无法继续生产，同时由于注入水沿裂缝的指进，能够有效驱替裂缝控制区域原油，但裂缝区域以外的区域难以得到有效动用，导致平面上波及效率不高，平面上局部存在相当高的剩余油部位，各网格层的剩余油储量和含油饱和度分布如图 7－21 所示。

由于唐 114 井区采出程度不足 2%，剩余油基本与初始原油分布相当。含油饱和度仅仅在水井井底附近水驱前缘到达的地方变化较大。目前，工区含油饱和度变化主要产生在长 6^1 层位，长 6^2 及以下层位基本无有效注水。

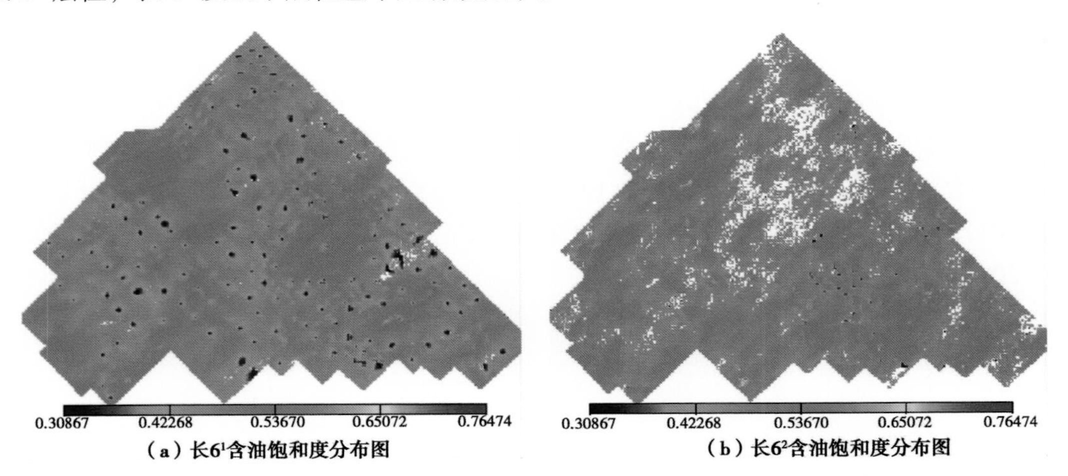

（a）长6^1含油饱和度分布图　（b）长6^2含油饱和度分布图

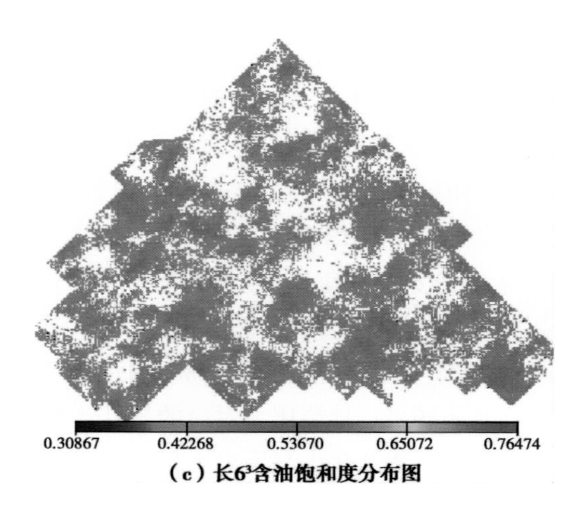

（c）长6^3含油饱和度分布图

图7-21　长6段含油饱和度分布图

此外，通过对比模拟开发20年后剩余油平面及纵向分布情况可以看出，剩余油含油饱和度在长6^1层位发生较大改变，纵向上主要的吸水层位也为长6^1，长6^2层位几乎无水井注入。动用的储量主要在长6^1层，长6^2层中占总量近1/3的储量无法得到有效动用，因此需通过补射油水井在长6^2层位的射孔，完善长6^2层位的注采井网，以补孔增注提液加大区块的采油速度，有效、均衡地动用区块各层位的储量。

4）注水开发调整方案

截至2012年6月，唐114井区共有油水井533口，其中油井373口，水井160口，其中有效开井油井325口，水井133口，主要生产层位集中在长6^1小层。为调整注水开发效果，拟采用合注合采及分注合采两种调整方案进行数值模拟，对比开发调整方案，优选出适合唐114井区的注水开发调整方案，使长6^1小层和长6^2小层得到合理开发。

（1）合注合采数值模拟调整方案。

为将工区的油水井共计533口投入开发生产，打开次主力层长6^2，对于非主力层长6^3物性较好部分一并兼顾补射，实行区块的合注合采方案。

依据上述目标，设计了反九点井网合注合采开发方案（G0～G4）。由于反九点井网，注采井数比为1∶3，长期注入，特别是注入水质不高，容易造成地层欠注水，由此设计了五点井网合注合采立即转注开发方案（H0～H5）和五点井网合注合采逐步转注开发方案（P1～P4）。方案的设计及模拟时油水井的详细工作制度见表7-17。模拟预测自2012年7月至2032年7月，共20年。

表7-17 G0～G4开发方案设计

编号	生产井控制方式					地层平均压力/MPa
	油井控制			水井控制		
	油井日产液	井底流压/MPa	经济极限[油量/(t/d)，含水/%]	水井日注/(m^3/d)	流压控制/MPa	
G0	老井：现水平 新井：0.75m^3/d	0.5	0.09，96	1.8	15	3.0
G1	提液15%	0.5	0.09，96	2.2	15	3.1
G2	提液30%	0.5	0.09，96	2.5	15	3.1
G3	提液45%	0.5	0.09，96	2.8	15	3.0
G4	提液60%	0.5	0.09，96	3.2	15	3.3
H0	不提液	0.5	0.09，96	1.00	15	3.5
H1	提液15%	0.5	0.09，96	1.25	15	3.5
H2	提液30%	0.5	0.09，96	1.50	15	3.5
H3	提液45%	0.5	0.09，96	1.70	15	3.5
H4	提液60%	0.5	0.09，96	1.80	15	3.5
H5	提液75%	0.5	0.09，96	2.00	15	3.5
P1	提液15%	0.5	0.09，96	1.8	15	3.4
P2	提液30%	0.5	0.09，96	2.2	15	3.4
P3	提液45%	0.5	0.09，96	2.5	15	3.4
P4	提液60%	0.5	0.09，96	2.8	15	3.4

(2)分注合采数值模拟调整方案。

由于长6^3储量不到整个工区储量的7%，且长6^3整体砂体不发育，只有极少数局部区域具有补孔的条件，难以形成注采井网，且该层吸水、产液能量有限，因此在分层注水时，将长6^3合并于长6^2层，故模拟过程中注水井按长6^1与长6^2(外加局部长6^3)两个层位注水，考虑到长6^2(外加局部长6^3)储量接近工区总储量得1/3，此外长6^2动用难度大于长6^1，因此长6^1按水井的注水量的2/3配注，长6^2(外加局部长6^3)按水井的注水量的1/3配注。考虑到分层注水后，注水更均均、注水更充分，因此为了模拟计算充分注水后的提液效果，提液比例放宽到0～75%。

由此，设计了反九点井网分注合采方案(M0～M5)、五点井网分注合采立即转注方案(L0～L5)及五点井网分注合采逐步转注方案(K_0～K_5)，方案的设计及模拟时油水井的详细工作制度见表7-18。模拟预测自2012年7月至2032年7月，共20年。

表 7-18 分注合采开发方案设计

编号	生产井控制方式					地层平均压力/MPa
	油井控制			水井控制		
	油井日产液	井底流压/MPa	经济极限 [油量/(t/h)，含水/%]	水井日注/ (m^3/d)	流压控制/ MPa	
M0	老井：现水平 新井：0.75m^3/d	0.5	0.09，96	长6^1：1.6 长6^2：0.8	15	3.0
M1	提液 15%	0.5	0.09，96	长6^1：1.9 长6^2：0.95	15	3.0
M2	提液 30%	0.5	0.09，96	长6^1：2.2 长6^2：1.1	15	3.0
M3	提液 45%	0.5	0.09，96	长6^1：2.5 长6^2：1.25	15	2.9
M4	提液 60%	0.5	0.09，96	长6^1：2.8 长6^2：1.4	15	2.9
M5	提液 75%	0.5	0.09，96	长6^1：3.0 长6^2：1.5	15	3.00
L0	不提液	0.5	0.09，96	长6^1：1.6 长6^2：0.8	15	3.3
L1	提液 15%	0.5	0.09，96	长6^1：1.9 长6^2：0.95	15	3.3
L2	提液 30%	0.5	0.09，96	长6^1：2.2 长6^2：1.1	15	3.3
L3	提液 45%	0.5	0.09，96	长6^1：2.5 长6^2：1.25	15	3.3
L4	提液 60%	0.5	0.09，96	长6^1：2.8 长6^2：1.4	15	3.2
L5	提液 75%	0.5	0.09，96	长6^1：3.0 长6^2：1.5	15	3.3
K0	不提液	0.5	0.09，96	长6^1：1.8 长6^2：0.9	15	3.5
K1	提液 15%	0.5	0.09，96	长6^1：2.0 长6^2：1.0	15	3.5
K2	提液 30%	0.5	0.09，96	长6^1：2.4 长6^2：1.2	15	3.5
K3	提液 45%	0.5	0.09，96	长6^1：2.6 长6^2：1.3	15	3.4
K4	提液 60%	0.5	0.09，96	长6^1：3.0 长6^2：1.5	15	3.4
K5	提液 75%	0.5	0.09，96	长6^1：3.2 长6^2：1.6	15	3.4

(3)模拟方案结果分析。

上述23 个方案的主要开发指标见表 7-19 及图 7-22。

表 7-19　截至 2012 年 7 月(10 年期)各主要开发指标数据

编　号	日注水量/m^3	累计注水量/10^4m^3	日产液量/m^3	累计产液量/10^4m^3	日产油量/m^3	累计产油量/10^4m^3	日产水量/m^3	累计产水量/10^4m^3	地层平均压力/MPa	含水率	采出程度/%
G0	274.38	122.95	265.90	117.64	84.01	53.85	181.88	69.34	2.49	0.68	5.39
G1	328.62	144.51	319.80	137.27	93.49	59.62	226.31	84.18	2.74	0.70	5.96
G2	378.06	162.75	365.43	155.29	102.36	65.09	263.07	97.54	2.45	0.72	6.51
G3	426.02	180.78	414.74	172.91	109.82	70.16	304.92	110.99	2.26	0.73	7.02
G4	455.26	197.21	449.22	186.20	112.56	72.65	336.66	122.42	3.11	0.75	7.26
H0	186.5	93.57	183.91	87.27	73.85	43.22	112.78	45.53	3.56	0.61	4.32
H1	222.67	107.48	219.82	100.38	78.27	50.42	141.54	54.68	3.56	0.64	5.04
H2	259.98	121.83	256.87	113.91	84.94	54.81	171.93	64.49	3.56	0.66	5.48
H3	297.56	136.27	294.25	127.54	90.48	59.05	203.77	74.56	3.55	0.68	5.91
H4	334.34	150.44	330.83	140.96	95.66	62.88	235.17	84.8	3.53	0.7	6.29
H5	368.83	164.54	365.15	154.32	99.82	66.47	265.32	95.2	3.52	0.72	6.65
P1	320.51	144.35	315.98	136.02	95.22	60.86	220.76	81.63	3.17	0.70	6.09
P2	371.98	165.10	366.91	155.64	102.06	66.17	264.86	96.84	3.19	0.72	6.62
P3	424.17	185.39	417.00	175.01	109.62	71.59	307.38	111.70	3.10	0.74	7.16
P4	468.32	203.05	462.65	191.63	112.16	75.21	350.49	125.54	3.14	0.75	7.37
M0	284.01	129.3	280.05	122.55	94.02	53.95	189.82	71.12	2.86	0.68	5.4
M1	339.94	150.47	335.25	142.8	99.02	63.46	236.23	86.15	2.75	0.7	6.35
M2	393.5	171.2	387.31	162.59	106.93	69.26	280.38	101.08	2.67	0.72	6.93
M3	444.76	191.38	436.03	181.78	114.3	74.59	321.73	115.82	2.62	0.74	7.46
M4	497.59	211.6	489.11	201.07	120.89	79.45	368.22	131.21	2.55	0.75	7.94
M5	516.55	219.43	510.61	208.21	122.01	80.98	388.59	137.21	2.66	0.76	8.1
L0	185.91	92.90	183.22	87.04	73.91	43.27	111.81	45.23	3.37	0.60	4.33
L1	222.87	107.07	219.86	100.41	79.37	50.73	140.49	54.41	3.35	0.63	5.07
L2	259.76	121.29	256.50	113.78	86.31	55.21	170.19	63.97	3.36	0.66	5.52
L3	296.09	135.26	292.61	126.96	92.22	59.43	200.39	73.57	3.36	0.68	5.94
L4	333.50	149.20	329.73	140.45	98.73	63.90	230.99	83.26	3.20	0.69	6.39
L5	346.57	154.35	342.69	145.16	99.52	64.74	243.17	87.37	3.27	0.70	6.47
K0	266.67	124.58	263.62	116.68	82.77	53.87	180.85	68.33	3.51	0.68	5.39
K1	321.14	145.41	317.73	136.5	90.97	59.73	226.76	83.26	3.43	0.71	5.97
K2	372.01	166.39	368.19	156.42	100.12	65.38	268.07	98.45	3.4	0.73	6.54
K3	424.12	187.18	420.03	176.23	106.46	70.87	313.57	113.7	3.33	0.74	7.09
K4	477.45	208.08	473.03	196.08	110.44	74.77	362.59	130.6	3.32	0.76	7.48
K5	494.62	214.93	489.75	202.56	112.55	76.28	377.2	135.86	3.33	0.77	7.63

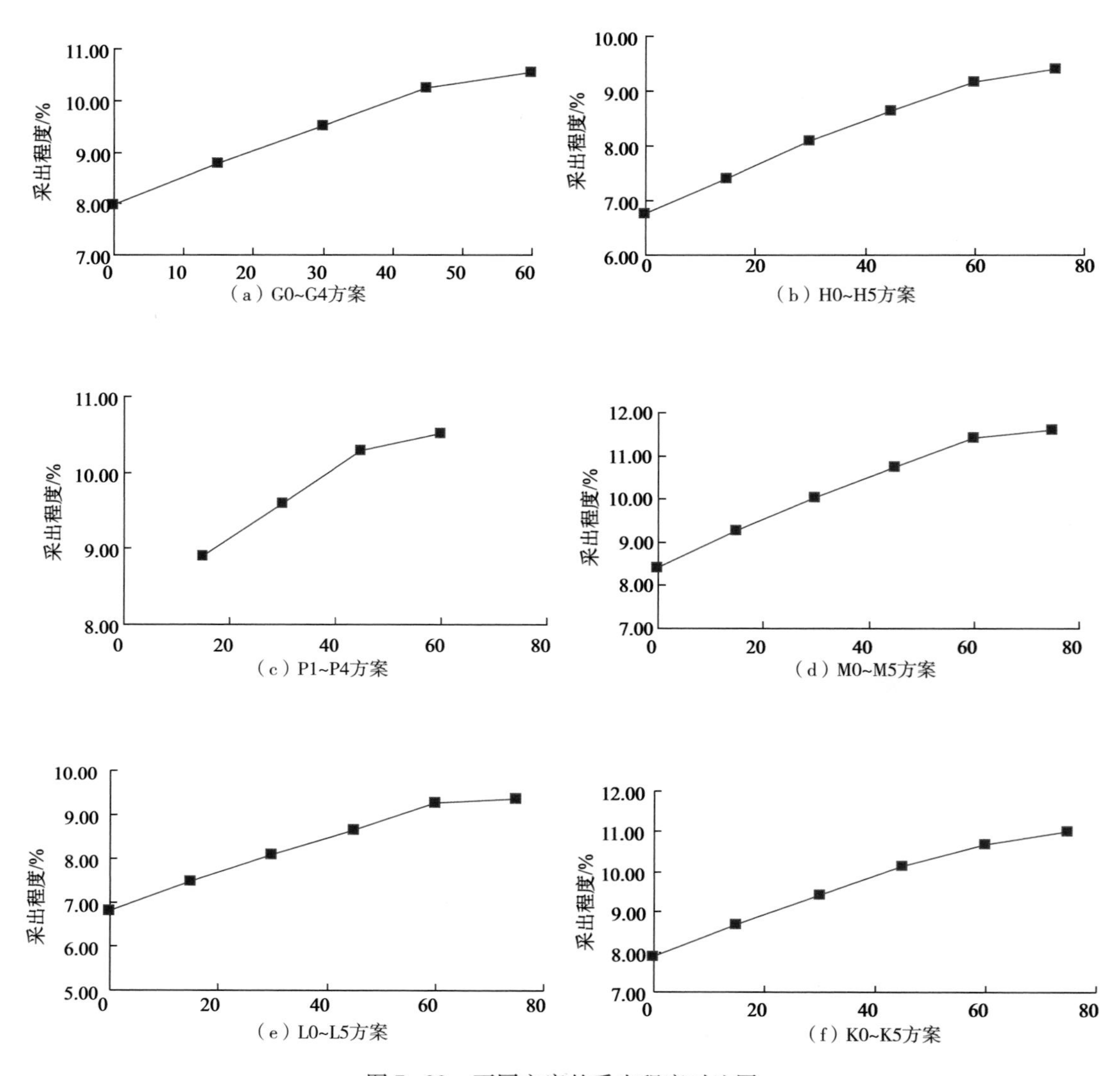

图 7-22 不同方案的采出程度对比图

根据10年期模拟结果，对比截至2012年7月各主要开发指标推荐M4方案，分层注水后，注水在纵向上的吸水剖面得到一定程度的改善，吸水均匀程度提高、注水更充分，充分注水后有效提液可基本达到60%，模拟10年采出程度7.94%。

7.3 空气-泡沫驱区块(唐80井区)

甘谷驿油田唐80井区位于该油田西南部，东西长约4km，南北宽约3.6km，总面积约14.4km^2(图7-23)。本区属陕北黄土塬区，地形起伏不平，地面海拔895~1185m，最大相对高差近300m。2002年，唐80井区大规模上产，采用不规则反九点法井网同步注水开发。该区域目前有注水站1座(丛34井)，配水间13座，注水井107口(含16口注空气、泡沫井），开井99口，水驱控制面积17.84km^2，水驱动用储量874.36×10^4t（其中空气泡沫驱面积1.4km^2，储量68.62×10^4t），动用程度53.64%。累计注采比为0.82，地下亏空16.5×10^4m^3。唐80井区受益采油井580口，开井551口，月采油量3861t，平均单井日产液0.54m^3，日产油0.22t，综合含水率49.01%，累计注采比0.8，目前地层压力1.73MPa。

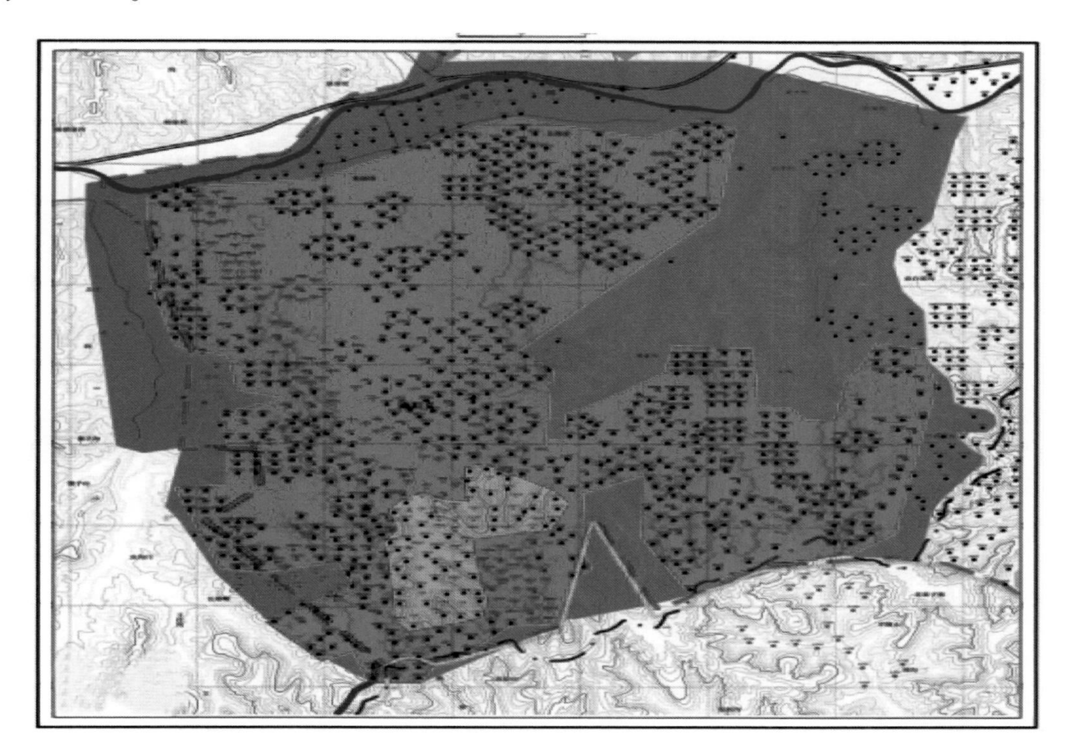

图7-23 唐80井区目前空气－泡沫驱井组分布（黄色区域）

2007年9月，唐80井区引进空气泡沫驱油技术，同时在丛54井、丛55井两口注水井开展实验，鉴于丛54井、丛55井注空气泡沫取得的开发效果，2010年我厂立项扩大注空气泡沫实验规模，由原来的2组井调整到8组井。2011年10月6日，丛34井注空气泡沫站完工并投运，截至2014年11月底累计注空气为49189m^3（在14MPa状态下），累计注泡沫为13076m^3，累计增油3684.1t。目前，平均单井日产油为0.33t/d，综合含水率为34.2%。如表7-20所示，相对于注水区和非注水区，空气－泡沫驱井组取得了较好的生产效益。

表7-20 空气泡沫区对比

项　目	注空气泡沫区	注水区	非注水区
单井日产/t	0.33	0.25	0.15
综合递减率/%	0.7	2.6	11.54
自然递减率/%	1.8	9.4	19.92
含水率/%	34.2	56.7	31.04

7.3.1 储层连通性分析

对非均质性严重的储层而言，水驱或者气驱容易沿着大孔道突破，突破后形成水窜或气窜，开发效果变差。因此，对储层内部的结构和高渗通道的连通性研究尤为重要。以丛49井组为例，结合历史压裂数据，绘制储层生产井和注水井之间的纵向连通图，如图7-24所示。丛49井吸水剖面主要分布在深度为450~470m和475~490m，生产井的压裂层段与之相对应，在该层段形成有效连通通道。

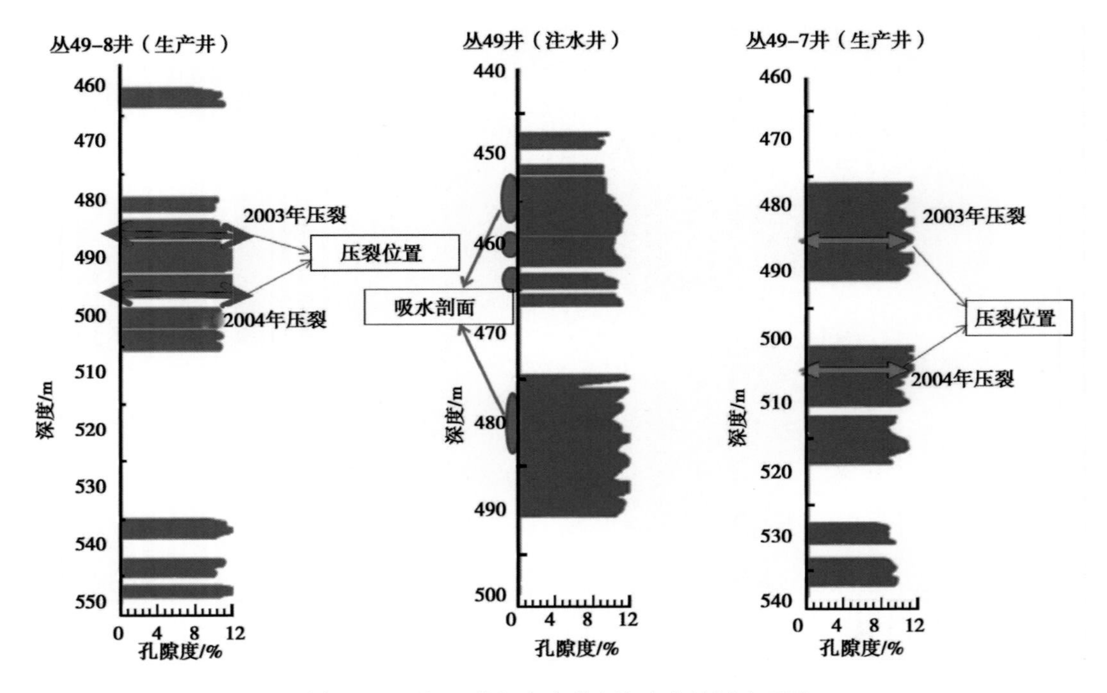

图7-24 丛49井组生产井和注水井储层连通图

生产井丛49-7井的孔渗饱参数如图7-25所示，于2003年和2004年分别压裂不同层段，均为长6^1储层的厚油层，油层平均孔隙度为10%，平均渗透率为$2.8\times10^{-3}\mu m^2$，平均含油饱和度为45%，裂缝所在油层厚度分别为14m和9m。

根据纵向上注水井吸水剖面和生产井的压裂层段位置，丛49井组可形成长6^2流动单元。在长6^2期，丛49-7井位于单独河道，依据泥质含量与孔渗饱参数可以划分为4个流动单元，丛49井与丛49-8井位于2个小规模叠加河道，可划分为2个流动单元，如图7-26所示。若经丛49井长6^2注入水或者泡沫，丛49-8井是受效井，丛49-7井则无法受效。

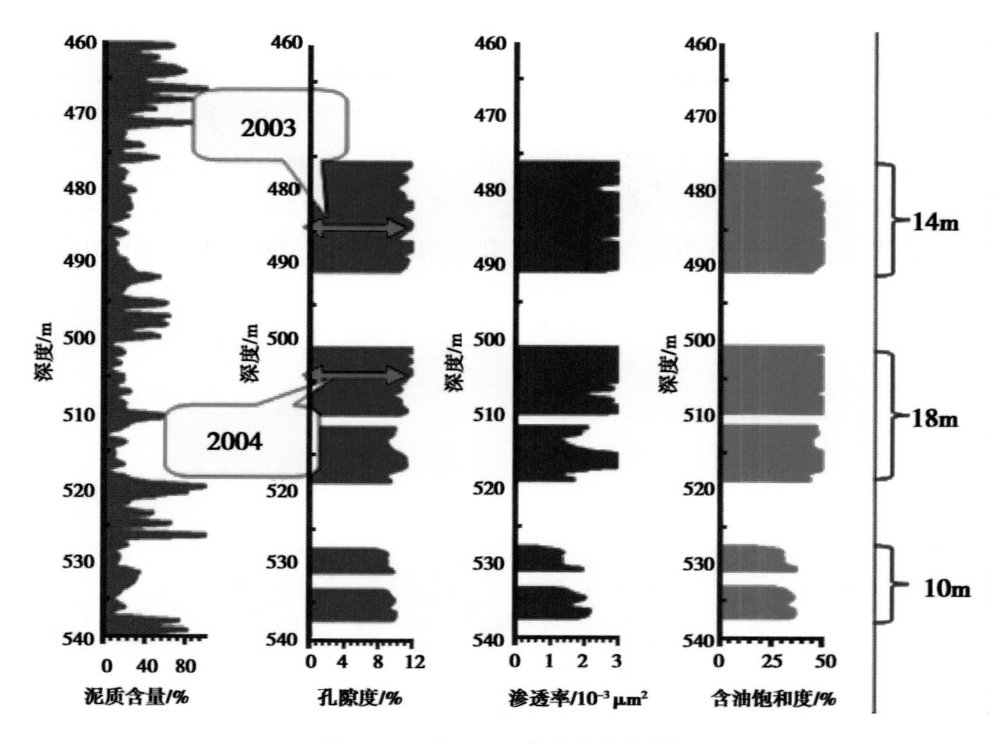

图7-25 丛49-7井孔渗饱分布图

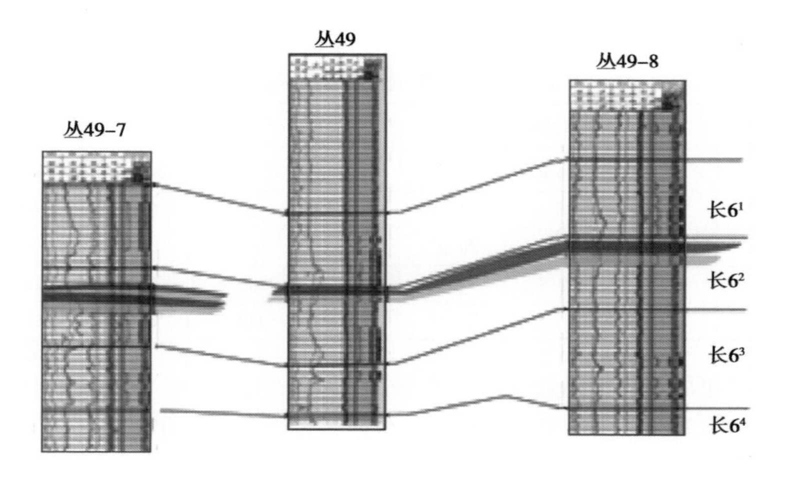

图7-26 丛49井组长6^2流动单元示意图

7.3.2 空气-泡沫驱开发动态评价

1)空气泡沫具有较好的增油降水效果

为了进一步探索提高采收率方法，控制产量递减，2007年9月，唐80井区开展了2个井组的空气泡沫驱油实验。在注空气泡沫初期，采出端表现为产液量升，产油量升，含水升。这是由于空气泡沫初期进入高渗透、高含水层，并对高渗透、高含水层起着封堵、调剖的作用。随着空气泡沫段塞的注入，产液量下降，产油量上升，含水下降，此时由于高含水层封堵，空气泡沫段塞开始进入低渗透层，扩大波及体积，采出端进入受效高峰期。注空气泡沫结束时，含水下降到最低值，此时产液 487.5t，产油 443.7t，含水 8.99%，与注空气泡沫前相比，增油 181.8t，含水下降 18.75%。9 口井含水下降值在 10%以上，占井组井数的 56.3%，其中 5 口井含水下降值在 30%以上，平均含水下降 43.33%，增油 191.7t，取得较好的增油降水效果(图 7-27、表 7-21)。

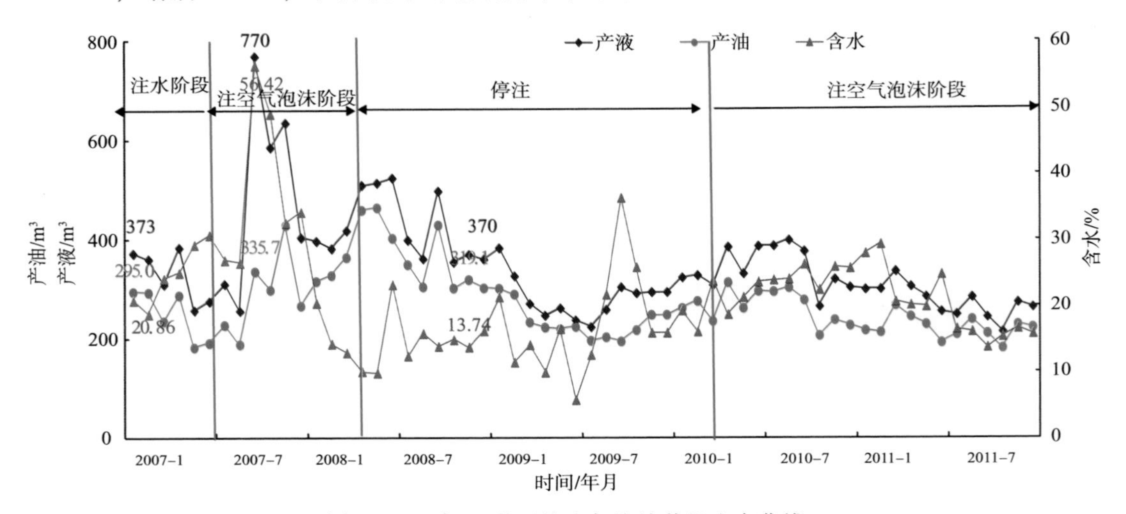

图 7-27　唐 80 井区注空气泡沫井组生产曲线

表 7-21　唐 80 井区注空气泡沫井组效果对比(第一段塞)

含水下降值/%	井数/口	注空气泡沫前			注空气泡沫结束			差　值	
		产液量/t	产油量/t	含水/%	产液量/t	产油量/t	含水/%	产油量/t	含水/%
<10	7	192.3	164.2	14.58	140.7	129.3	8.07	-34.9	-6.51
10~30	4	65.3	47.0	28.07	82.1	72.0	12.33	25.0	-15.74
>30	5	105.0	50.7	51.66	264.8	242.4	8.45	191.7	-43.22
合　计	16	362.5	261.9	27.75	487.5	443.7	8.99	181.8	-18.75

注空气泡沫结束后，含水仍处于较低水平，说明空气泡沫对高含水层有较好的封堵作用。但由于注入量降低，采出端供液不足，产量递减较快。2010 年 4 月，开始注入第二段空气泡沫段塞，其动态反映特征与第一段塞相同，产液量和含水先升后降，但含水下降幅度小于第一段塞。与注空气泡沫前相比，增油 15.4t，含水下降 8.9%，含水下降值在 10%以上的井数为 8 口，占总井数的 50%，有 3 口井含水下降值在 15%以上(表 7-22)。

表 7-22　唐 80 井区注空气泡沫井组效果对比(第二段塞)

含水下降值/%	井数/口	注空气泡沫前			注空气泡沫受效期			差　值	
		产液量/t	产油量/t	含水/%	产液量/t	产油量/t	含水/%	产油量/t	含水/%
<10	8	130.0	113.22	12.9	102.9	92.1	10.5	-21.1	-2.5

续表

含水下降值/%	井数/口	注空气泡沫前			注空气泡沫受效期			差　值	
		产液量/t	产油量/t	含水/%	产液量/t	产油量/t	含水/%	产油量/t	含水/%
10 ~ 15	5	213. 4	146. 56	31. 33	157. 6	126. 9	19. 48	−19. 6	−11. 8
>15	3	20. 9	13. 0	37. 69	83. 5	69. 2	17. 16	56. 2	−20. 5
合计	16	364. 4	272. 8	25. 13	344. 1	288. 3	16. 22	15. 4	−8. 9

2)平面上东北和西南方向收效好于其他方向

在注空气泡沫初期，平面上注水井东北和西南方向为高含水方向(图 7−28)，如从 54 −7 井含水 62. 8%、从 55 −5 井含水 63. 2%，其他方向的井含水均在 30% 以下。注空气泡沫后，高含水方向受效早，受效后表现为含水大幅度下降，而产液量上升，产油量上升，说明高含水方向推进速度较快，供液充足，见到较好的驱油效果。如从 54 −7 井前后对比，月增液 10. 2t，月增油 21. 5t，含水下降 46. 79%。原低含水方向受效晚于高含水方向，受效后含水下降，但产液量下降幅度较大，这部分井在水驱时就表现为注水受效困难，注空气泡沫后由于空气泡沫对地层的封堵作用使产液量、产油量下降，注入端注入困难，采出端供液不足，效果不及高含水方向。如从 54 −4 井前后对比，月降液 5. 7t，月降油 1t，含水下降 20. 44%(图 7−28)。这部分井受效后产液量低、含水低，建议在受效时期对这部分井进行压裂，释放空气泡沫驱开发效果。

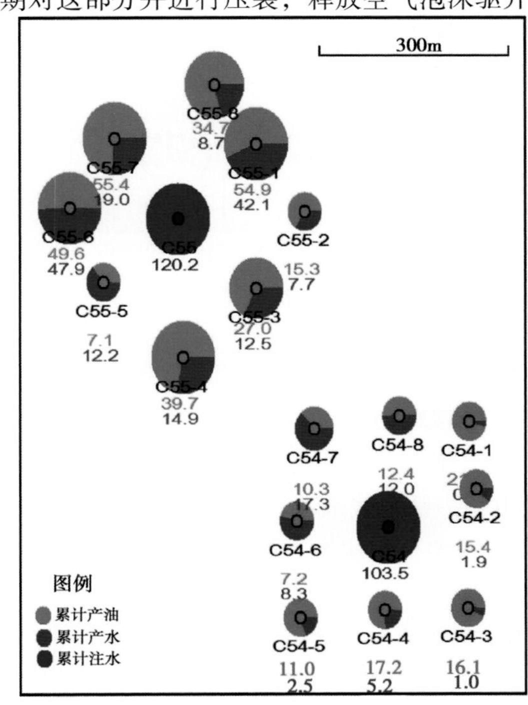

(a) 空气泡沫驱初期　　(b) 空气泡沫驱受效期

图 7−28　空气泡沫驱初期和受效后井组月产量饼状图

3)泡沫驱井组水驱阶段与泡沫驱阶段对比

有2个井组于2007年最早注入空气泡沫，注入9个月后开始注水，2010年3月继续注入空气泡沫，期间其他6个井组一直注水。2011年10月扩大到8个空气泡沫驱井组。从8个井组的注采曲线来看，注空气泡沫阶段，随着注入量增加，注入压力上升，视吸液指数大幅下降，尤其是目前8个井组均注入空气泡沫时，与注水阶段对比视吸液指数由0.93m^3/(d·MPa)下降至0.21m^3/(d·MPa)，下降77%，下降幅度较大。说明空气泡沫液注入能力下降幅度较大，注入能力较低(图7-29)。

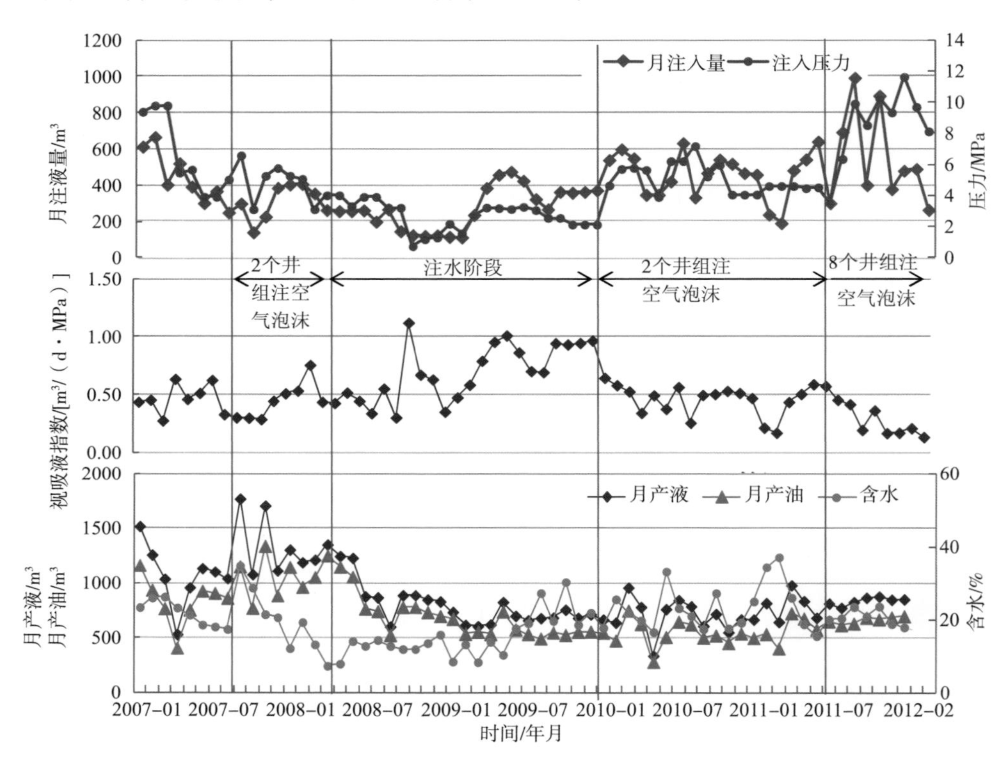

图7-29 唐80井区空气泡沫井组注采曲线

从采出曲线看，空气泡沫驱具有较强的封堵能力和增油降水效果。2007年2个井组进行空气泡沫驱时，产液量从1303t下降至553t，下降幅度为57.5%，下降幅度较大。含水从34.7%下降到最低点12.7%，下降22%。与空气泡沫驱前对比增油243t，取得较好的增油降水效果。2011年10月扩大到8个泡沫驱井组，从曲线来看，产液下降，含水下降，产油稳定，与早期的2个井组动态变化特征相似，注空气泡沫4个月后含水下降4.64%。

4)平面上泡沫驱井组与水驱井组效果对比

(1)注入能力对比。注空气泡沫前，空气泡沫驱井组与水驱井组的视吸液指数水平接近，无较大差异，2个井组进行空气泡沫驱后，空气泡沫驱井组的视吸液指数比水驱井组低，到注水阶段又开始接近，到后期8个井组均注入空气泡沫时，视吸液指数大幅下降，与水驱井组对比下降69.7%。空气泡沫驱井组注入能力低于水驱井组(图7-30)。

(2)含水对比。注空气泡沫前，空气泡沫驱井组与水驱井组的含水水平相差不大，2个井组进行空气泡沫驱后，空气泡沫驱井组的含水大幅度下降，比水驱井组低；2010年空气泡沫驱井组含水开始回升，与水驱井组接近。到2011年水驱井组含水持续上升，8个井组均注入空气泡沫后含水下降，目前含水18.8%，比水驱井组低29.6%。空气泡沫驱井组增油降水效果显著(图7-30)。

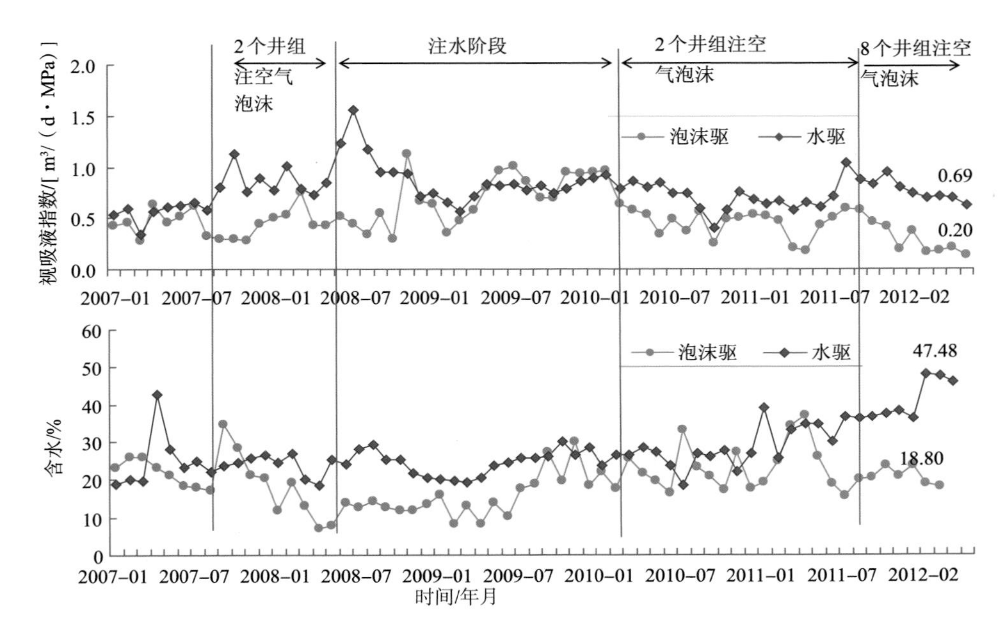

图7-30 唐80井区空气泡沫驱与水驱对比曲线

5)唐80井区空气-泡沫驱存在的问题

唐80井区空气-泡沫驱尽管取得了明显的效果，但是也暴露出一些潜在的问题：

(1)储层纵向与平面孔渗非均质性不明确，非均质程度没有量化。

(2)注水开发过程剩余油分布特征以及水驱阶段水窜机理不清楚。

(3)储层温度、压力、含油、含水条件下的空气-泡沫的生成、扩展、运移、聚并及破灭理论等方面的研究较少。

(4)泡沫的稳定性是决定泡沫驱长期有效的关键，导致泡沫破裂的因素很多，例如重力排液、液膜破裂、气体扩散、表面活性剂在岩石上的吸附等，矿场尺度下的泡沫破坏主导因素还有待研究。

(5)空气-泡沫驱生产动态还需深入分析研究。

(6)当前的空气-泡沫驱注采参数(注入周期、注入量、段塞设计、生产压差等)多基于室内实验结果及矿场实践经验，考虑到室内条件和矿场环境的差异性，需要对室内实验结果进行改进，同时由矿场经验确定的注采参数很难复制应用到另一个油藏，因此急需一套合理、科学的参数优化方法。

(7)当前的泡沫液发泡方式、地面装置的配置不完全合理，难以达到预期的注入能力。

7.3.3 低渗透油藏空气-泡沫驱驱油机理

1)空气驱油主要机理

空气驱不但具有一般注气的作用，而且具有低温氧化产生的其他效果，主要机理包含四个方面：

(1)靠重力分异作用，回采构造上部注入水未能波及到的剩余油。

(2)靠油气重力排驱作用，排出了水驱油过程中被重力搜集在上端封闭、开口朝下的“上方洞”中的残余油。

(3)气驱能驱替水驱波及不到的微细裂缝中的剩余油。

(4)空气与油藏中残余油发生 LTO(低温氧化)产生大量的二氧化碳、水以及含氧的烃类化合物(如醚、醛和酮等)。氧化反应的程度与原油特征、岩石和流体性质及油藏的温度、压力等有直接关系。放热反应使温度升高，导致原油中的轻质组分蒸发。氧化生成的一氧化碳、二氧化碳、空气中的氮气以及蒸发的轻烃组分等组成的烟道气驱替地层原油。

其机理包括：气体对原油的重力驱作用及促使原油膨胀与蒸发；高温高压下超临界蒸汽作用；气体对原油可能产生的混相作用。因此，注空气的驱油机理主要包括烟道气驱油机理、混相驱机理和原油膨胀机理等。

2)泡沫驱主要机理

空气泡沫驱油的原理为利用空气加起泡剂经气液接触后产生泡沫(图 7-31)。

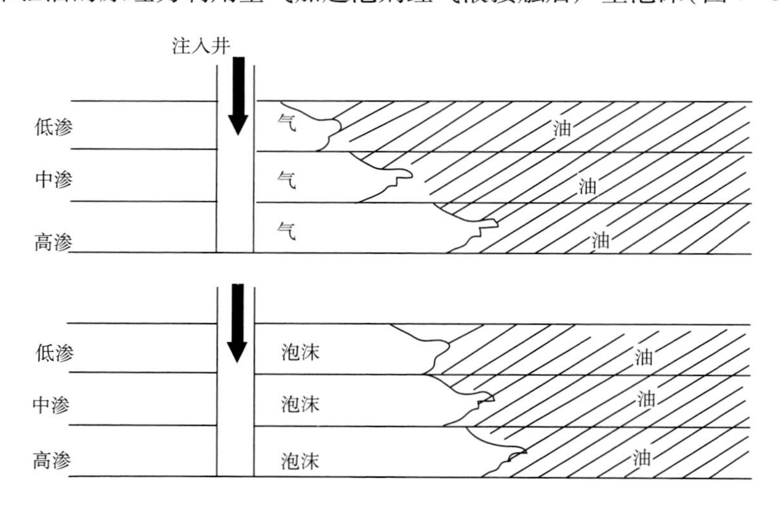

图 7-31 室内泡沫驱油实验示意图

(1)起泡剂本身是一种活性很强的表面活性剂，具有改变岩石表面润湿性和较大幅度降低油水界面张力，使原来呈束缚状态的油通过油水乳化、液膜置换等方式成为可流动的油。

(2)当泡沫的干度在一定范围时，其黏度大大高于基液的黏度，改善了驱替液与油的流度比，提高了波及系数。

(3)泡沫流动需要较高压力梯度，从而克服岩石孔隙毛管力，把小孔隙中的油驱出。泡沫首先进入渗透率高的大孔道，随着注入量的增加，逐渐形成堵塞，阻止泡沫进一步流入大孔道，使其更多地进入低渗透小孔道，直到泡沫占据整个岩心孔隙，此后驱动流体较均匀地推进，将大、小孔道(即高、低渗透率岩心)内的原油全部驱替出来。

(4)泡沫进入地层后，由于泡沫具有“遇油消泡、遇水稳定”的性能，不消泡时其黏度不降，消泡后黏度降低，从而起到“堵水不堵油”的作用，提高驱油效率。

(5)泡沫黏度随剪切速率的增大而减小，在高渗透层中黏度大、在低渗透层中黏度小，因而泡沫能起到“堵大不堵小”的作用。

泡沫的低密度与高弹性能显著降低驱动流体的流度，增大其洗油能力，提高油层的驱油效率。因此，泡沫既能提高油层的波及系数，又能提高其驱油效率，从而增加可采储量。

3)空气-泡沫驱复合驱油优点

空气-泡沫驱提高采收率技术创造性地将空气驱和泡沫驱有机地结合起来，它综合了泡沫驱与空气驱的优点，成本很低，增油效果明显，尤其适用于高含水、非均质严重、存在裂缝或大孔道的油藏。用泡沫作为调剖剂，空气作为驱油剂，本着“边调边驱”的原则，具有调剖和驱油的双重功能，克服了空气驱“气窜”的缺点。把空气作为泡沫和气驱的一种气体资源，来源充分，取之不尽，并且综合成本低，具有重要的实际应用价值。

7.3.4 唐 80 井区油藏数值模拟

1)地质模型的建立及参数优选

(1)地质模型的建立。

建立油藏三维定量化地质模型就是把油藏的各种开发地质特征在空间的分布定量地描述出来，其重点是储层系统的三维分布，它能够揭示储层的非均质特征，指导油田开发生产工作。

对唐 80 井区精细油藏地质模型进行粗化，利用 Eclipse2008 油藏数值模拟软件建立油藏数值模型，并进行流体、压力等参数设置。

根据小层数据将纵向划分为 8 个小层，选取网格在平面上为均匀网格，网格步长为 $d_x=25m$，$d_y=25m$，数值模拟总节点数为 287648($178\times202\times8$)个。如图 7-32 所示为唐 80 井区数值模型网格图。

(2)地层和流体参数。

地层和流体参数主要包括原始地层压力，储层岩石、油气水的压缩系数，油气水密度，油气水黏度，油藏原始油水及油气界面。本次模拟计算所采用的地层及流体参数见表 7-23。

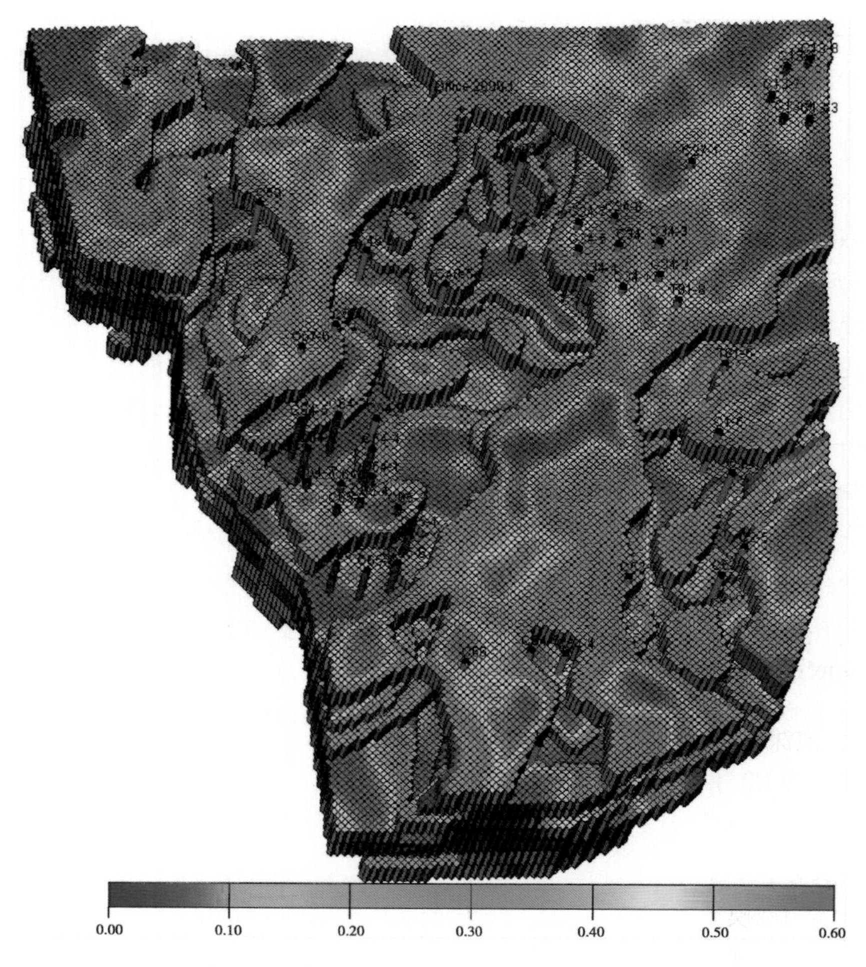

图 7-32　唐 80 井区数值模拟研究区域网格图

表 7-23　唐 80 井区地层及流体基本参数

取样井段/m	548～550	地层原油黏度/mPa·s	4.29
油层温度/℃	24.8	气油比/(m^3/t)	11.2
油层压力/MPa	4.9	体积系数	1.036
饱和压力/MPa	1.12	收缩率/%	15.2
压缩系数/(10^{-4}/MPa)	9.0	地层原油密度/(g/mL)	0.824
溶解系数/(m^3/MPa)	8.75	天然气相对密度	1.2061

(3)流体高压物性 *PTV* 数据。

油的黏度(μ_o)、油的体积压缩系数(C_o)、气相压缩因子(Z)、气的黏度(μ_g)等参数随压力变化的情况(表 7-24)。

表7-24 唐80井区油藏流体高压物性 *PTV* 数据

序 号	压力/bar	原油体积系数	原油黏度/mPa·s
1	2	1.0598	5.413
2	10	1.0593	5.427
3	20	1.0586	5.44
4	30	1.0575	5.453
5	40	1.057	5.467
6	50	1.0563	5.48
7	60	1.0558	5.493
8	70	1.055	5.507
9	80	1.0543	5.52
10	90	1.0537	5.533
11	100	1.0531	5.547
12	110	1.0523	5.56
13	120	1.0517	5.573
14	130	1.0508	5.587

注：$1bar = 10^5 Pa$。

2)空气-泡沫驱井组数值模型

(1)数值模型的建立。

选取唐80井区空气泡沫驱8个井组，利用CMG数模软件STARS模块建立数模模型，平面网格步长为15m，总网格为$113 \times 67 \times 8 = 60568$，并进行油藏参数设置(图7-33)。

岩石流体物性模型主要包括流体、岩石的高压物性，流体相对渗透率资料及原始条件下地下流体的饱和度分布。

油样的组分见表7-25。在热采数值模拟研究中，可以将原油看成多组分构成的混合物，把物理性质相同的化合物看作一个组分，通过*PVT*软件归并、拟合得到与实际油样性质相似的拟组分原油。拟组分划分见表7-26。

表7-25 唐80井区长6油层油样组分

组分名称	含量/%	组分名称	含量/%
CO_2	0.28	C_5	1.671
N_2	1.284	C_6	1.956
C_1	24.362	C_7	3.197
C_2	3.757	C_8	5.992
C_3	7.805	C_9	4.500
C_4	2.371	C_{10}	3.893
C_4	0.775	C_{10+}	35.388
C_5	2.769		

图 7－33　唐 80 井区空气泡沫驱数模模型网格图

表 7－26　拟组分摩尔分数

拟组分名称	CO_2	N_2	C_1、C_2	$C_3 \sim C_6$	$C_7 \sim C_9$	C_{10^+}
摩尔分数(小数)	0.0028	0.01284	0.28	0.17	0.14	0.394

8099 井 1 9/54－4 相对渗透率曲线表明，随着含水饱和度上升，油相渗透率急剧下降，水相渗透率缓慢上升，等渗点岩心含水饱和度为 58.5%，油有效渗透率为 $0.079\times10^{-3}\mu m^2$，残余油时水相有效渗透率为 $0.022\times10^{-3}\mu m^2$(表 7－27)。

表 7－27　油水相对渗透率综合数据

实验编号	井号	岩心号	深度/m	气测渗透率/$10^{-3}\mu m^2$	孔隙度/%	地层水测渗透率/$10^{-3}\mu m^2$	束缚水饱和度/%	残余油饱和度/%	束缚水时		交点处		残余油时	
									含水饱和度/%	油有效渗透率/$10^{-3}\mu m^2$	含水饱和度/%	油有效渗透率/$10^{-3}\mu m^2$	含水饱和度/%	水相有效渗透率/$10^{-3}\mu m^2$
4	8099	19/54－4	579.58	0.793	10.14	0.389	37.75	31.1	37.75	0.127	58.5	0.079	74.28	0.022

(2)历史拟合结果及分析。

以定采油量控制方式生产，对研究区块进行了历史拟合。将模拟计算的动态结果与实际生产动态中的累计产液、累计产油、累计产水以及含水率进行对比，区块整体拟合曲线如图 7－34、图 7－35 所示，单井拟合曲线如图 7－36 所示。区块整体拟合误差在 5% 左右(表 7－28)，单井拟合精度在 75% 以上。

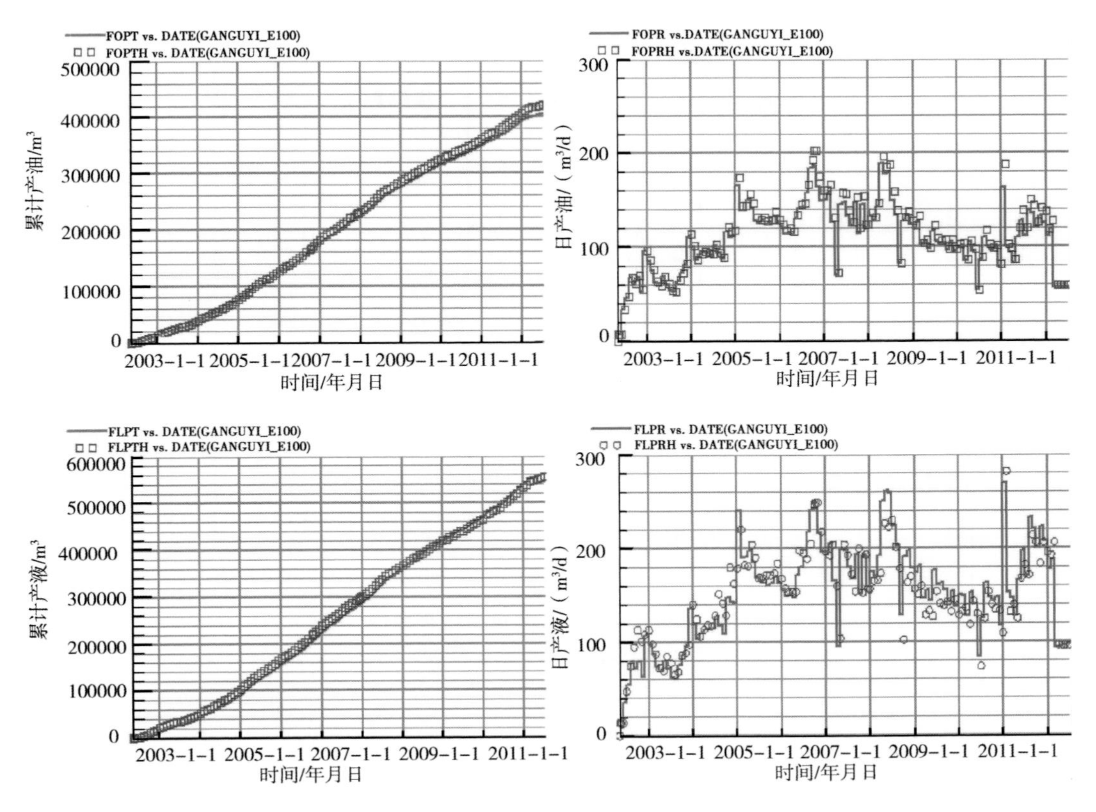

图 7-34 唐 80 井区产油、产液拟合曲线

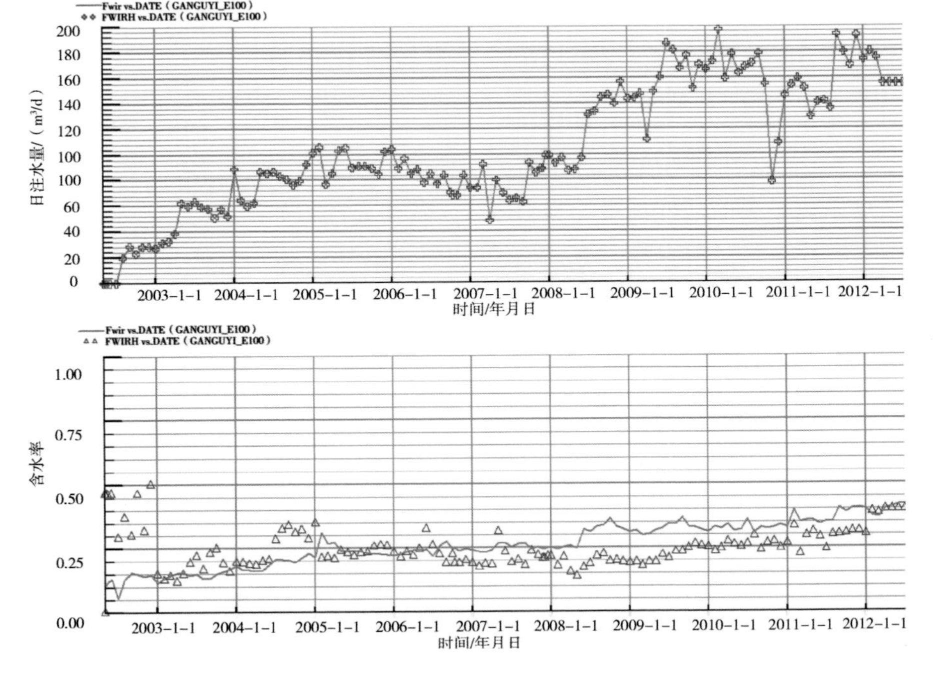

图 7-35 唐 80 井区注水量与含水率拟合曲线

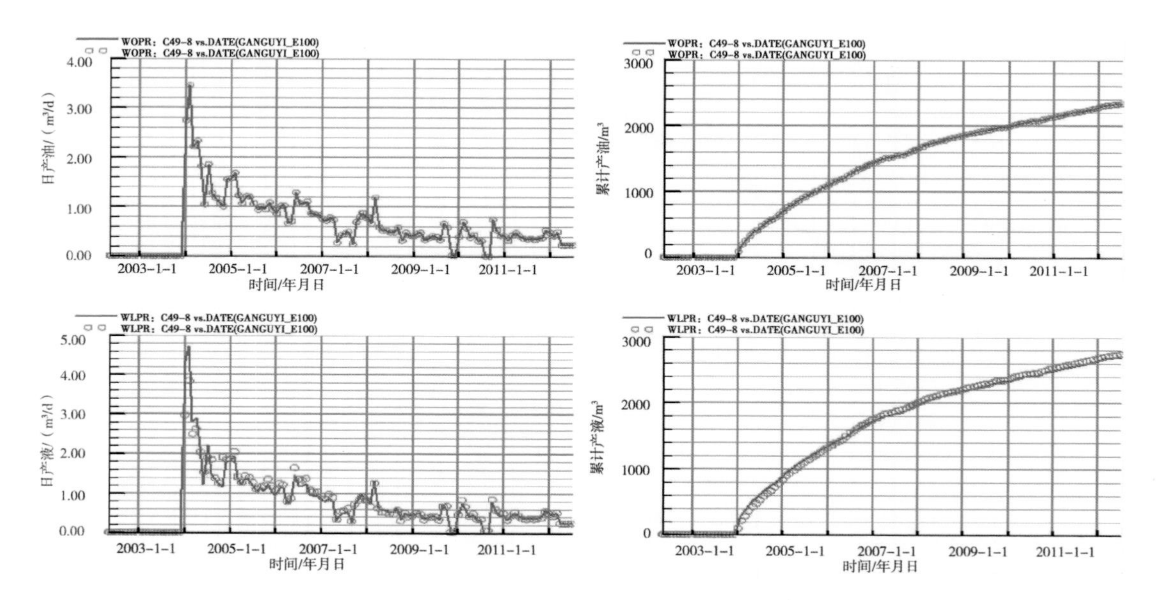

图 7-36　从 49-8 井单井拟合曲线

表 7-28　模拟区累计产液、产油、产水，注水拟合结果

内　容	储量/10^4t	累计产油/10^4t	累计产液/10^4t	累计产水/$10^4 m^3$
模拟	455.0	34.257	47.49	13.23
实际	471.6	33.86	46.39	12.63
误差/%	-3.52	1.17	2.37	4.75

7.3.5　唐 80 井区空气-泡沫驱开发参数优化设计

1）新型起泡剂的合成及发泡性能评价

（1）阳离子表面活性剂 HECA 的合成。

一种新型阳离子表面活性剂被称为 HECA，其合成过程如图 7-37 所示：

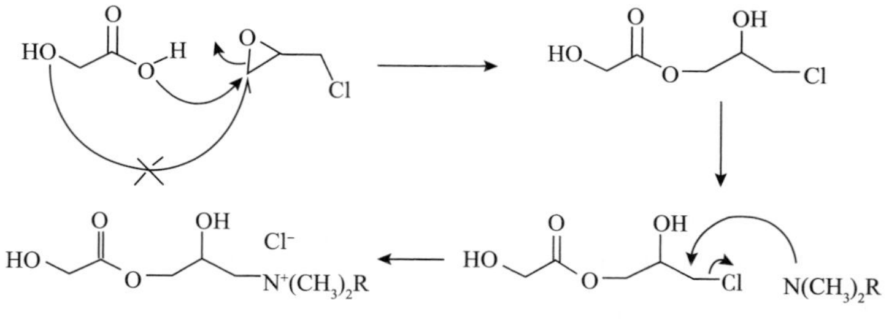

图 7-37　HECA 表面活性剂的合成过程

该合成反应可分为三步完成，其中第二步反应的条件包括温度、反应时间和摩尔比。合成实验结果表明，温度对反应过程影响很大，低温时的收益率很低，但是当温度超过 80°C 后几乎不再起作用。如图 7-38 所示，当温度为 80°C 时，收益率为 92%，其中收益率最高可达到 93%，对应的温度为 84°C，因此可以选择 80°C 为最合适的反应温度。

同理，控制其他参数一定，不断延长反应时间，记录收益率与反应时间的关系，可得到收益率与反应时间的关系，如图 7-39 所示。

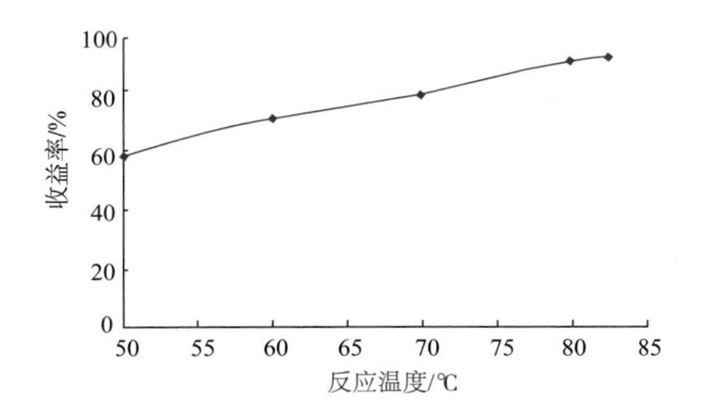

图 7-38 HECA 合成过程中收益率与反应温度的关系曲线

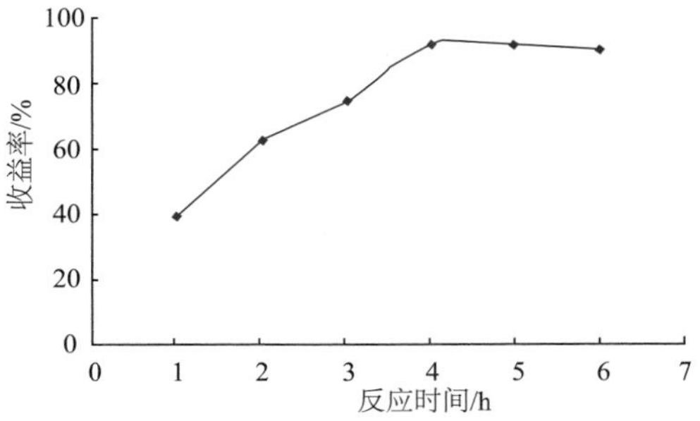

图 7-39 HECA 合成过程中收益率与反应时间的关系曲线

(2) 阳离子表面活性剂 HECA 的界面性质。

通过对表面活性剂水溶液的表面张力进行测量，可得到 25°C 下该表面活性剂的表面张力随浓度的变化关系，如图 7-40 所示。

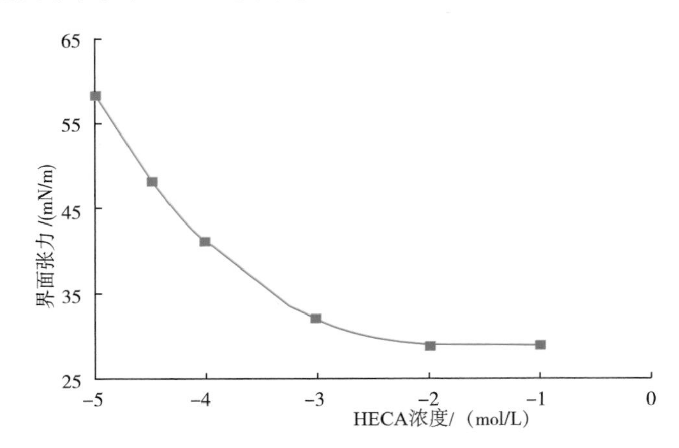

图 7-40 界面张力与 HECA 浓度之间的关系曲线

由图 7-40 可知，整体上表面张力随着 HECA 浓度的增加而降低，当浓度为 1×10^{-3} mol/L 时，界面张力为 32.1mN/m，进一步增加 HECA 浓度，表面张力几乎不再继续降低，该表面活性剂可形成的最低界面张力大约为 28.9mN/m。

(3) 阳离子表面活性剂 HECA 的发泡能力和泡沫稳定性评价。

用 HECA 作为起泡剂经高速搅拌可形成一定体积的泡沫，通过测量不同浓度下生成的泡沫体积和泡沫体积衰减到一半时的时间，可定量评价不同起泡剂浓度的性能。结果见表 7-29。

表 7-29 HECA 的发泡能力及泡沫稳定性

浓度/(mol/L)	泡沫体积/mL	半衰期/s
1×10^{-4}	260	122
5×10^{-4}	310	175
1×10^{-3}	455	202
5×10^{-3}	555	246
1×10^{-2}	575	260
2×10^{-2}	575	262

由表 7-29 可以看出，表面活性剂的浓度最高为 5×10^{-3}mol/L 最为合适，超过该浓度泡沫体积和半衰期几乎不再继续增加，该结果与界面张力的测量结果也比较接近。总体而言，该阳离子表面活性剂的发泡能力较好，泡沫稳定性也较强，可用于泡沫驱的发泡剂材料。

2)泡沫干度优化设计

泡沫干度(泡沫的特征值)是泡沫体系在一定温度、压力下，气体体积 V_S 与泡沫体积 V_F 之比。模拟注气 10 年仅改变泡沫干度，分别为 0.3、0.5、0.7、0.9，当干度增大时，10 年采出程度先快速提高，当泡沫干度增大到一定值时，10 年采出程度提高速度变缓，如图 7-41 所示，合理的泡沫干度应在 0.7 左右(表 7-30)。

表 7-30 泡沫干度优化参数设计方案

干 度	0.3	0.5	0.7	0.9
井底空气/m^3	3	5	7	9
泡沫/m^3	10	10	10	10
泡沫溶液/(m^3/d)	7	5	3	1
标况空气/(m^3/d)	652	1086	1520	1955

泡沫干度越大，产生的泡沫质量越高，随着泡沫质量的升高，泡沫的稳定性和视黏度也随着升高。气量的增多，也使液体更多地被带入低渗透层，发挥超低界面张力驱油作用。从微观角度分析认为，在泡沫质量较高的情况下，气液界面曲率半径变大，使得泡沫气泡膜的弹性增强，使泡沫更容易进入并有效封堵高渗透层，使驱替流体更多地分流进入中、低渗透层，调整注入剖面，并最大程度地发挥了泡沫流度控制作用。但泡沫干度增大到一定程度时，由于气体相对液体太多，高质量泡沫的黏度逐渐开始趋向于气体的黏度，所以特别是在高渗透带中几乎没有封堵作用。这些因素综合在一起，使得增大泡沫干度可以提高驱油效率，提高采收率，但当泡沫干度增大到一定值时，10 年采出程度提高速度变缓(图 7-41)。

从图 7-41 可以看出，泡沫干度为 0.7 时，泡沫、空气交替段塞提高采出程度幅度最大，发泡剂、空气、水交替段塞次之，泡沫、水交替段塞提高采收率效果较差。

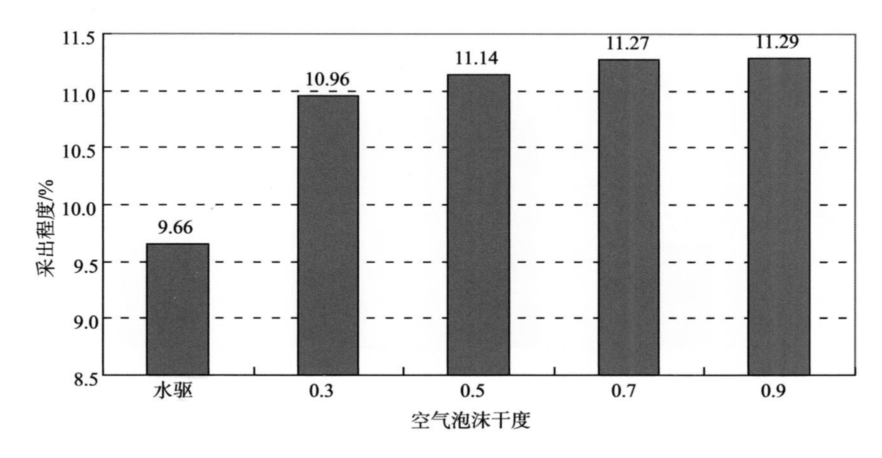

图 7-41 不同泡沫干度下采出程度

3)泡沫液注入速度优化设计

在水气交替注入过程中，用表面活性剂溶液代替水，气体与表面活性剂溶液混合产生泡沫，可以大大降低气体的流度(一般可以降低 50% 以上)，能够更有效地控制水窜和气窜，较大幅度地提高驱替波及系数和原油采收率。

泡沫液是表面活性剂，气体和泡沫液到达含油饱和度高的部位和未驱扫过的层位后，由于起泡剂的特性，在含油饱和度高的地带不会产生泡沫，但起泡剂扩散在油层中能够降低油的表面张力，增加油相的相对渗透率，有利于原油的流动，进而提高驱油效率。泡沫液的注入速度关系到泡沫的封堵性能的好坏，以及气体突破时间。如果泡沫液注入速度过快，泡沫液不能和气体很好地混合产生更多的泡沫，致使泡沫不能更好地发挥其封堵地作用。

模拟注气 10 年，只改变泡沫液的注入速度，分别为 $6m^3/d$、$8m^3/d$、$8m^3/d$ 和 $10m^3/d$。10 年采出程度随泡沫液注入速度的增大而最大，当泡沫注入速度超过 $10m^3/d$ 时，采出程度增加幅度明显减缓，因此合理的注入速度应该 $10m^3/d$ 左右(表 7-31、图 7-42)。

表 7-31 泡沫注入速度优化参数设计方案

速度/m^3	6	8	10	12
干度	0.5	0.5	0.5	0.5
泡沫溶液/(m^3/d)	3	4	5	6
标况空气/(m^3/d)	652	908	1135	1362

分析得出：泡沫的封堵性能随泡沫液注入速度的增加而减弱。当以较低的速度交替注入空气和泡沫液时，泡沫液和气体可以很好地混合产生更多的泡沫，使泡沫封堵性增强，且气体突破时间延长，提高驱替波及系数和原油采收率。因此，为了延缓气体突破时间，适当降低泡沫注入速度。

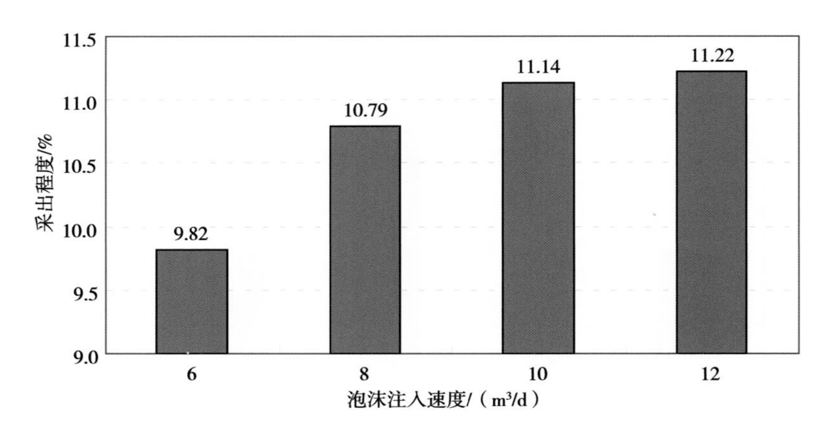

图 7-42　泡沫液注入速度对 10 年采出程度的影响

4)泡沫液浓度优化设计

泡沫液浓度增加，可以使发泡量增加，则泡沫的封堵能力增强，泡沫稳定性加强，驱油效率提高。泡沫驱时，起泡剂的消耗主要包括液膜生成、吸附和洗油三个方面。找到合适的泡沫液浓度不仅有利于提高驱油效率，也有利于降低开采成本。

模拟注气 10 年，改变泡沫液表面活性剂的摩尔浓度，分别为 0.35%、0.5%、0.65% 和 0.8%（表 7-32）。随着浓度的增加，10 年采出程度随着泡沫液的增加先是提高，但增大到一定浓度时，采收率提高幅度减缓，如图 7-43 所示。

表 7-32　泡沫液质量浓度参数设计方案

泡沫液质量浓度/%	0.2	0.35	0.5	0.65	0.8
泡沫/(m^3/d)	10	10	10	10	10
泡沫溶液/(m^3/d)	5	5	5	5	5
标况空气/(m^3/d)	1086	1086	1086	1086	1086

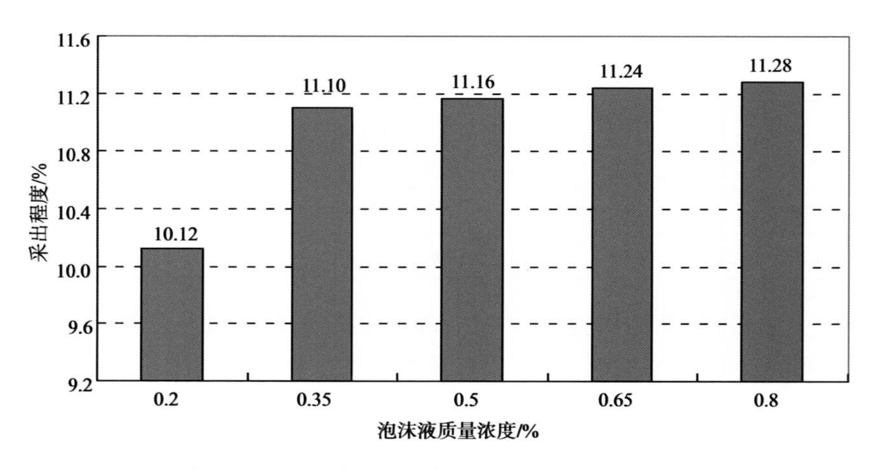

图 7-43　泡沫液质量浓度对 10 年采出程度的影响

说明随着起泡剂浓度的增加，起泡剂溶液与气体混合产生的泡沫增多，封堵能力增强。但由于气、液注入地层后，会优先流向渗透率高的部位并生成泡沫，泡沫聚集成团产生气阻效应，封堵该部位的流动通道，使随后注入的气、液等驱替流体改变流动方向，流向渗透率低的部位进行驱替，从而提高波及体积，所以随着泡沫液浓度的增加，起泡剂在低含油饱和度区间增加幅度较大，使驱油效率增加幅度减缓。因此，存在最佳浓度，超过该浓度，继续增加浓度对驱油效率的影响不大。泡沫剂注入浓度还应该综合经济因素，一般定为0.35%～0.5%。

5）注入压力优化设计

压力可以从多个方面对泡沫产生影响，压力升高，会使泡沫的稳定性得到增强，此外，压力还可以通过泡沫质量、密度等参数间接地影响泡沫的流变性能。压力的微小变化会引起泡沫流体中气体体积的显著变化，从而导致泡沫质量、密度等参数的变化。在泡沫体系中，随着压力的增加，使得泡沫中气泡被压缩，气泡的平均尺寸减小，在一定的剪切速率范围内，泡沫流体的表观黏度也就随压力升高而相应增加。在模拟计算中，针对注入压力14MPa、18MPa、22MPa和26MPa四种注入压力进行了空气泡沫驱油的模拟研究。可见当注入压力超过20MPa时，采出程度增加幅度明显降低，因此合理的注入压力应为18～22MPa（折算到井口注入压力为13～17MPa）（图7-44）。

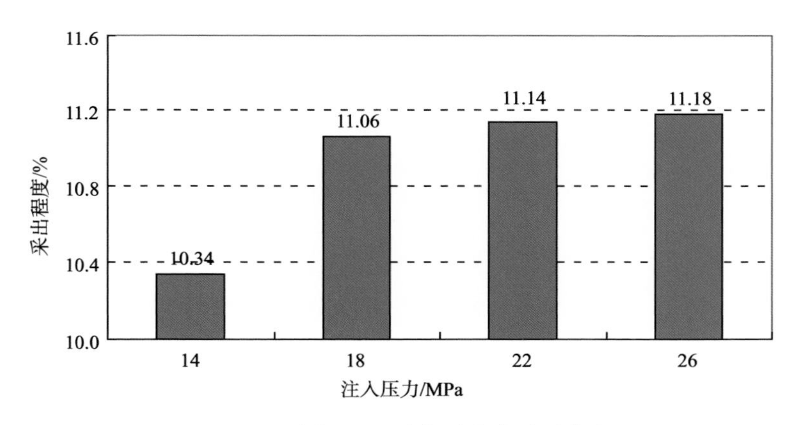

图7-44　不同注入压力与采收率关系直方图

随着注入压力的增加采收率提高，但提高趋势逐渐趋缓。分析原因认为，随着注入压力的增加，空气泡沫体系稳定性增强，表观黏度增加，这使得空气泡沫体系对高渗层中大孔道的封堵能力得到加强，从而使得后续注入液发生转向，进入水驱未波及的区域，因而扩大了波及体积，提高了采收率。

6）段塞周期优化设计

模拟注气10年，改变泡沫、空气、水交替注入时的注入周期，分别为15d、30d、45d、60d、90d和120d。发现随着段塞周期的增大，10年采出程度呈降低状态（图7-45），考虑到操作因素，段塞注入周期应在30d左右。

这表明，在空气泡沫驱气、液交替注入过程中，气、液交替段塞越小，交替频率越大，10 年采出程度越大。分析认为：如果交替段塞较大，则驱替作用的主要是由气体和液体单独进行，难以形成真正的泡沫进行泡沫驱替。因为在多孔介质中，泡沫一般由以下三种机理产生和运移的，即液膜滞后，气泡缩颈分离和液膜分断，这些机理的前提条件是需要气体和液体不断地相互作用，如果气体和液体间隔的段塞较大，由于气体和液体的密度、黏度等性质存在很大的区别，会致使它们之间的流动通道不同，液体和气体不能充分地相互作用，则导致很难产生泡沫或产生质量很差的泡沫，这样就发挥不出泡沫驱的封堵性能，从而无法达到扩大波及体积，提高驱油效率的目的。

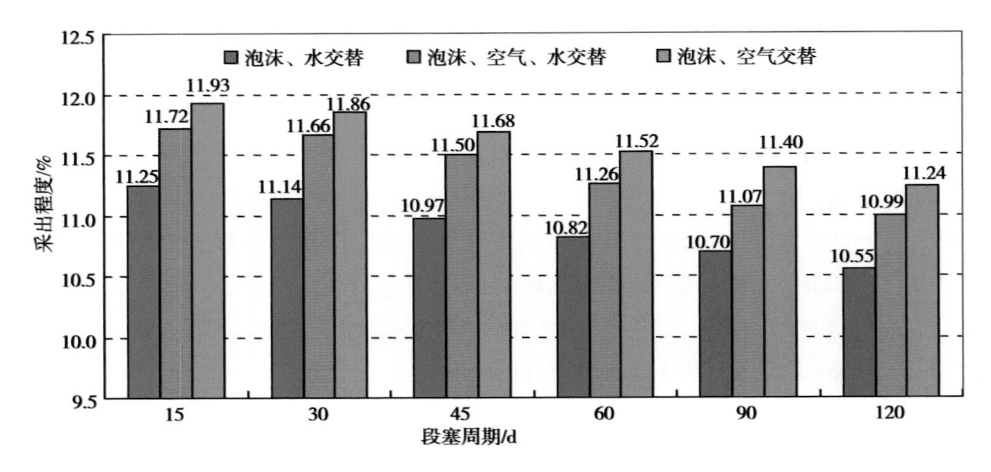

图 7-45　段塞周期对 10 年采出程度的影响

参考文献

1 姚泾利，邓秀芹，赵彦德，等．鄂尔多斯盆地延长组致密油特征[J]．石油勘探与开发，2013，02：150～158.

2 郭彦如，刘俊榜，杨华，等．鄂尔多斯盆地延长组低渗透致密岩性油藏成藏机理[J]．石油勘探与开发，2012，04：417～425.

3 赵靖舟，付金华，姚泾利，等．鄂尔多斯盆地准连续型致密砂岩大气田成藏模式[J]．石油学报，2012，S1：37～52.

4 杨华，李士祥，刘显阳．鄂尔多斯盆地致密油、页岩油特征及资源潜力[J]．石油学报，2013，01：1～11.

5 赵靖舟，白玉彬，曹青，等．鄂尔多斯盆地准连续型低渗透—致密砂岩大油田成藏模式[J]．石油与天然气地质，2012，06：811～827.

6 赵红格．鄂尔多斯盆地西部构造特征及演化[D]．西北大学，2003.

7 任战利，张盛，高胜利，等．鄂尔多斯盆地构造热演化史及其成藏成矿意义[J]．中国科学(D辑：地球科学)，2007，S1：23～32.

8 刘池洋，赵红格，桂小军，等．鄂尔多斯盆地演化—改造的时空坐标及其成藏(矿)响应[J]．地质学报，2006，05：617～638.

9 邓秀芹．鄂尔多斯盆地三叠系延长组超低渗透大型岩性油藏成藏机理研究[D]．西北大学，2011.

10 王允诚．油气储层地质学[M]．北京：地质出版社，2008.

11 高明．低渗透油层孔隙结构特征及剩余油分布规律研究[D]．大庆石油学院，2009.

12 高辉．特低渗透砂岩储层微观孔隙结构与渗流机理研究[D]．西北大学，2009.

13 王学武．大庆外围特低渗透储层微观孔隙结构及渗流机理研究[D]．中国科学院研究生院(渗流流体力学研究所)，2010.

14 解伟．西峰庆阳区长8储层微观孔隙结构及渗流特征研究[D]．西北大学，2008.

15 任晓娟．低渗砂岩储层孔隙结构与流体微观渗流特征研究[D]．西北大学，2006.

16 朱洪林．低渗砂岩储层孔隙结构表征及应用研究[D]．西南石油大学，2014.

17 王瑞飞，陈明强，孙卫．特低渗透砂岩储层微观孔隙结构分类评价[J]．地球学报，2008，29(2)：213～220.

18 Edword D P. Relationship from mercury injection – capillary pressure curves for sandstone [J].

AAPG Bulletin, 1992, 76(2): 191 ~ 198.
19 Tsakiroglou Christos, Payatakes Alkiviades C. Mercury intrusion and retraction in model porous media[J]. Advances in Colloid and Interface Science, 1998, 75(3): 215 ~ 253.
20 王金勋，杨普华，刘庆杰，等. 应用恒速压汞实验数据计算相对渗透率曲线[J]. 石油大学学报(自然科学版), 2003, 27 (4): 66 ~ 69.
21 洪秀娥，戴胜群，郭建宇，等. 应用毛细管压力曲线研究储层孔隙结构——以卫城油田 Es_4 储层为例[J]. 江汉石油学报, 2002, 24 (1): 53 ~ 54.
22 胡志明，把智波，熊伟，等. 低渗透油藏微观孔隙结构分析[J]. 大庆石油学院学报, 2006, 03: 51 ~ 53 + 148 ~ 149.
23 高辉，孙卫. 特低渗砂岩储层微观孔喉特征的定量表征[J]. 地质科技情报, 2010, 29 (4): 67 ~ 72.
24 贺承祖，华明琪. 储层孔隙结构的分形几何描述[J]. 石油与天然气地质, 1998, 19 (1): 15 ~ 21.
25 马新仿，张士诚，郎兆新. 孔隙结构特征参数的分形表征[J]. 油气地质与采收率, 2005, 12 (6): 34 ~ 36.
26 Appolonia C R , Fernandesb C P , Rodriguesc C R O . X – ray microtomography study of a sandstone reservoir rock[J]. Proceedings of the 10 th International Symposium on Radiation Physics, 2007, 580(1): 629 ~ 632.
27 孙卫，史成恩，赵惊蛰，等. X—CT 扫描成像技术在特低渗透储层微观孔隙结构及渗流机理研究中的应用——以西峰油田庄 19 井区长 82 储层为例[J]. 地质学报, 2006, 05: 775 ~ 779.
28 应凤祥，杨式升，张敏，等. 激光扫描共聚焦显微镜研究储层孔隙结构[J]. 沉积学报, 2002, 01: 75 ~ 79.
29 运华云，赵文杰，刘兵开，等. 利用 T2 分布进行岩石孔隙结构研究[J]. 测井技术, 2002, 01: 18 ~ 21 + 89.
30 高敏，安秀荣，祗淑华，等. 用核磁共振测井资料评价储层的孔隙结构[J]. 测井技术, 2000, 03: 188 ~ 193 + 238.
31 赵杰，姜亦忠，王伟男，等. 用核磁共振技术确定岩石孔隙结构的实验研究[J]. 测井技术, 2003, 03: 185 ~ 188 + 265.
32 Saller A H, Dickson J A D. Matsuda Fumiaki. Evolution and distribution of porosity associated with subaerial exposure in Upper Paleo – zoic platform limestones, west Texas[J]. AAPG, 1999, 83(11): 1835 ~ 1854.
33 Albert F, Modot V. Sticgastuc nodels of reservoir heterogeneities impact on connectivity and average permeabilities[A]. SPE Annual Technical Conference and Exhibition, Washington, DC[C], SPE 24893, 1992, 355 ~ 370.

34 Kenyon W. E. , Takezaki H. , et al, A laboratory study of nuclear magnetic resonance relaxation and its relation to depositional texture and petrophysical properties – carbonate Thamama Group, Mubarraz filed[C]. Abu Dhabi, 1995, SPE – 29886, in: 9th Middle East oil show and conference proceedings: Society of Petroleum Engineers, 2477 ~ 2502.

35 Kenyon W E. Nuclear magnetic resonance as a petrophysical measurement [J]. Nuclear Geophysics, 1992, 6: 153 ~ 171.

36 Yakov Volokitin, Wim J. Looyestijn, Water F. J. Slijkerman, et al. A Practical Approach to Obtain Primary Drainage Capillary Pressure Curves from NMR Core and Log Data [J]. Petrophysics, 2001, 42(4): 334 ~ 343.

37 Dunn J, Bergman J, LaTorraca A. Nuclear Magnetic Resonance: Petrophysical and Logging Applications[J]. Pergamon, 2002.

38 Toumelin E. Pore – Scale Petrophysical Models for the Simulation and Combined Interpretation of Nuclear Magnetic Resonance and Wide – Band Electromagnetic Measurements of Saturated Rocks: [D]. University of Texas at Austin, Austin: 2006.

39 苏娜. 低渗气藏微观孔隙结构三维重构研究[D]. 西南石油大学, 2011.

40 王金波. 岩石孔隙结构三维重构及微细观渗流的数值模拟研究[D]. 中国矿业大学(北京), 2014.

41 李留仁, 赵艳艳, 李忠兴, 等. 多孔介质微观孔隙结构分形特征及分形系数的意义[J]. 石油大学学报(自然科学版), 2004, 03: 105 ~ 107 + 114 ~ 144.

42 彭彩珍, 李治平, 贾闽惠. 低渗透油藏毛管压力曲线特征分析及应用[J]. 西南石油学院学报, 2002, 24 (2): 21 ~ 24.

43 时宇, 齐亚东, 杨正明, 等. 基于恒速压汞法的低渗透储层分形研究[J]. 油气地质与采收率, 2009, 16 (2): 88 ~ 90.

44 高永利, 张志国. 恒速压汞技术定量评价低渗透砂岩孔喉结构差异性[J]. 地质科技情报, 2011, 30 (4): 73 ~ 76.

45 师调调. 华庆地区长 6 储层微观孔隙结构及渗流特征研究[D]. 西北大学, 2012.

46 朱国华, 裘亦楠. 成岩作用对砂岩储层孔隙结构的影响[J]. 沉积学报, 1984, 01: 1 ~ 17.

47 蔡忠. 储集层孔隙结构与驱油效率关系研究[J]. 石油勘探与开发, 2000, 06: 45 ~ 46.

48 陈杰, 周改英, 赵喜亮, 等. 储层岩石孔隙结构特征研究方法综述[J]. 特种油气藏, 2005, 04: 11 ~ 14 + 103.

49 陈尚斌, 朱炎铭, 王红岩, 等. 川南龙马溪组页岩气储层纳米孔隙结构特征及其成藏意义[J]. 煤炭学报, 2012, 03: 438 ~ 444.

50 傅强. 成岩作用对储层孔隙的影响[J]. 沉积学报, 1998, 16(3): 92 ~ 96.

51 李洁. 砂岩储层微观孔隙结构对聚合物驱油效果影响研究[D]. 中国地质大学(北

京)，2009.
52 解伟．西峰庆阳区长8储层微观孔隙结构及渗流特征研究[D]．西安：西北大学，2008.
53 金成志，杨双玲，舒萍，等．升平开发区火山岩储层孔隙结构特征与产能关系综合研究[J]．大庆石油地质与开发，2007，26（2）：38～41.
54 李存贵，徐守余．长期注水开发油藏的孔隙结构变化规律[J]．石油勘探与开发，2003，02：94～96.
55 毛志强，高楚桥．孔隙结构与含油岩石电阻率性质理论模拟研究[J]．石油勘探与开发，2000，02：87～90+80.
56 魏虎．低渗致密砂岩气藏储层微观结构及对产能影响分析[D]．西安：西北大学，2011.
57 张龙海，周灿灿，刘国强，等．孔隙结构对低孔低渗储集层电性及测井解释评价的影响[J]．石油勘探与开发，2006，06：671～676.
58 郑浚茂，庞明．碎屑储集岩的成岩作用研究[M]．武汉：中国地质大学出版社，1989.
59 贾振远，万静萍，袁柄存，等译．沉积物的成岩作用[M]．武汉：中国地质大学出版社，1989.
60 刘宝珺，张锦泉．沉积成岩作用[M]．北京：科学出版社，1992.
61 Al－Shaieb Z，Shelton J W. Migration of hydrocarbons and secondary POrosity in sandstones [J]. AAPG Bulletin, 1981, 65: 2433～2436.
62 Hurst A.，Nadeau P. H. Clay micro porosity in reservoir sandstones: an application of quantitative electron microscopy in petrophysical evaluation [J]. AAPG Bulletin, 1995, 79(4): 563～573.
63 Makowitz A, Lander R H, Milliken K L. Digenetic modeling to assess the relative timing of quartz cementation and brittle grain processes during compaction [J]. AAPG Bulletin, 1990 (6): 873～885.
64 Bashari A. Diagenesis and reservoir development of sandstones in the Triassec Rewan Group, Bowen Basin, Australia[J]. Journal of Petroleum Geology, 1998, 14: 445～465.
65 A. Makowitz, R. H. Lander, K. L. Milliken. Diagenetic modeling to assess the relative timing of quartz cementation and brittle grain processes during compaction [J]. 2006, AAPG Bulletin, 90(6): 893～885.
66 Glasmann J R, Clark R A, Larter S, et al. Diagenesis and hydrocarbon accumulation, Brent sandstone (Jurassic), Bergen High area, North Sea [J]. AAPG Bulletin, 1996, 73, 1341～1360.
67 Lynch F L. Minera/Water Interaction, Fluid Flow, and Frio Sandstone Diagenesis: Evidence from the Rocks[J]. AAPG Bulletin, 1996, 80(4): 486～504.
68 Macleod G, Taylor P N, Larter S R, et al. Dissolved organic in formation waters: insight into

water - oil - rock ratios in petroleum system[J]. In: Parnell, J., Ruffell, A. and Moles, N. (eds) Geofluids 93; International conference on fluid evolution, migration and interaction in rocks Geological Society, London. 1993, 18 ~20.

69 Mullis A M., Haszeldine R S. Numerical modelling of diagenetic quartz hydrogeology at a graben edge: Brent Oilfields, North Sea[J]. Journal of Petroleum Geology, 1995, 18(4): 421 ~ 438.

70 Weedman, S D, Brantley S L, Shiraki R, et al. Diagenesis, Compaction, and Fluid Chemistry Modeling of a Sandstone Near a Pressure Seal: Lower Tuscaloosa Formation, Gulf Coast [J]. AAPG Bulletin, 1996, 80(7): 1045 ~1046.

71 柳益群，李文厚．陕甘宁盆地东部上三叠统含油长石砂岩的成岩特点及孔隙演化[J]．沉积学报，1996，14（3）：88 ~96.

72 刘林玉，曹青，柳益群，等．白马南地区长 82 砂岩成岩作用及其对储层的影响[J]．地质学报，2006，80（5）：712 ~717.

73 刘建清，赖兴运，于炳松，等．成岩作用的研究现状及展望[J]．石油实验地质，2006，28（1）：65 ~72，77.

74 史基安，王金鹏，毛明陆，等．鄂尔多斯盆地西峰油田三叠系延长组长 6 段储层砂岩成岩作用研究[J]．沉积学报，2003，21（3）：373 ~379.

75 刘成林，朱筱敏，曾庆猛．苏里格气田储层成岩序列与孔隙演化[J]．天然气工业，2005，25(11)：1 ~3.

76 李斌，孟自芳，李相博，等．靖安油田三叠统长 6 储层成岩作用研究[J]．沉积学报，2005，23（4）：574 ~583.

77 王华，柳益群，陈魏魏，等．鄂尔多斯盆地郑庄油区长 6 储层成岩作用及其对储层的影响[J]．西安石油大学学报，2010，25（1）：12 ~18.

78 王琪，史基安，肖立新，等．石油侵位对碎屑储集岩成岩序列的影响及其与孔隙演化的关系——以塔西南坳陷石炭系石英砂岩为例[J]．沉积学报，1998，16（3）：97 ~101.

79 赵澄林，刘孟慧．东濮凹陷下第三系碎屑岩沉积体系与成岩作用[M]．北京：石油工业出版社，1992 60 ~63.

80 宋子齐，王静，路向伟，等．特低渗透油气藏成岩储集相的定量评价方法[J]．油气地质与采收率，2006，13(2)：21 ~23.

81 田景春．冥状断陷湖盆陆坡带层序地层格架内成岩演化研究——以东营宾状断陷湖盆北部陆坡带沙河街组为例[M]．北京：地质出版社，2009.

82 罗静兰，刘小洪，林潼，等．成岩作用与油气侵位对鄂尔多斯盆地延长组砂岩储层物性的影响[J]．地质学报，2006，80（5）：664 ~673.

83 禚喜准，王琪，史基安．鄂尔多斯盆地盐池—姬塬地区三叠系长 2 砂岩成岩演化特征与优质储层分布[J]．矿物岩石，2005，25(4)：98 ~106.

84 代金友，张一伟，熊琦华，等．成岩作用对储集层物性贡献比率研究[J]．石油勘探与开发，2003，30（4）：54～55.
85 Weber K J. How heterogeneity affects oil recovery[M]. Lake L W，Carroll H B. Reservoir Characterization：Or－lando. Florida：Academic Press，1986：665～672.
86 严科，杨少春，任怀强．储层宏观非均质性定量表征研究[J]．石油学报，2008，29（6）：870～879.
87 裘怿楠．油气储层评价技术[M]．北京：石油工业出版社，1993：75～86.
88 杨少春．储层非均质性定量研究的新方法[J]．石油大学学报，2000，24(1)：53～56.
89 张昌民．储层研究中的层次分析方法[J]．石油与天然气地质，1992，13(3)：344～350.
90 钟广法，邹宁芬．成岩岩相分析：一种全新的成岩非均质性研究方法[J]．石油勘探与开发，1997，24(5)：62～66.
91 何琰，殷军，吴念胜．储层非均质性描述的地质统计学方法[J]．西南石油学院学报，2001，23(3)：13～15.
92 Kamal M. The use of pressure transients to describe reservoir heterogeneity[J]. JPT，1979：1060～1070.
93 赵翰卿．储层非均质体系、砂体内部建筑结构和流动单元研究思路探讨[J]．大庆石油地质与开发，2002，21(6)：16～19.
94 田景春，刘伟伟，王峰．鄂尔多斯盆地高桥地区上古生界致密砂岩储层非均质性特征[J]．石油与天然气地质，2014，35(2)：183～189.
95 Moraes MAS，Surdam R C. Diagenetic heterogeneity and reservoir quality：fluvial，deltaic，and turbiditic sandstones reservoirs，Potiguar and Reconcavo rift basins，Brazil [J]. AAPG Bulletin，1993，77(7)：1142～1158.
96 Amiell P，Billiotte J，Meunier，et al. The study of alternate and unstable displacements using a small－scale model[A]. In：SPE，ed. SPE 1 9070[C]. SPE Gas Technology Symposium，Dallas，1989，147～156.
97 师调调．华庆地区长6储层微观孔隙结构及渗流特征研究[D]．西北大学，2012.
98 全洪慧，朱玉双，张洪军，等．储层孔隙结构与水驱油微观渗流特征——以安塞油田王窑区长6油层组为例[J]．石油与天然气地质，2011，06：952～960.
99 沈平平．油水在多孔介质中的运动理论和实践[M]．北京：石油工业出版社，2000.
100 郭平等，徐永高，陈召佑，等．对低渗气藏渗流机理实验研究的新认识[J]．天然气工业，2007，27(7)：86～88.
101 高慧梅，姜汉桥，陈民锋．储层孔隙结构对油水两相相对渗透率影响微观模拟研究[J]．西安石油大学学报(自然科学版)，2007，22(2)；56～59.
102 吕成远．油藏条件下油水相对渗透率实验研究[J]．石油勘探与开发，2003，30(4)：

102 ~ 104.
103 刘金水，唐健程．西湖凹陷低渗储层微观孔隙结构与渗流特征及其地质意义——以HY构造花港组为例[J]．中国海上油气，2013，02：18 ~ 23.
104 任俊杰，郭平，汪周华，等．非线性渗流条件的低渗油藏产能计算方法[J]．西安石油大学学报(自然科学版)，2013，01：57 ~ 60 + 3.
105 赵彦超，平宏伟，刘洪平．塔河油田西南地区古生界低渗砂岩油层流体分布及对渗流特征的影响[J]．地质科技情报，2013，04：111 ~ 118.
106 崔浩哲，姚光庆，周锋德．低渗透砂砾岩油层相对渗透率曲线的形态及其变化特征[J]. 2003，22(1)：88 ~ 91.
107 曾大乾，李淑贞．中国低渗透砂岩储层类型及其地质特征[J]．石油学报，1994，15(1)：38 ~ 45.
108 李海洲．鄂尔多斯盆地子长县延长组低渗储层精细评价研究[D]．西北大学，2014.
109 赖锦，王贵文，陈敏，等．基于岩石物理相的储集层孔隙结构分类评价——以鄂尔多斯盆地姬塬地区长8油层组为例[J]．石油勘探与开发，2013，05：566 ~ 573.
110 程超，鹿克锋，何贤科，等．基于压汞资料 R_（35）的定量储层分类评价与特征研究——以X气田E15层为例[J]．石油天然气学报，2014，11：16 ~ 20.
111 郭笑锴．基于岩石物理相低孔低渗储层评价方法研究[D]．长江大学，2013.
112 胡志鹏．乾安油田扶余油层低孔低渗储层测井评价[D]．长江大学，2013.
113 胡延旭．鄂尔多斯盆地西南部庆阳地区长8油层组储层描述与评价[D]．西北大学，2014.
114 周银玲．靖边乔家洼地区长6油层组储层测井评价[D]．西北大学，2014.
115 李海洲．鄂尔多斯盆地子长县延长组低渗储层精细评价研究[D]．西北大学，2014.
116 程超，鹿克锋，何贤科，等．基于压汞资料 R_（35）的定量储层分类评价与特征研究——以X气田E15层为例[J]．石油天然气学报，2014，11：16 ~ 20 + 4.
117 徐加放，李小迪，孙泽宁，等．疏松砂岩储层敏感性评价方法[J]．中国石油大学学报(自然科学版)，2014，05：130 ~ 134.
118 刘伟，张德峰，刘海河，等．数字岩心技术在致密砂岩储层含油饱和度评价中的应用[J]．断块油气田，2013，05：593 ~ 596.
119 张审琴，段生盛，魏国，等．柴达木盆地复杂基岩气藏储层参数测井评价[J]．天然气工业，2014，09：52 ~ 58.
120 张丽华，潘保芝，单刚义．梨树断陷砂砾岩储层测井评价方法研究[J]．国外测井技术，2014，03：7 ~ 10 + 3.
121 陈蓉，田景春，王峰，等．鄂尔多斯盆地高桥地区盒8段砂岩储层评价[J]．成都理工大学，2014.
122 郭笑锴．基于岩石物理相低孔低渗储层评价方法研究[D]．长江大学，2013.

123 刘伟，张德峰，刘海河，等．数字岩心技术在致密砂岩储层含油饱和度评价中的应用[J]．断块油气田，2013，05：593～596.
124 陈磊，姜振学，邢金艳，等．川西坳陷新场28井上三叠统须五段页岩气储层特征研究及评价[J]．石油天然气学报，2014，05：25～31+4.
125 涂乙，邹海燕，孟海平，等．页岩气评价标准与储层分类[J]．石油与天然气地质，2014，01：153～158.
126 郭小波，黄志龙，陈旋，等．马朗凹陷芦草沟组泥页岩储层含油性特征与评价[J]．沉积学报，2014，01：166～173.
127 冯子齐．鄂尔多斯盆地东南部山西组海陆过渡相页岩储层特征与评价[D]．中国地质大学(北京)，2014.
128 熊镭，张超谟，张冲，等．A地区页岩气储层总有机碳含量测井评价方法研究[J]．岩性油气藏，2014，03：74～78.
129 申本科，薛大伟，赵君怡，等．碳酸盐岩储层常规测井评价方法[J]．地球物理学进展，2014，01：261～270.
130 杨李．溶洞型储层测井评价方法研究[D]．成都理工大学，2013.
131 赖锦，王贵文，陈敏，等．基于岩石物理相的储集层孔隙结构分类评价——以鄂尔多斯盆地姬塬地区长8油层组为例[J]．石油勘探与开发，2013，40(5)：566～573.
132 石玉江，肖亮，毛志强，等．低渗透砂岩储层成岩相测井识别方法及其地质意义：以鄂尔多斯盆地姬塬地区长8油层组储层为例[J]．石油学报，2011，32(5)：820～827.
133 张海涛，时卓，石玉江，等．低渗透致密砂岩储层成岩相类型及测井识别方法：以鄂尔多斯盆地苏里格气田下石盒子组盒8段为例[J]．石油与天然气地质，2012，33(2)：256～264.
134 王昌勇，王成玉，梁晓伟，等．鄂尔多斯盆地姬塬地区上三叠统延长组长盒8油层组成岩相[J]．石油学报，2011，32(4)：596～604.
135 胡平樱，王小军，吴宝成，等．准噶尔盆地阜东地区砂岩储层主控因素及分类评价．[J]．石油天然气学报，2014，11：6～11.
136 毛志强，高楚桥．孔隙结构与含油岩石电阻率性质理论模拟研究[J]．石油勘探与开发，2000，27（2）：87～93.
137 孙卫，杨希濮，高辉．溶孔—粒间孔组合对超低渗透储层物性的影响——以西峰油田庆阳区长8油层为例[J]．西北大学学报(自然科学版)，2009，(3)：507～509.
138 兰叶芳，黄思静，吕杰．储层砂岩中自生绿泥石对孔隙结构的影响——来自鄂尔多斯盆地上三叠统延长组的研究结果[J]．地质通报，2011，01：134～140.
139 陈瑞银，罗晓容，陈占坤，等．鄂尔多斯盆地埋藏演化史恢复[J]．石油学报，2006，27(2)：43～47.
140 杨俊杰．鄂尔多斯盆地构造演化与油气分布规律[M]．北京：石油工业出版社，2002：

1 ~23.
141 任战利. 鄂尔多斯盆地热演化史与油气关系的研究[J]. 石油学报, 1996, 17(1): 17 ~24.
142 Selley RC. Porosity gradients in North Sea oil – bearing sandstones[J]. Journal of the Geological Society, 1978, 135(1): 119 ~132.
143 Athy LF. Density, porosity, and compaction of sedimentary rocks[J]. AAPG Bulletin, 1930, 14(1): 1 ~24.
144 Athy LF. Compaction and oil migration[J]. AAPG Bulletin, 1930, 14(1): 25 ~35.
145 Athy LF. Compaction and its effect on local structure[M]. London press, 1934.
146 Scherer M. Parameters influencing porosity in sandstones; a model for sandstone porosity prediction [J]. AAPG Bulletin, 1987, 71(5): 485 ~491.
147 Siever R. Burial history and diagenetic reaction kinetics[J]. AAPG Bulletin, 1983, 67(4): 684 ~691.
148 Schmoker JW, Gautier DL. Sandstone porosity as a function of thermal maturity dependence of sandstone porosity upon thermal maturity; an approach to prediction and interbasinal comparison of porosity [J]. Geology, 1988, 16(11): 1007 ~1010.
149 Bloch S, McGowen JH, Duncan JR, et al. Porosity prediction, prior to drilling, in sandstones of the Kekiktuk Formation (Mississippian), North Slope of Alaska[J]. AAPG Bulletin, 1990, 74(9): 1371 ~1385.
150 刘震, 邵新军, 金博, 等. 压实过程中埋深和时间对碎屑岩孔隙度演化的共同影响[J]. 现代地质, 2007, 21(1): 125 ~132.
151 齐笑生. 轻质油藏注空气 – 空气泡沫提高采收率技术研究及应用[D]. 东营: 中国石油大学(华东), 2014.
152 杨其彬, 隋文, 陈培胜, 等. 空气泡沫性能评价及其应用[C]. 第九届中国油田化学品开发应用研讨会暨全国油田化学品行业联合会年会, 2010: 17 ~33.
153 吴信荣, 林伟民, 姜春河. 空气泡沫调驱提高采收率技术[M]. 石油工业出版社, 2010: 36 ~125.
154 徐耀波. 特地渗透裂缝性油藏多功能复合调驱技术研究[D]. 东营: 中国石油大学. 2009.
155 李士伦, 张正卿. 注气提高石油采收率技术[M]. 成都: 四川科学技术出版社, 2001: 45 ~48.
156 张旭, 刘建仪. 注空气低温氧化提高轻质油气藏采收率研究[J]. 天然气工业, 2004, 24(4): 78 ~80.
157 翁高富. 百色油田上法灰岩油藏空气泡沫驱油先导试验研究[J]. 油气采收率技术, 1998, (6): 6 ~10.

158 吕鑫，岳湘安，吴永超，等. 空气泡沫驱提高采收率技术的安全性分析[J]. 油气地质与采收率，2005，12(5)：44 ~46.

159 Kam S. I. , Nguyen Q. P. , Li Q. , et al. Dynamic Simulations with an Improved Model for Foam Generation[J]. 2007：SPE Journal 12(1)：35 ~48. SPE －90938 － PA.